新型职业农民培育工程规划教材

现代农作物生产技术

赵成宇　姚　静　齐敬冰　主编

U0306729

中国农业科学技术出版社

图书在版编目（CIP）数据

现代农作物生产技术／赵成宇，姚　静，齐敬冰主编 . —北京：中国农业
科学技术出版社，2015.7
ISBN 978 - 7 - 5116 - 2167 - 2

Ⅰ.①现… Ⅱ.①赵…②姚…③齐… Ⅲ.①作物 - 栽培技术 Ⅳ.①S31

中国版本图书馆 CIP 数据核字（2015）第 148476 号

责任编辑　　徐　毅　姚　欢
责任校对　　贾海霞

出 版 者　　中国农业科学技术出版社
　　　　　　北京市中关村南大街 12 号　邮编：100081
电　　话　　（010）82106632（编辑室）　（010）82109702（发行部）
　　　　　　（010）82109709（读者服务部）
传　　真　　（010）82106625
网　　址　　http：//www.castp.cn
经 销 者　　各地新华书店
印 刷 者　　北京富泰印刷有限责任公司
开　　本　　787 mm×1 092 mm　　1/16
印　　张　　17.25
字　　数　　400 千字
版　　次　　2015 年 7 月第 1 版　2015 年 7 月第 1 次印刷
定　　价　　46.00 元

新型职业农民培育工程规划教材

《现代农作物生产技术》

编　委　会

主　任　鞠艳峰

副主任　鞠成祥

委　员　范开业　　于　静　　贺淑杉　　张　谦
　　　　丁立斌　　孙志智　　怀德良　　赵成宇
　　　　王志远　　王印芹　　蔡春华　　訾爱梅
　　　　刘元龙　　胡树雷　　孙运欣　　王春田
　　　　张道伦　　尹佳玲　　李栋宝　　王世法
　　　　冷本谦

主　编　赵成宇　　姚　静　　齐敬冰

副主编　彭美祥　　刘元龙　　王世法　　彭艳华
　　　　卜晓婧

编　者　王学术　　田　磊　　李春玲　　李以文
　　　　刘　宁　　张中芹　　杨洪国　　宋庆辕
　　　　范永强　　武光鹏　　赵　理　　赵桂涛
　　　　高淑真　　徐玉恒

序　言

当前，我国正处于传统农业向现代农业转化的关键时期，大量先进农业科学技术、高效率农业设施装备、现代化经营管理理念越来越多地引入到农业生产的各个领域。农民作为生产力中的劳动者要素，是发展现代农业的主体，是农村经济和社会发展的建设者和受益者。但长期以来，我国实行城乡二元结构模式，农民收入低、素质差、职业幸福感不高。目前，农村村庄空心化、种地农民兼业化、老龄化、女性化趋势日益明显，"关键农时缺人手、现代农业缺人才、农业生产缺人力"问题非常突出。因此，只有加快培育一大批爱农、懂农、务农的新型职业农民，才能从根本上保证农业后继有人，从而为推进现代农业稳定发展、实现农民持续增收打下坚实的基础。

2012年，中央一号文件首次正式提出大力培育新型职业农民。2013年11月，习总书记在视察山东时指出，农业出路在现代化，农业现代化关键在科技进步。要适时调整农业技术进步路线，加强农业科技人才队伍建设，培养新型职业农民。习总书记的这些重要论断，为加快培育新型职业农民指明了方向。大力培育新型职业农民，已上升为国家战略。

临沂是农业大市，市委、市政府高度重视农业农村工作，全市农业战线同志们兢兢业业，创新工作，临沂农业取得令人振奋的成绩。临沂市是全国粮食生产先进市，先后被授予"中国蔬菜之乡""中国大蒜之乡""中国牛蒡之乡""中国金银花之乡""中国桃业第一市""山东南菜园"等称号。品牌农业发展创造了"临沂模式"。为了适应经济发展新常态，按照"走在前列"的要求，临沂市委、市政府决定重点抓好现代农业"五大工程"，努力在提高粮食生产能力上挖掘新潜力，在优化农业结构上开辟新途径，在建设新农村上迈出新步伐，稳步实施农业现代化战略。

2014年临沂市作为全国14个地级市之一，被列为全国新型职业农民培育整体推进示范市。市政府专门下发了《关于加强新型职业农民培育工作的意见》，围绕服务全市现代农业"四大板块"发展，按照精准选择培育对象，精细开展教育培训的原则，突出抓好农民田间课堂"六统一"规范化建设和新型职业农民培训示范社区"六个一"标准化建设，实践探索了新型职业农民培育的临沂模式，一批新型职

1

业农民脱颖而出，成为当地农业发展，农民致富的带头人、主力军。

　　为了加快现代农业新技术的推广应用，推进新型职业农民培育和新型农业经营主体融合发展，临沂市农广校组织部分农业生产一线的技术骨干和农业科研院所、农业高校的专家教授，编写了《新型职业农民培育工程规划培训教材》丛书，该丛书涉及粮食作物、园艺蔬菜、畜牧养殖、新型农业经营主体规范与提升等相关技术知识，希望这套丛书的出版，能够为提升新型职业农民素质，加快全市现代农业发展和"大美新"临沂建设起到积极的促进作用。

临沂市农业局局长　党委书记
二〇一五年六月

前　言

粮食是国家经济发展和社会稳定的基础。习近平总书记强调，"中国人的饭碗任何时候都要牢牢端在自己手上。我们的饭碗应该主要装中国粮"。确保粮食安全，我国建设发展和人民生活才有根本保障。改革开放以来，我国在粮食生产和农业发展上取得了举世瞩目的成绩，建立了基本满足需求的粮食生产体系，占不到世界 10% 的耕地供养超过世界 20% 的人口，为不断增长的人口提供了较为丰富的食品供给，为和谐社会的稳定做出了巨大的贡献。但是我们也应该清醒的看到，耕地面积不断减少，粮食需求刚性增长，水资源相对短缺，加之未来气候变化带来的干旱加剧、极端气候频繁等不确定因素的影响，我国农业发展所面临的困难越来越大，粮食生产形势极不乐观。2012 年我国人均粮食占有量仅为 430 千克，与美国、德国、加拿大、法国差距甚大，粮食生产潜力亟待进一步挖掘。

临沂市是一个农业大市。现有耕地面积 1 265.879 万亩（15 亩 = 1 公顷；1 亩 ≈ 667 平方米。全书同），山区、丘陵、平原各占 1/3。改革开放三十多年来，临沂农业生产结构已逐渐由以种植业为主的单一传统农业，逐步转变为农林牧副渔综合发展的多元化现代农业，基本实现了产加销一条龙经营、贸工农一体化发展。种植业形成了以粮食、油料、黄烟等为主的传统产业，以蔬菜、林果为主的优势产业，以食用菌、花卉、中药材等为主的新兴产业。粮食作物主要有小麦、玉米、水稻、花生、甘薯等，总播种面积稳定在 1 000 万亩以上，2014 年粮食总产量 435.2 万吨，亩产 424.5 千克，粮食生产供求基本平衡。郯城、莒南、兰陵 3 县获"全国粮食生产先进县"称号。花生面积 259 万亩，总产 81.2 万吨，莒南县创造了花生单产 752.6 千克的全国新纪录。目前，总体来看，临沂市属于粮食生产安全度较高的市。但是安全不代表没有问题，居安思危，未雨绸缪，要清醒认识我市粮食生产中还存在耕地不断减少、水资源紧张、农产品质量安全等方面的限制因素。要继续稳定发展粮食生产，增强粮食生产的综合生产能力，就必须采用先进的农业科学技术。为了普及与推广目前正在推广应用的农作物生产技术，结合农民科技培训工作的实际需求，我们组织有关专家编著了《现代农作物生产技术》一书，作为《新型职业农民培育工程规划教材》之一，对小麦、玉米、水稻、花生、甘薯等粮食作物高产高效栽培技术进行了详细的介绍。同时，针对临沂市的农业生产实际，对区域性的特色经济作物生产管理技术也作了较全面的编写，并简单介绍了种子和肥料方面农业生产中应该掌握的基础知识。

本书中所介绍的农作物生产技术先进科学、简明实用，即对临沂市农业生产有很强的指导性，对其他地方的农业生产管理也有一定的借鉴意义。即可作为生产一线的生产人员的培训教材，也可作为从事农业生产技术推广人员、管理人员和农业职业院校师生的学习参考用书。

由于编写任务紧，时间仓促，编者水平有限，本书难免有不妥之处，恳请读者不吝指正。

编　者

二〇一五年六月

目　录

小麦篇

玉米篇

水稻篇

花生篇

甘薯篇

特色经济作物篇

种子篇

肥料与测土配方施肥篇

小麦篇

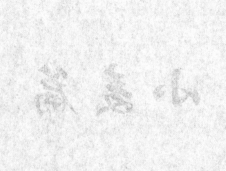

第一章 概　述

小麦是世界性的重要粮食作物。全世界约有 35% ~40% 的人口以小麦作为主要粮食。小麦籽粒营养丰富，蛋白质含量高，一般为 11% ~14%，高的可达 18% ~20%；氨基酸种类多，适合人体生理需要；脂肪、维生素及各种微量元素等对人体健康有益。醇溶蛋白和谷蛋白能使面粉加工制成各种食品，是食品工业的重要原料。另外，小麦加工后的副产品中含有蛋白质、糖类、维生素等物质，是良好的饲料，麦秆还可用来制作手工艺品，也可作为造纸原料。籽粒含水量较低，易于贮藏和运输，是主要的商品粮之一，在国际国内的粮食贸易中占有很大的份额。

第一节　世界小麦生产概况

一、世界小麦种植面积与产量

小麦在世界上分布极广，南至 45°S（阿根廷），北至 67°N（挪威、芬兰），均有种植。但主要集中在 20° ~60°N 和 20° ~40°S，欧、亚大陆和北美洲的栽培面积占世界总栽培面积的 90%，非洲由于干旱而小麦面积很少，赤道附近只能种在 3 657 米以上的高度。

世界栽培小麦主要类型是冬小麦，与春小麦的面积比例约为 3∶1。春小麦主要集中在俄罗斯、美国和加拿大，约占世界春小麦总面积的 90%。

据联合国粮农组织数据库资料，1998 年世界小麦收获面积 2.244×10^8 公顷，总产 $58\,884 \times 10^4$ 吨，单产 2 625 千克/公顷。种植面积超过 0.1×10^8 公顷的国家：中国、俄罗斯、印度、美国、澳大利亚、加拿大，其中，澳大利亚、加拿大、俄罗斯、印度单产低于世界平均水平，中国、美国高于世界平均水平，单产较高的国家：法国 7 603.5 千克/公顷，英国 7 558.5 千克/公顷，荷兰 7 375.5 千克/公顷和德国 7 204.5 千克/公顷等。

二、世界小麦增产的主要经验

世界各国发展小麦生产的途径不尽相同，俄罗斯、加拿大、澳大利亚等国，土地面积大，主要依靠扩大种植面积增加总产量，但耕作粗放，单产较低。荷兰、英国等土地资源少，主要依靠高度机械化和科学管理，以提高单产弥补耕地的不足。世界各国提高产量的措施主要有：采用高产、抗病、耐肥、抗倒伏品种；增施肥料（包括有机肥和无机肥）；秸秆还田和种植养地绿肥作物培肥地力；扩大灌溉面积，改善灌溉方法；合理密植，化学除草等。

3

第二节 我国小麦生产概况

一、新中国成立以来小麦生产的发展

新中国成立后，特别是改革开放以来，全国小麦生产无论面积、单产和总产都取得了很大的发展和提高。1949 年，全国小麦播种面积 2.167×10^7 公顷，单产 645 千克/公顷，总产 $1\ 376 \times 10^4$ 吨；2000 年分别为 2.665×10^7 公顷、3 738.3 千克/公顷和 $9\ 963.6 \times 10^4$ 吨，较 1949 年分别增长 39.7%、479.6%、624.1%，这个速度为各个作物之首。栽培技术方面已初步形成了良种、间套复种、高效施肥、节水灌溉、科学管理、机械化操作等一系列规范化、模式化高产栽培技术体系。

二、高产地区小麦生产的主要途径

高产地区小麦生产的主要途径：一是选用分蘖力中等、秆壮抗倒、穗型较大的品种，中等播量，适期播种，以主茎与分蘖成穗并重达到高产；二是采取适当加大播种量，保证足够基本苗数，以主茎成穗为主，争取部分分蘖成穗达到高产；三是选用分蘖力强、抗倒伏的品种，采取小播量适期早播、匀播，以分蘖成穗为主达到高产。

三、发展前景

我国地域辽阔，气候条件差异甚大，小麦生产极不平衡，低产田面积仍然较大，抵御自然灾害的能力仍不高。今后的发展方向是：根据气候、土壤等条件以及区域比较优势，合理布局，实现小麦区域化生产；根据市场需求，调整小麦品种结构，大力推广优质、高产、抗逆性强的专用小麦品种；集成小麦品质、产量形成规律研究新成果，建立优质高产高效生产技术体系；因地制宜，建立专用小麦生产基地，实现小麦产业化开发；同时，加强信息化、智能化在小麦上的应用研究，建立专家决策系统智能化栽培技术体系。

第三节 小麦的分类

小麦的种类很多，分为 30 个种类，进一步分为 30 000 多个品种。

一、按照小麦播种季节分类

1. 冬小麦

冬小麦指当年秋季播种，翌年夏季收获的小麦。按产区可分为北方冬小麦和南方冬小麦两大类。北方冬小麦，主要产区是河南、河北、山东、山西、陕西以及苏北、皖北等地，占我国小麦总产量的 65% 以上；南方冬小麦，占全国小麦产量的 20% ~ 25%。

2. 春小麦

春小麦系指当年春季播种，秋季收获的小麦。主要产于黑龙江、内蒙古自治区

（全书简称内蒙古）、甘肃、青海、新疆维吾尔自治区（全书简称新疆）等气候严寒的省区、产量占全国小麦总产量的15%左右。

二、按照冬小麦、春小麦的皮色和粒质分类

（1）硬红冬麦　适合制作发酵面包及硬面包的面粉。

（2）硬红麦　适合制作发酵面包及硬面包卷的面粉。

（3）软红麦　适合适合制作蛋糕及饼干的面粉。

（4）硬白麦　适合制作面包及面条的面粉。

（5）软白麦　适合制作蛋糕、饼干及面条的面粉。

（6）硬粒小麦　适合制作通心粉及意大利面条的面粉。

第二章　小麦栽培的生物学基础

第一节　小麦生育进程

小麦从种子萌发、出苗、生根、长叶、拔节、孕穗、抽穗、开花、结实，经过一系列生长发育过程，到产生新的种子，叫小麦的一生。

一、生育期

从播种到成熟需要的天数为生育期。小麦生育期受生态条件和栽培条件的影响很大，一般冬小麦生育期为 230~270 天。

二、生育时期

生产上根据小麦不同阶段的生育特点，为了便于栽培管理，把小麦的一生划分为 12 个生育时期，即出苗、三叶、分蘖、越冬、返青、起身、拔节、孕穗、抽穗、开花、灌浆、成熟期。

（1）播种期　播种的日子，9 月下旬至 10 月上旬。

（2）出苗期　全田 50% 籽粒第一片真叶露出胚芽鞘长出地面 2 厘米时，10 月上中旬。

（3）分蘖期　全田 50% 植株第一个分蘖伸出叶鞘 1.5~2 厘米时，10 月中下旬。

（4）越冬期　日平均气温降到 2℃ 左右，小麦植株基本停止生长的时期，11 月底 12 月初。

（5）返青期　第二年春天，随着气温的回升，小麦开始生长，50% 植株年后新长出的叶片（多为冬春交接叶）伸出叶鞘 1~2 厘米，且大田由暗绿变为青绿色时，2 月下旬至 3 月上旬。

（6）起身期（生物学拔节）　麦苗由原来匍匐生长开始向上生长，年后第一叶伸长，叶鞘显著伸长，其第一伸长叶的叶耳与年前最后一片叶的叶耳距达 1.5 厘米，基部第一节间微微伸长，3 月中下旬。

（7）拔节期（农艺拔节）　小麦的主茎第一节间离地面 1.5~2 厘米，用手指捏小麦基部易碎且发响，4 月上中旬。

（8）挑旗期（孕穗期）　植株旗叶（最后一片叶）完全伸出（叶耳可见），4 月下旬。

（9）抽穗期　穗子顶端或一侧（不是指芒），由旗叶鞘伸出穗长度的一半时，4 月下旬至 5 月上旬。

（10）开花期　全田有 50％植株第一朵花开放，开花顺序中下→上部→下部。5 月上中旬。

（11）灌浆期　籽粒外形已基本完成，长度达最大值的 3/4，厚度增长甚微。5 月中旬开始灌浆。

（12）成熟期　①蜡熟期：籽粒大小、颜色接近正常，内部呈蜡状，籽粒含水22％，茎生叶基本变干，蜡熟末期籽粒干重达最大值，是适宜的收获期。②完熟期：籽粒已具备品种正常大小和颜色，内部变硬，含水率降至 20％以下，干物质积累停止。

一般在 6 月上旬收获。

三、生长阶段

根据小麦器官形成的特点，可将几个连续的生育时期合并为某一生长阶段。一般可分为 3 个生长阶段。

（1）营养生长阶段　从种子萌发到幼穗分化，此期主要长根、叶等营养器官，主要指苗期。在叶期前幼苗较小，靠胚乳供应营养物质，到三叶期时，整个胚乳中养分已耗尽，幼苗开始由胚乳营养转向独立营养，此时称为"断奶期"。从出苗到三叶期，一般经历 12～15 天。

（2）营养生殖生长阶段　从幼穗分化到抽穗。一方面进行穗的分化和发育，另一方面继续长根、叶及分蘖，完成茎秆伸长、长粗和充实，营养生长和生殖生长同时进行。

（3）生殖生长阶段　从开花授精经籽粒形成到灌浆成熟，籽粒成熟可分为乳熟期、蜡熟期和完熟期。

第二节　小麦的阶段发育特性

一、阶段发育的概念

小麦一生中，必须经过几个循序渐进的质变阶段，才能由营养生长转向生殖生长，完成生活周期，这种阶段性质变发育阶段称为小麦的阶段发育。每个发育阶段均需要一定的综合的外界条件，如水分、温度、光照、养分等，其中，有一二个因素起主导作用。如果缺少这个条件或不能满足要求，则这个发育阶段就不能顺利进行或中途停止，待条件适宜时，再在原先发育的阶段上继续进行。小麦必须有顺序地通过各个发育阶段，生殖器官才能正常分化形成和抽穗结实。小麦属低温长日照作物，有春化和光照两个发育阶段。

二、小麦的春化阶段

小麦种子萌动后，除正常的生长条件外，还必须经过一定的低温，才能抽穗结实的现象。接受低温反应的器官是种子胚的生长点或幼苗茎生长点。一般以茎生长锥伸长

（二棱期）为通过春化阶段的形态指标。依据小麦品种通过春化阶段所要求的温度高低及时间长短可将其分为：

春性品种：在5～20℃下，经历5～15天即可完成春化。未经春化处理的种子，春夏播种均能抽穗。

半冬性品种：在3～15℃下经15～35天可完成春化阶段。未经处理的种子，春播时抽穗延迟或不能正常抽穗。

冬性品种：春化要求温度低，时间长，在0～8℃下，一般需35天以上才能完成春化。未经处理的种子，春播一般不能抽穗。

三、光照阶段

小麦通过春化作用后即开始进入光照阶段。此期除要求一定的水分、温度养分等条件外，光周期是主导因素。延长日照促进发育，缩短日照则延缓发育。光照阶段开始于二棱期，结束于雌雄蕊分化期。接受光照反应的器官是叶片。小麦对日照的反应可分为3类：

反应迟钝型：每日8～12小时日照即可通过光照阶段，南方冬麦区的春性品种属此类。

反应中等型：8小时的日照下不能通过光照阶段。12小时可正常通过，半冬性品种多属此类。

反应敏感型：在12小时以上日照下，才能通过光照阶段。一般冬性品种和北方春麦区品种多属此类。

四、阶段发育理论在小麦生产上的应用

1. 引种

在引种时，首先要考虑品种的阶段发育特性。

北方冬性品种南移，由于南方温度较高，日照时数较短，春化及光照阶段发育延缓，表现为迟熟，甚至不能抽穗。

南方的春性品种北移，表现为早熟，冻害严重。

同纬度地区引种一般较易成功，但必须注意各地的海拔高度及有关生态条件。

2. 播种期

冬性品种的耐寒性强，可适当早播，宜安排在早茬地上。

春性品种抗寒性弱，可适当晚播，宜安排在晚茬地上。

春性品种如播种过早，可能在年前就完成光照阶段的发育而拔节，易受冬春冻害死亡。

3. 播种密度

冬性品种的分蘖在春化和光照两个阶段中进行，分蘖期长，分蘖力强，播种密度可适当降低。

春性品种的春化阶段短，分蘖在光照阶段中进行，此时幼穗分化已开始，因而分蘖力较弱，播种量适当大些，才能达到增穗、增产。

第三节 小麦产量构成与影响因素

一、小麦的产量形成

生物产量 成熟的小麦植株所形成的全部干物质，包括根、茎、叶、穗和籽粒。

经济产量 指栽培目的需要的那一部分产品，即小麦籽粒。

$$理论产量（千克/亩）= \frac{穗苗数 \times 粒数 \times 千粒重（克）}{1\,000 \times 1\,000}$$

穗数决定于基本苗数、单株分蘖数和分蘖成穗率。

穗粒数决定于小花的分化和退化。

千粒重决定于后期光合产物数量及其向籽粒的运输。

$$经济系数 = \frac{经济产量}{生物产量}$$

经济系数的大小依赖于生物产量转化为经济产量效率的高低，小麦（0.3~0.4），小麦一生干物质积累速度、积累量、拔节到抽穗最快，占一生总量的5%~50%；抽穗到成熟占总量的30%~50%。

二、小麦的群体及高产栽培途径

（一）小麦的群体结构

群体结构：群体的大小、分布、长相及其动态变化。

群体结构的形态生理指标：每亩基本苗数、茎蘖数、穗数、叶面积指数、叶面积垂直分布、叶片倾角、群体内光分布和群体光合速率等。

小麦产量与叶面积指数呈二次曲线，在一定范围内，随叶面积指数增大则产量增加。但叶面积过大时，由于叶片相互遮阴，群体下层光照不足，影响叶片的光合作用，产量反而下降。

小麦产量与群体叶面积在空间的垂直分布、叶片倾角等性状有密切关系。在叶面积指数大体相同时，叶面积的垂直分布和叶片倾角不同，会影响光在群体内的分布和光合强度。

小麦合理群体结构是据当地生态、生产条件和品种特性，采用栽培技术使麦田的群体大小、分布、长相和动态等有利于群体与个体的协调发展，从而能经济有效地利用光能和地力，使穗多、穗大、粒多、粒饱达到高产、稳产、低耗的目的。

建立合理群体结构的途径：据气候条件、生产条件、品种特性确定适宜的穗数范围和相应的茎蘖数和基本苗；在基本苗确定后，要因苗促控管理，达到预期的群体动态指标。

（二）小麦高产栽培途径

以主茎成穗为主的途径：通过增加播种量，从而增加基本苗（30万~40万），依靠主茎成穗获得高产。每亩最高茎蘖数60万~100万，有效穗40万~60万，单株成穗

1.2~1.5 个，每穗 25~35 粒，千粒重 30~40 克。适合于中等肥力以下的麦田、稻茬麦或晚播冬麦区。

主茎和分蘖并重的途径：通过采用中等播量（20 万），以主茎和分蘖成穗并重而获得高产。每亩最高茎蘖数 60 万~100 万，有效穗 40 万~55 万，单株成穗 2 个，每穗粒数 25~30 粒，千粒重 35~40 克。在北方冬麦区多采用此法，宜选用分蘖中等，秆壮抗倒、穗型较大品种。

以分蘖成穗为主的途径：通过采用小播量（10 万），采取适期早播，匀播，以分蘖成穗为主获得高产。每亩最高茎蘖 100 万，有效穗 40 万~60 万，单株成穗 5 个以上，每穗 30 粒，千粒重 35 克以上。肥水条件较好及播种技术很好时采用此途径。

（三）小麦肥水运筹

1. 高产小麦的土壤条件

（1）熟土层深厚、土壤结构良好：耕作层一般为 20 厘米以上；具团粒结构或良好的柱、块状结构，容重 1.2 克/立方米左右，孔隙度为 50%~55%（其中，非毛管孔隙 15%~20%），水气比例为 1.0：（0.9~1.0）。

（2）土壤肥沃，含有机质和无机养分丰富：沙壤土有机质含量 1.2% 以上，黏土 2.5% 左右，其中，易分解的有机质要占 50% 以上；含氮量 0.1% 以上，生长期间水解氮 70 毫克/千克左右，速效磷含量 >15 毫克/千克，速效钾含量 >12 毫克/千克。

（3）土质良好，地面平整，排灌方便。

（4）酸碱度适宜，含有害物质少：土壤 pH 值 =6.8~7.0；土壤的含盐量在 0.2% 以下。

2. 小麦需肥特性与合理施肥

（1）小麦的需肥特性　根据各地试验研究结果，一般认为每生产 100 千克小麦籽粒和相应的茎叶，约需吸收 N 3 千克，P_2O_5 1.0~1.5 千克、K_2O 2~4 千克，氮、磷、钾三者的比例约为 3：1：3。

（2）小麦不同生育时期的需肥特点　①氮的吸收有两个高峰：一个是分蘖到越冬始期，麦苗虽小，但需要量较大，占总需要量的 20% 左右，另一个是拔节到开花期，植株生长迅速，需要量急剧增加，占总量的 30%~40%。②磷、钾的吸收随着小麦生长的推移逐渐增多，到拔节以后，需要量大为增加，其中，以孕穗到成熟期间为最多，分别占总需要量的 40.78% 和 40.28%。

（3）小麦施肥量的确定　施肥量的确定，一方面要根据产量水平，另一方面还要考虑土壤的肥力的基础和肥料利用率的高低。

$$施肥量(千克／亩) = \frac{计划产量所需养分含量(千克／亩) - 土壤当季可供养分量(千克／亩)}{肥料的养分含量(\%) \times 肥料利用率(\%)}$$

其中，土壤当季供应量（千克/亩）= 土壤中某元素的速效养分含量（毫克/千克）×0.15

弱筋小麦应适当降低施 N 量，增施磷、钾肥。

（4）肥料的运筹原则

①各生育期肥料的运筹如下。

冬前分蘖期：有适量的速效氮、磷、钾供应，以满足第一个吸肥高峰对养分的需要，促进分蘖和发根，培育壮苗；

越冬至返青期间：是小麦一生中需肥较少时期，应适当控制肥料供应以控制无效分蘖的发生，培育高光效群体；

拔节至开花：是一生中吸肥的最高峰，是施肥的最大效率期，必须适当增加肥料供应量，以巩固分蘖成穗，培育壮秆，促花，保花，争取穗大粒多；

抽穗开花以后：要维持适量的氮、钾营养，延长绿色叶面积持续期，提高后期光合生产量，保证籽粒灌浆，提高粒重。

②肥料的综合运筹如下。

在确定肥料运筹方式时，应综合考虑小麦专用类型、肥料对器官的促进效应，以及地力、苗情、天气状况等因素。

中筋、强筋小麦：氮肥可采用基肥：追肥为5：5的运筹方式，追肥主要用作拔节孕穗肥，少量在苗期施用或作平衡肥。

弱筋小麦：宜采用基肥：追肥7：3的运筹方式。

晚茬麦：采用独秆栽培法，氮肥基肥：追肥可采用（3～4）：（6～7），以保穗数、攻大穗。

秸秆还田量大的麦田：基肥氮肥用量需适当增加，磷、钾肥提倡50%～70%基施；30%～50%在拔节后追施。

3. 小麦需水特性和灌溉技术

（1）小麦的需水特性

①小麦的耗水量与耗水系数：

田间耗水量：指小麦从播种到收获的整个生育期间的麦田耗水量。棵间蒸发大部分在返青前，占总耗水量的30%～40%。植株蒸腾在孕穗至抽穗期达最大值，占总耗水量的60%～70%。

耗水量的计算，一般采用水分平衡法：

小麦耗水量 = 播前土壤贮水量 + 有效降水量 + 溉溉总量 − 收获时土壤贮水量

式中：土壤贮水量 = 单位面积 × 计划层深度 × 土壤容重 × 土壤含水率

有效降水量 = 实际降水量 − 地面径流 − 重力水

地面径流和渗入地下的重力水因北方地区小麦生育期间雨水较少，且测定较困难，可以不计。所以有效降水量可用实际降水量代替。

灌溉总量是多次灌水量之和。每次灌水量可用灌水前和灌水后土壤贮水量之差求得。

耗水系数：指单位籽粒产量的耗水量。

小麦一生的耗水量是随着产量的提高而略有增加，但耗水系数却由于产量的提高而大大降低。亩产400～500千克的耗水量为150～175千克/亩，耗水系数为700左右；亩产250～300千克的耗水为125～150千克/亩，耗水系数为1 000～1 300。

②小麦各生育时期适宜土壤水分见下表。

表　小麦各生育时期适宜土壤水分

生育时期	最适（%）	受影响的土壤水分（田间持水量的%）		
播种—出苗	70~75	<60 出苗不整齐	<40 不能出苗	>80 易造成烂根烂种
出苗—越冬	70~75	<60 地上部易受冻，不分蘖		<40 分蘖节干冻死亡
返青—拔节	70	<60 虽可控制无效分蘖，但返青迟缓，分蘖成穗率下降		
拔节—抽穗	70~80	<60 虽加速无效分蘖死亡，但退化小穗、小花增多（尤其是孕穗期）		
抽穗—乳熟末期	70~75	此期既要防止干旱所造成的可服花结实率下降而影响每穗粒数，又要防止湿度过大，造成渍水烂根		
蜡熟末期	不低于60	植株开始衰老，土壤水分以不低于田间持水量的60%为宜		

（2）灌溉技术　小麦灌溉时要掌握看天、看地、看苗的原则。

①播前灌水（底墒水）：在水分不足的干旱年，播前浇好底墒水，是一项重要的增产措施。底墒水有两种方式：一是在翻地前浇，叫茬水；二是在翻土后浇，叫塌墒水。前者灌水量小些，但灌水期提前，有利于冬性品种早播；后者灌水量大，使底墒更充足，对出苗有利，在不误播期的情况下，增产效果更显著。

②冬灌：冬灌是北方冬小麦行之有效的增产措施。

冬灌3个条件：即气温、土壤湿度和苗情，其指标为：日平均气温在3℃以上，耕层土壤含水量低于田间持水量的70%，单株分蘖在1~2个以上的，可以冬灌。日平均气温在0℃以下，土壤墒情好，不低于田间持水量的70%，群体偏大或单根独苗的弱苗以及淮南稻茬麦、下湿地麦田等，均不宜冬灌。

冬灌时间：最好选择在冷尾暖头天气，以夜冻日消浇完为好。"夜冻日消，冬灌正好"。

灌水量：冬灌水不可过大。"前边浇，后边冻，小麦地里裂大缝，冷风一吹要了命"。

③春季灌水：指返青水、起身水、拔节水和孕穗水。

具体还须根据不同产量水平和苗情来确定。低产麦田，一般应浇好返青水和拔节水，但是浇返青水的时间不宜过早，开春后，当地下5厘米处地温回升到5℃左右时再浇返青水，对促进有效穗数有很大作用。高产田，一般在冬灌的基础上，返青时不施肥，不浇水，只进行松土保墒和深中耕等措施；对壮苗可在起身期结合施肥浇水，旺苗则推迟到拔节期麦田开始两极分化时结合施肥浇水。孕穗期是小麦需水临界期，而且耗水量也大，要酌情浇好这一水。

④后期灌水：指灌浆水和麦黄水。

适时浇好灌浆水，对促进灌浆，提高粒重是非常必要的。一般认为在开花后10~12天的灌浆初期（上/5）浇灌浆水最好。

麦黄水是否要浇，必须根据具体情况来确定，一般认为，有干热风和土壤水分亏缺严重的情况下，灌麦黄水能使棵间降温增湿，减轻干热风危害，提高千粒重。但灌水时间必须掌握在小麦黄熟（即收麦前 1 周左右）的时候。对于高产田块或 N 肥较多的田块，一般不浇麦黄水。低中产田在没有浇过孕穗水、灌浆水情况下，也不宜浇麦黄水。

第四节　小麦阶段田间管理

一、小麦的田间管理阶段

根据生产实际和小麦的生长发育特性将小麦的田间管理分为 3 个阶段，即冬前管理、春季管理和中后期管理。冬前管理是指出苗至越冬，春季管理指返青至抽穗，后期管理是指开花至成熟。

二、小麦冬前田间管理

1. 小麦冬前的生育特点和主要任务

小麦冬前的生育特点可概括为"三长一完成"，即长根、长叶、长分蘖，完成春化阶段，其中分蘖是生长中心。冬前分蘖的数量与质量，直接关系到春季群体的大小、穗的多少和穗的大小。

冬前及冬季管理的主要任务是在苗全、齐、匀的基础上，促根壮蘖、促弱控旺，培育壮苗，达到群体适宜、个体健壮，为安全越冬和争取穗多穗大打好基础。冬前高产麦田的壮苗标准是主茎叶 6 ~ 7 片，叶色葱绿，单株分蘖 5 ~ 8 个，次生根 10 条以上，洁白粗壮。多穗品种冬前每亩总蘖数达到 70 万 ~ 90 万个。

2. 冬前管理主要措施

查苗补苗，疏苗移栽。出苗后应立即查苗，凡缺苗 10 厘米以上的，均应在二叶前用催过芽的种子补种。补种后仍有缺苗的，应在三叶前结合疏苗移苗补栽。注意移栽时不露白，盖实压紧，栽后浇水。对基本苗过多或有疙瘩苗的地块，及时疏苗，使麦苗分布均匀、生长整齐、个体健壮、群体合理。

酌情追冬肥。越冬前施用的化肥为冬肥，其中少量供冬前和越冬之需，大量为春肥冬施，促进小麦扎根返青，巩固冬前蘖，增加春蘖，提高冬前蘖成穗率，培育壮苗。底肥少的麦田和薄地弱苗田要及早追施；高产田基肥足，蘖足苗壮，可不施；播种早、长势过旺而脱肥的麦田，应及时追施；长势旺、群体过大的麦田一般不追施；缺磷麦田可氮、磷结合追施。冬肥用量根据苗情、产量指标和基肥施用量决定，一般沟施为好，先追肥后浇水。

冬季可顺麦垄浇腐熟尿液（含氮 0.5%），可随积随浇。注意盐碱地和有积雪时不宜浇，防止盐碱加重和冻苗。

适时浇冬水。冬水可满足冬、春两季用水，平抑地温，促进返青。但浇水时间比较重要，过晚易冻苗，过早又起不到蓄墒、防冻的效果。常以日平均气温 7 ~ 8℃时开始浇，1 ~ 5℃土壤夜冻昼消时结束，在立冬到小雪期间为宜。一般先浇已经分蘖的弱苗和苗量适中、底肥不足、叶色较淡的田块；阴凉地、黏土地、盐碱地麦田也要适当提前浇；对墒情好、播种早、底肥足、长势旺、分蘖多的麦田和苗壮的高产田最后浇；对冬前无分蘖、地下水位高的麦田，只抓好划锄保墒，一般可以不浇冬水。

划锄镇压。划锄可灭草松土，还可防裂、防冻、保墒。浇冬水后要及时划锄，破板保墒，减轻越冬冻害。旺苗田深中耕10厘米以上，断根控制旺长，促进壮苗形成。

严禁麦田放牧啃青。放牧不仅造成麦苗生长迟缓、变弱和养分积累减少，而且冻害加重，一般会造成4.1%～51.7%的减产。因此，必须严格禁止放牧。

三、小麦春季田间管理

1. 小麦春季管理阶段的生育特点和主要任务

小麦从返青到抽穗开花为春季麦田管理阶段。此期营养生长与生殖生长并进，根、茎、叶、蘖、穗同时生长和建成，植株生长量很大，分蘖和叶面积相继达到高峰，群体和个体迅速发展，是小麦一生中变化最大的时期。此期需肥、需水最多，需肥、需水量分别占全生育期的50%左右和40%以上，是小麦争取穗足穗大，壮秆不倒的关键时期。

此期麦田管理的中心任务是促进根系发育，合理调整群体，为穗多穗大打好基础。具体应根据苗情特点分类管理。

（1）壮苗　这类麦田个体健壮，群体适宜，肥水条件好，管理上应促根控蘖，使麦苗稳健生长，控返青，促起身或拔节，防倒伏，提高分蘖成穗率。

（2）旺苗　这类麦田个体生长势旺，群体大，地力肥，水分多，春蘖过多，茎秆细弱，易倒伏。所以，应以控为主，推迟肥水，适当进行深划锄、镇压、喷施矮壮素，争取大穗不倒。

（3）弱苗　一般弱苗播种晚，群体偏小，单株分蘖少，质量差，大蘖少，次生根少，地力差。因此，应促根增蘖，巩固冬蘖，促春蘖，争穗数。

（4）脱肥旺长黄弱苗　这类麦田播种早，年前旺长，抗寒力弱，受冻严重，枯叶过多。管理上应以促为主，促根保蘖，变冬旺春弱为春壮。

2. 小麦春季田间管理措施

（1）划锄镇压　不论旺苗、壮苗、一般苗或弱苗，早春都要及时顶凌划锄，浅划、细划、以利切断毛细管，减少蒸发，增温保墒。旱情严重的精细划锄；盐碱地多划；旺长田深划加浅划，控蘖、蹲苗。

镇压不但能碎土、弥封裂缝、保墒，而且可使根土结合，有利于吸收肥水、提墒，对旺苗田还可蹲苗、壮秆、防倒。镇压应与划锄结合，先压后划，上松下实。

（2）耧麦清棵　用竹耙耧去田间枯叶，清理地面，提高地温，促根增蘖，减少病虫源。可以先镇压划锄，然后清棵，提升分蘖节，以利麦田早发。旺、壮苗可不清棵，防冻防旱。

（3）肥水管理　春季肥水分为返青、起身、拔节、挑旗肥水。在生产上，要根据小麦生长情况因苗施用。

返青肥水。作用在于巩固年前分蘖，增生春蘖，增加穗数，促进中、下部叶片生长，增加小穗数。一般麦田和旱薄地、晚茬弱苗、脱肥弱苗、旺长弱苗，应在早春土壤解冻泛浆时，趁墒早追重施返青肥，促弱转壮。一般施用标准为氮肥10～15千克/亩。

要施入地面下，封严、压实、提高肥效。高产田和旺苗田一般不追返青肥。在干旱缺水、土壤含水量低于 55% 时，要适时浇返青水。高产田和旺苗田不浇返青水。返青水一般应掌握在 5 厘米地温稳定在 5℃ 以上时进行。顺序为先浇地势高、土质松、墒情差、苗情好的麦田，后浇地势洼、土质黏、墒情好、苗情弱的麦田，水量要少，浇后及时划锄保墒。

起身肥水。其作用是促大蘖成穗，提高成穗率，促进二、三节间伸长，上部叶片增大，对减少小穗和小花退化、增加粒数也有一定作用。对弱苗、一般苗要早施、重施，壮苗晚施、少施，旺苗不施。高产田和旺苗田一般不施起身肥水。

拔节肥水。能促进旗叶和穗下节间伸长，防止小穗和小花退化，促进大蘖成穗，提高成穗率，各类麦田均要施用。

挑旗肥水。挑旗肥水的作用在于促进花粉粒发育良好，提高结实率，增加穗粒数。挑旗期是小麦水分临界期，各类麦田必须及时浇水。对于易早衰的一般麦田，结合浇水适当追施孕穗肥，可起到防止早衰的作用。

春季肥水运用总要求：高产田以稳定穗数，减少无效分蘖，防止群体过大，改善光照条件，争取穗大、粒多、粒重为主攻方向，追肥重点应放在起身拔节期。一般田以争取达到足够穗数为主攻方向，兼顾促大穗、增粒重，追肥重点放在起身前，抓冬肥、返青肥，补拔节挑旗肥。高产田每亩追施 30～40 千克标准氮肥，一般麦田每亩追施 15～20 千克标准氮肥为宜。

（4）预防晚春冻害　晚春冻害是在小麦进入返青拔节期后因寒流到来降温，地表温度降到 0℃ 以下发生的霜冻危害。

发生冻害的麦田叶片似开水浸泡过，经阳光照射后逐渐干枯。一般水浇麦田重，旱地麦田轻；平川麦田重，丘陵麦田轻；未浇水麦田重，已浇水麦田轻；弱苗麦田重，壮苗麦田轻。

晚春冻害的预防措施是低温寒流来临之前给麦田浇水或用烟熏。晚春冻害后的补救措施是及时浇水与追肥，促进恢复。

四、小麦后期管理

1. 小麦后期的生育特点

从抽穗开花到成熟是小麦生育后期。小麦开花后，除籽粒形成外，不再产生新的器官，单位面积穗数和穗粒数大体固定，根、茎、叶生长逐渐减弱，叶面积逐渐减少，生育中心由根、茎、叶、穗转向籽粒，光合产物也以籽粒为主要运输方向，是籽粒形成、灌浆、成熟、增重的重要时期。

小麦籽粒中干物质，一是抽穗前制造积累于叶鞘和茎秆中的养分转移而来，二是抽穗后制造，二者分别占 1/5～1/3 和 2/3～4/5。昼夜温差较大，土壤水分适宜，适量供应氮、磷、钾，有利于防早衰，延长绿色面积功能期，提高光合效能，利于增加粒重。氮过多，易贪青、倒伏，降低粒重。光照充足利于增加粒重；反之，粒重下降。

2. 田间管理的中心任务

后期小麦田间管理的重点是保根保叶，延长绿色面积功能期，防治病虫害，防干热风，减少籽粒退化，提高光合效率和灌浆强度，延长灌浆时间，争取籽粒多、饱、重。

3. 小麦后期管理措施

（1）合理浇水　抽穗后，小麦耗水量较大，直至成熟所耗水分可占总耗水量的1/3。尤其是抽穗、开花期，要求土壤含水量在75%～90%，不低于70%，灌浆到成熟不低于65%，后期应浇好抽穗扬花水、灌浆水、麦黄水。

抽穗扬花水。在小麦抽穗至开花前后浇，为坐脐和籽粒形成、促进胚乳发育、减少籽粒退化创造条件，同时能防止小麦早衰。

灌浆水。在开花后10天进行，以促进物质运转，提高灌浆强度，增加籽粒饱满度；还可防早衰，延长灌浆时间，利于正常成熟。

麦黄水。在成熟前10天左右进行，可以保证小麦正常成熟落黄，防止早衰，减轻干热风危害，千粒重提高2～3克，增产5%～10%，还有利于套种和直播。但不可浇水过晚，防止贪青。注意雨前不浇、有风不浇，防止倒伏。强筋小麦生产田不易浇麦黄水，浇水会造成品质下降。

（2）根外追肥　可利用叶片的吸收功能，进行根外追肥补充，对延长叶片功能期、促进灌浆、增加粒重有一定效果。可在开花至灌浆初喷施1%～2%尿素溶液、2%～3%硫酸铵溶液、5%草木灰溶液。一般麦田喷氮肥，高产田喷磷、钾肥。以傍晚无风时喷施效果最好。

（3）防治病虫害　此期易受蚜虫、锈病、白粉病为害，应及时采取药剂治疗。

第三章　小麦高产栽培技术

第一节　小麦规范化播种技术

一、规范品种选用

1. 选择适宜品种

小麦品种按成穗率和单穗粒重可分为：大穗型品种（亩穗数30万左右，穗粒数40粒以上，单穗粒重1.9克及以上）、中穗型品种（亩穗数40万左右，穗粒数30～40粒，单穗粒重1.1～1.8克）、小（多）穗型品种（亩穗数50万以上，穗粒数25粒左右，单穗粒重0.8～1.0克）。

山东省小麦生产应以中穗型品种为生产的主导类型，以大穗型品种为生产的主要类型之一。为预防小麦冬春旺长、冻害和后期倒伏、早衰，对近几年小麦冻害和倒伏严重的地块，不要种植春性较强、抗倒伏能力差的品种。春性强的品种经常出现冬前发育过快，在冬季或早春遭受冻害的现象，在生产中应予以重视。

鲁东、鲁北地区以良星99、济麦22、济麦20（强筋）、烟农19（强筋）、烟农24、青丰1号、洲元9369（强筋）、良星66、烟农23、烟5158等为主；鲁中地区以济麦22、良星99、泰农18、济南17（强筋）、济麦20（强筋）、泰山23、汶农6号、山农15、良星66等为主；鲁南、鲁西南地区以临麦2号、临麦4号、济麦22、泰农18、山农15、泰山9818、良星99、济南17（强筋）、良星66、聊麦18等为主。

2. 搞好种子处理

主要抓好3项措施：一是精心选种。播前可用种子精选机选种，无精选机时可用风选、筛选等办法，尽量选用大而整齐的种子作种。二是做好发芽试验。一般要求平均发芽率应在85%以上。三是进行种子包衣。种子包衣是防治小麦苗期病虫害的有效措施。没有用种衣剂包衣的种子要用药剂拌种。近几年小麦地下害虫发生严重，特别是金针虫，在苗期咬断麦苗，造成缺苗断垄，应特别重视。一是根病发生较重的地块，可选用2%立克莠按种子量的0.1%～0.15%拌种，或20%粉锈宁（三唑酮）按种子量的0.15%拌种。二是地下害虫发生较重的地块，可选用40%甲基异柳磷乳油或35%甲基硫环磷乳油，按种子量的0.2%拌种。三是病、虫混发地块可选用以上药剂（杀菌剂＋杀虫剂）混合拌种。由于拌种对小麦出苗有影响，播种量应适当加大10%～15%。

二、规范施肥环节

1. 高产麦田的肥力指标和土壤特性

土壤地力水平是小麦丰产的基础条件，同一地块，随着地力水平的提高，小麦产量大幅提高；同一品种，在不同地力水平下表现出不同的产量水平。地力水平高的地块小麦产量水平显著高于地力水平较低的地块。

实践证明，选择土层厚 2～3 米以上、活土层深 25 厘米以上，地面平整、能灌能排、土壤肥沃的高产土壤是实现小麦高产、超高产的基本保证。综合各地高产经验并结合科研单位研究成果，超高产麦田的土壤肥力指标为：0～20 厘米土层有机质含量 1.2%，全氮 0.09%，水解氮 70 毫克/千克，速效磷 25 毫克/千克，速效钾 90 毫克/千克，有效硫 12 毫克/千克及以上。土壤理化性状较好，耕层土壤容重为 1.13～1.25 克/立方厘米，总孔隙度 50% 以上，通气孔隙度 15%，土壤中碳氮比约为 25：1 左右。

2. 科学使用肥料

培肥地力是小麦高产的基础。实践证明，增施肥料，培肥地力是小麦高产的基础。土壤有机质是改善土壤理化性状的重要物质，它能提高土壤腐殖质含量，协调土壤水、肥、气、热关系，增强土壤的自调能力，为小麦创高产打下良好的条件。因此，培肥地力，首先要增加有机质含量，其次是平衡施肥。培肥土壤地力的主要措施有实行小麦、玉米秸秆完全还田、增施有机肥、科学施用化肥。

（1）玉米秸秆完全还田　要坚持连年实行小麦、玉米秸秆完全还田。秸秆连年还田，不仅增加了土壤有机质，为小麦生长提供了养分齐全的矿质元素，而且还增加了土壤孔隙度，改善了土壤理化性状，有利于蓄水保肥，根系下扎，增强小麦的抗旱、抗干热风能力。土壤中秸秆的腐熟，还有利于田间二氧化碳浓度的增加，这对增强小麦的光合作用，促进碳水化合物的合成效果十分明显。

（2）增施有机肥　每亩施优质圈肥 3 000 千克左右，或腐熟鸡粪 1 000 千克左右。有机无机相结合，亩施优质腐熟有机肥 3～4 立方米，商品有机肥 500 千克以上。

（3）科学施用化肥　结合测土配方施肥项目，因地制宜合理确定化肥基施比例，优化氮磷钾配比。高、中产田应将有机肥全部、氮的 50%，全部的磷、钾肥均施作底肥，第二年春季小麦起身拔节期再施 50% 氮肥。超高产田应将有机肥全部、氮肥的 40%～50%，全部的磷、锌肥和 50% 钾肥施作底肥，第二年春季小麦拔节期再施 50%～60% 氮肥和 50% 钾肥。要大力推广化肥深施技术，坚决杜绝地表撒施。高产田要特别注意增施钾肥。

三、规范化整地

1. 要提高整地质量，首要措施是搞好秸秆还田工作

筛选秸秆还田机械，推广玉米秸秆精细粉碎技术。玉米秸秆粉碎长度和根茬高度与秸秆还田质量密切相关。为此，农业部门应积极和农机部门联合，对玉米秸秆还田机械进行认真筛选，实行秸秆精细粉碎技术。玉米秸秆还田机械作业时，玉米秸秆切碎的长度要小于 10 厘米，最好 5 厘米；根茬长度不大于 3 厘米，提高秸秆还田质量。

2. 耕作整地

耕作整地是小麦播前准备的主要技术环节。其目的是使麦田达到耕层深厚，土壤中水、肥、气、热状况协调，土壤松紧适度，保水、保肥能力强，地面平整状况好，符合小麦播种要求，为全苗、壮苗及植株良好生长创造条件。耕作整地是小麦栽培的基本技术环节，也是其他栽培措施发挥增产潜力的基础。目前，耕作方式主要有4种：深耕、深松、旋耕、免耕。要因地制宜选用不同的耕作方式。

四、要把好"播种关"

1. 足墒播种

小麦出苗的适宜土壤湿度为田间持水量的 70%～80%。整地时一定要保证土壤墒情适宜，若遇干旱，应灌水造墒。可在前茬作物收获前7～10天浇水，既有利于秋作物正常成熟，又为秋播创造良好的墒情。收前来不及浇水的，在收后开沟造墒，然后再耕耙整地；也可以先耕耙整畦后灌水蹾实，待墒情适宜时耱锄耙地；或者先整畦播种后，再浇"蒙头水"，但应注意小麦浅播并及时划锄防板结。无水浇条件的旱地麦田，要在前茬收获后及时播种。若前期降雨较多，应注意晾墒后，再整地。在适期内，应掌握"宁可适当晚播，也要造足底墒"的原则，做到足墒下种，确保一播全苗。

2. 适当晚播

实践证明，早播是形成旺苗的主要原因。因此，提倡将小麦播期适当推迟。主要依据：由于气候变暖，半冬型品种增多，从理论上讲，小麦播期有适当推迟的必要。温度是决定小麦播种期的主要因素。在一般情况下，冬性品种适宜播期以日平均温度在18～16℃、半冬性品种以日平均温度16～14℃为宜。冬前积温570～650℃可以培育壮苗。

适当晚播是防止前期旺长，后期倒伏的有效措施，小麦适当晚播是玉米晚收的需要。为应对气候变暖的形势，冬小麦的播种适期应该比过去认定的适宜播期适当推迟。根据计算和试验：山东省的鲁东、鲁中、鲁北的小麦适宜播期宜为10月1～10日，其中，最佳播期为10月3～8日；鲁西的适宜播期为10月3～12日，其中，最佳播期为10月5～10日；鲁南、鲁西南为10月5～15日，其中，最佳播期为10月7～12日。

3. 适量播种

近几年生产实践证明，精播、半精播是高产田，尤其是超高产田的有效措施。在适宜播种期内，分蘖成穗率低的大穗型品种，每亩基本苗15万～18万；分蘖成穗率高的中穗型品种，每亩基本苗12万～16万。在此范围内，高产田宜少，中产田宜多。晚于适宜播种期播种，每晚播2天，每亩增加基本苗1万～2万。

用小麦精播机或半精播机播种，行距21～23厘米，播种深度3～5厘米。播种机不能行走太快，每小时5千米，以保证下种均匀、深浅一致、行距一致、不漏播、不重播。

4. 播后镇压

从近几年的生产经验看，小麦播后镇压是提高小麦苗期抗旱能力和出苗质量的有效措施。因此，各地要选用带镇压装置的小麦播种机械，在小麦播种时随种随压，也可在小麦播种后用镇压器镇压2遍，努力提高镇压效果。尤其是对于秸秆还田地块，如果土壤墒情较好不需要浇水造墒时，要将粉碎的玉米秸秆耕翻或旋耕之后，用镇压器多遍镇压，小麦播种后再镇压，才能保证小麦出苗后根系正常生长，提高抗旱能力。

5. 查苗补种，杜绝缺苗断垄

查苗补种，小麦要高产，苗全苗匀是关键。因此，小麦出苗后，要及时到地里检查出苗情况，对于有缺苗断垄地块，要尽早进行补种。补种方法：选择与该地块相同品种的种子，进行种子包衣或药剂拌种后，开沟均匀撒种，墒情差的要结合浇水补种。

第二节　冬小麦宽幅精播高产栽培技术

当前小麦生产分散经营，规模小、种植模式多，品种更换频繁，种植机械种类多、机械老化等现象，造成小麦精播高产栽培技术应用面积降低，小麦播种量快速升高（平均播量在 10 千克/亩 以上，个别地方少数农户播 15 千克/亩左右），造成群体差、个体弱、产量徘徊不前的局面。重品种、轻技术、管理粗放，已构成栽培与品种、农艺与农机、推广与生产的矛盾，直接影响小麦产量、品质和效益的提高。

一、小麦宽幅精播栽培技术特点

小麦宽幅精播高产高效栽培技术的创新特点："扩大行距，扩大播幅，健壮个体，提高产量"。一是扩大行距，改传统小行距（15～20 厘米）密集条播为等行距（22～26 厘米）宽幅播种；由于宽幅播种籽粒分散均匀，扩大小麦单株营养面积，有利于植株根系发达，苗蘖健壮，个体素质好，群体质量好，提高了植株的抗寒性、抗逆性。二是扩大播幅，改传统密集条播籽粒拥挤一条线为宽播幅（8 厘米）种子分散式粒播，有利于种子分布均匀，无缺苗断垄、无疙瘩苗，克服了传统播种机密集条播，籽粒拥挤、争肥、争水、争营养，根少苗弱的生长状况。应用小麦宽幅精播机的好处还有下列几点：一是能较好的压实土壤，防止透风失墒，确保出苗均匀，生长整齐。二是使用小麦宽幅播种机，播种质量好，省工省时，解决了因秸秆还田造成的播种不匀等现象，小麦播种后形成波浪形沟垄，有利于小雨变中雨、中雨变大雨，集雨蓄水，墒足根多苗壮，安全越冬。三是降低了播量，有利于个体发育健壮，群体生长合理，无效分蘖少，两极分化快，有利于大穗型品种多成穗，多穗型品种成大穗，增加亩穗数。

二、小麦宽幅精播高产高效栽培技术的基本内容

在小麦精播高产栽培技术处理好麦田群体与个体矛盾的基础上，扩大行距，扩大播幅，降低播种量，播种均匀，促进小麦个体发育更健壮，质量更好，使单株成穗多、穗大、粒多、粒饱，显著增产。主要栽培技术是：

①选用有高产潜力、分蘖成穗率高，亩产能达 600～700 千克以上的高产优质中等穗型或多穗型品种；在地力水平高，土肥水条件良好的基础上，调控好群体与个体发育关系，充分发挥个体优势，提高群体质量，确保穗足而不倒；②实行宽幅精量播种，降低播量，培育壮苗，有利个体发育健壮，根系发达，植株苗壮，分蘖多，成穗率高，株型合理。实现每一单茎同化量大，源流库、穗粒重的关系协调，延缓植株衰老，增加生

物产量和提高经济系数；③坚持测土配方施肥，重视秸秆还田，培肥地力；采取有机无机肥料相结合，氮、磷、钾平衡施化肥，增施微肥；④坚持深耕深松、耕耙配套，重视防治地下害虫，耕后撒毒饼或辛硫磷颗粒灭虫，提高整地质量，杜绝以旋代耕；⑤坚持选用优良品种及精选高质量的种子，实行种衣剂包衣，禁止白籽播种，提高种子出苗率；⑥坚持适期足墒播种，提高播种质量，培训播种机手，不重播不漏播，播满播严到头到边，覆土严密，播向行直行间均匀一致；播量准确，籽粒分布均匀。在秸秆还田量大，底墒不足的前提下，提倡干播浇水，增加有效积温，促进籽粒早发培育壮苗；有利踏实表层，促进低位分蘖顺利生长，起到以晚补早的作用，促进苗多苗壮而不旺；⑦冬前合理运筹肥水，促控结合，化学除草，安全越冬；⑧早春划锄增温保墒，提倡返青初期耧枯黄叶扒苗清棵，扩大绿色面积，充实茎基部木质坚韧，富有弹性，提高抗倒伏能力。追施氮肥时期适当后移，重视病虫统防统治，提高药效，降低成本；重视叶面喷肥，延缓小麦植株衰老等措施。最终达到调控好群体与个体的矛盾，协调好穗、粒、重三者关系，以较高的生物产量和经济系数达到小麦高产的目标。

三、小麦宽幅播种机使用及注意事项

培训播种机手，熟悉机械性能，熟练掌握播种机的作业技术。

播种量准确，严格调试好 12 个排种器间距标准一致，固定每个排种器卡子螺丝要上紧，种子盒内毛刷松紧，安装长短是影响播种量准确的关键，要经常检查，确保播量准确。

行距调节，宽幅精播机的行距可以根据地力、品种类型进行行距调节，一般高产地力可调 22~26 厘米。

当前玉米秸秆还田量大，杂草多，黑黏土地整地质量差，小麦播种时，往往壅土，播种不匀，而宽幅播种机采用前二后四形耧腿安装，基本解决上述问题。

播种深浅一致，防止漏行漏籽，在整地质量较好的前提下，往往车轮胎后一行受压漏籽，一是可以把该行耧腿调深，二是可以将车轮碾压的行移放到车轮两边，否则需人工覆盖种子，确保出苗质量。

第三节 小麦垄作高效节水技术

一、小麦垄作的优势

1. 扩大了土壤表面积

小麦垄作栽培技术是将原本平平一片的土壤用机械起垄开沟，把土壤表面由平面形变为波浪形，在垄上种 2~3 行小麦，就像种花生、大豆一样。土壤表面这小小变化，不仅扩大了土壤表面积 40% 左右，还增加了光的截获量，大大地提高了小麦光合作用的能力。

2. 节约灌溉用水

小麦垄作栽培也改变了灌溉方式，由传统平作的大水漫灌改为沟内小水渗灌，据山

东省青州试点调查结果表明，平作的麦田平均每亩每次灌溉需用水 60 立方米，1 立方水可生产 1~1.2 千克小麦，而垄作栽培只需要用水 36 立方米，每立方水可生产 1.8~2 千克小麦，水分利用率可提高 40% 左右，垄作栽培比平作节水 30%~40%。

3. 消除土壤板结

小水渗灌消除了土壤板结，增加土壤的透气性，为小麦根系和微生物生长创造了条件。大量研究证明，小麦根系生长的最适的土壤容重是每立方厘米 1.4 克左右。由于传统的栽培技术大水漫灌，随着灌水次数的增加，土壤容重迅速增加，结果根系生长环境恶化，所以根系生长不良，次生根比较少，根系生长的比较短。而采用垄作栽培技术，消除了土壤板结，土壤容重随着灌水次数的增加几乎没有变化，为根系的生长发育创造了良好的条件，次生根比较多，根系比较发达，地上部分蘖也比较多，而且分蘖都比较粗壮。

4. 改进施肥方法

小麦垄作栽培还改进了施肥方法，由传统的施肥一大片改为沟内一条线，相对增加了施肥深度，可达到 15~18 厘米，提高化肥利用率 10%~15%。由于每垄只种 2~3 行小麦，最大限度地发挥了小麦的边行优势，植株发育健壮，使穗粒数比平作每穗增加 6.3 粒，千粒重提高 1.7 克。

5. 改善田间小气候

垄作栽培还有利于田间的通风透光，极大地改善了小麦冠层的小气候条件，降低了田间湿度，小麦基部粗壮，茎秆健壮，抗倒伏能力和抗病性显著增强。试验对比结果表明，垄作栽培株高比平作栽培降低 6~9 厘米，同一时期平作倒伏程度 70%，而垄作无倒伏，平作白粉病和纹枯病发病率 67%，而垄作发病率仅为 30%。

6. 改善了耕作方式

由于垄作栽培方式垄沟相间，便于田间机械操作，不仅减少了对化学除草剂的依赖和农业化肥污染，还降低了 30% 左右的生产成本。垄作栽培有一部分土地未经使用，保持了良好的土壤肥力，同样适用于麦田套种玉米。除了套种玉米以外，小麦收割后，还可以利用麦茬的遮阴能力，在沟里种大姜，在垄上间作大豆、黄瓜、甜瓜、西瓜、番茄等作物，由一年两作两收变为一年三作三收，大幅度提高复种指数和土地产出率，增加农民的收入。

二、小麦垄作栽培的技术要点

1. 选择适宜地区

小麦垄作栽培适宜于水浇条件及地力基础较好的地块，应选择耕层深厚、肥力较高、保水保肥及排水良好的地块进行，对于旱作地区，必须结合免耕、覆盖及其他节水技术进行。

2. 精细整地

播前要有适宜的土壤墒情，如果墒情不足应先造墒再起垄。若农时紧，也可播种以后再顺垄沟浇水。起垄前深松土壤 20~30 厘米，耙平除去土块及杂草后再起垄，以免播种时堵塞播种耧影响播种质量。整地时基肥的施用原则同一般的精播高产栽培方法，目前提倡肥料后移施肥技术，即基肥占全生育期的 1/3，追肥占 2/3。

3. 合理确定垄幅

对于中等肥力的地块，垄宽以 70~80 厘米为宜，垄高 17~18 厘米，垄上种 3 行小麦，小麦的小行距为 15 厘米，大行距为 50 厘米，这样便于玉米直接在垄沟进行套种；而对于高肥力地块，垄幅可缩小至 60~65 厘米，垄上种 2 行小麦，玉米套种在垄顶部的小麦行间。

4. 使用配套垄作机械提高播种质量

用小麦专用起垄播种机械，起垄播种一次完成，可提高起垄质量和播种质量，尤其能充分利用起垄时的良好土壤墒情，为苗全、齐、匀、壮打下良好的基础。

5. 合理选择良种

用精播机播种，注意在品种的选择上应以叶片松散型品种为宜，这样有利于充分利用空间资源，扩大光合面积，可最大限度地发挥小麦的边行优势。而对于叶片紧凑型品种，由于占用空间较小，可适当加大密度，以增加有效光合面积。

6. 加强冬前及春季肥水管理

垄作小麦要适时浇好冬水，干旱年份要注意垄作小麦苗期尤其是早春要及时浇水，以防受旱和冻害。后期灌水多少应视天气情况灵活掌握。小麦起身期追肥，一般亩追 10~15 千克尿素，肥料直接撒入沟内，可起到深施肥的目的。然后再沿垄沟小水渗灌，待水慢慢浸润至垄顶后停止浇水，这样可防止小麦根际土壤板结。切忌向传统平作那样将肥料直接撒在小麦上，不仅会造成肥料的浪费，严重的还会造成烧苗现象。小麦孕穗灌浆期应视土壤墒情加强肥水管理，根据苗情和地力条件，脱肥地块可结合浇水亩追施尿素 5~10 千克，有利于延缓植株衰老，延长籽粒灌浆时间，提高产量，同时为玉米套种提供良好的土壤墒情和肥力基础。

7. 及时防治病虫草害

虽然小麦垄作栽培有利于有效控制杂草，植株发病率和虫害均较传统平作轻，但不能因此掉以轻心。尤其在病虫害流行季节，更应注意病虫害的预测预报，做到早发现，早防治。

8. 适时收获，秸秆还田

垄作小麦收获同传统平作一样，都可用联合收割机收割，套种玉米的地块在小麦收割时特别注意玉米幼苗的保护。垄作栽培的小麦收割后，粉碎的作物秸秆大多积累在垄沟底部，不会影响下季作物播种和出苗，因此，要求垄作栽培的作物尽量做到秸秆还田，以提高土壤有机质含量，从而达到培肥地力，实现可持续发展的目的。

9. 垄作与免耕覆盖相结合

垄作与免耕覆盖相结合可大大减少雨季地表径流，充分发挥土壤水库的作用，抑制杂草生长，减少土壤水分蒸发，大幅度提高土壤水分利用率及旱地土壤生产能力，对于旱地小麦生产具有很好的借鉴作用。

三、垄作技术的特点

改传统平作的大水漫灌为垄作的小水沟内渗灌，消除了大水漫灌造成的土壤板结及随灌水次数增加土壤变黏重的现象，为小麦的健壮生长创造了有利条件，而且，一次灌水用水量仅为 30 立方米/亩左右，节水 30% ~ 40%。

垄作小麦的追肥为沟内集中条施，可人工进行，也可机械进行。若人工进行，则每人每天可追肥 30 亩，大大提高了劳动效率。化肥集中施于沟底，相对增加了施肥深度（因垄体高 17 ~ 20 厘米，而肥料施于沟底，相当于 17 ~ 20 厘米的施肥深度），当季肥料利用率可达 40% ~ 50%。

垄作小麦的种植方式为起垄种植，改传统平作的土壤表面为波浪形，增加土壤表面积约 30%，光的截获量也相应增加，显著改善了小麦冠层内的通风透光条件，透光率增加 10% ~ 15%，田间湿度降低 10% ~ 20%，小麦白粉病和小麦纹枯病的发病率下降 40%；小麦基部节间的长度缩短 3 ~ 5 厘米，小麦株高降低 5 ~ 7 厘米，显著提高了小麦的抗倒伏能力。

垄作栽培改变了传统平作小麦的田间配置状况，即改等行距为大小行种植，有利于充分发挥小麦的边行优势，千粒重增加 5% 左右，增产 5% ~ 10%。

小麦垄作栽培为玉米的套种创造了有利的条件，小麦种植于垄上，玉米套种于垄底，既便于田间作业，又改善了玉米的生长条件，有利于提高单位面积的全年粮食产量。

第四节　冬小麦精播半精播高产栽培技术

一、冬小麦精播半精播特点

冬小麦精播高产栽培的基本苗较少，为每亩 8 万 ~ 12 万，群体动态比较合理，群体内的光照条件好，个体营养发育健壮，根系吸收能力强，解决了高产与倒伏的矛盾，提高了小花结实率，增加穗粒数和粒重，使穗足、穗大、粒重、抗倒、高产；提高了氮磷肥的经济效益。

二、技术要点

1. 培肥地力

精播高产栽培必须以较高的土壤肥力和良好的土、肥、水条件为基础。耕层土壤养分含量应达到下列指标：有机质含量 1.0%，全氮 0.084%，碱解氮 70 毫克/千克，速效磷 15 毫克/千克，速效钾 80 毫克/千克。

2. 选用良种

选用分蘖成穗率高、单株生产力高、抗倒伏、株型较紧凑、光合能力强、落黄好、抗病、抗逆性好的品种，有利于精播高产栽培。

3. 培育壮苗　施足底肥

（1）施足底肥　应有机肥、秸秆还田、氮磷钾肥配合，不断培肥地力。亩施纯氮 14 千克，五氧化二磷（P_2O_5）6.5 ~ 8 千克，氧化钾（K_2O）5 ~ 7.5 千克，锌肥 1 千克。除氮素化肥外，均作基肥。氮素化肥以 50% 作基肥，50% 于起身或拔节期追施。

（2）提高整地质量 适当加深耕层，破除犁底层，加深活土层；提高整地质量。耕后耙压，达到土壤上松下实，促进根系发育。

（3）坚持足墒播种，提高播种质量 造好底墒，实行机播，提倡坚持足墒播种，提高播种质量。用 2BJM 型小麦精量播种机播种，要求下种均匀，深浅一致，播种深度 3~5 厘米，行距 22~25 厘米，提高播种质量。

（4）适期播种 日平均气温 18~16℃ 播种冬性品种，16~14℃ 时适期播种。播种半冬性品种，从播种至越冬开始，有 0℃ 以上积温 650℃ 左右为宜。鲁东、鲁中、鲁北的小麦适宜播期为 10 月 1~10 日，其中，最佳播期为 10 月 3~8 日；鲁西的适宜播期为 10 月 3~12 日，其中，最佳播期为 10 月 5~10 日；鲁南、鲁西南为 10 月 5~15 日，其中最佳播期为 10 月 7~12 日。

（5）播种量适宜 播种量要求实现每亩 8 万~12 万基本苗。播种量适宜。

4. 创建合理的群体结构

精播的合理群体结构动态指标是：每亩基本苗 8 万~12 万，冬前总分蘖数 60 万~70 万，年后最高总茎数 70 万~80 万，成穗数 40 万~45 万，多穗型品种可达 50 万穗左右。叶面积系数冬前 1 左右，起身期 2.5~3，挑旗期 6~7，开花、灌浆期 4~5。

欲创建一个合理的群体结构，除上述培育壮苗措施之外，还应该采取以下措施。

（1）及时查苗补种

（2）浇好冬水 一般在 11 月底 12 月上旬浇冬水，不施冬肥。

（3）返青期管理 早春返青期间主要是划锄，以松土、保墒、提高地温，不浇返青水。

（4）重施起身期或拔节期肥水 麦田群体适中或偏小的重施起身肥水；群体偏大，重施拔节肥水。追肥以氮肥为主，亩施纯氮 7 千克。

（5）重视挑旗水或扬花、灌浆水 在浇了起身水或拔节水的基础上，在山东常年条件下，浇好挑旗水或扬花水，就足以满足籽粒生育的需要；即使在干旱年份，浇灌浆水也足够了。麦黄水会降低粒重，不提倡浇麦黄水。

5. 防治病虫及杂草

在山东，播种时的地下害虫，拔节期的纹枯病、后期的白粉病、锈病、蚜虫都是经常发生的病虫害，应注意及时防治。

6. 冬小麦半精播高产栽培技术

在中等肥力水浇麦田，或高肥力麦田播种略晚，或播种技术条件和管理水平较差，或利用分蘖力较弱及分蘖成穗率较低的品种，应采用半精播高产栽培技术。半精播与精播技术的不同主要是基本苗略多，为每亩 13 万~18 万。

第五节 旱地小麦节水高产栽培技术

山东省高产旱地小麦生育后期表现叶片较小，中下部叶片维持青绿的时间长，有利于保持后期较大的叶面积系数，促进光合作用，有利于光合产物向籽粒中转运分配，经济系数在 0.5 左右。旱地高产小麦的重要特点是在较多亩穗数的基础上，穗粒数仍然较多。即亩穗数与穗粒数在一定范围内同步增长，当亩穗数达到高限时，穗粒数不再增加或减少。

一、利用抗旱品种

依据抗旱品种对地力的反应，可分为抗旱耐瘠品种和抗旱耐肥品种。旱薄低产麦田种植的品种要求抗旱耐瘠，抗冻性强。旱肥地土层深厚，施肥多，应种植抗倒伏，抗旱耐肥的品种。旱地品种有青麦 6 号、烟农 21、山农 16、鲁麦 21 号、烟农 0428 等。

二、施肥技术

1. 有机肥与化肥配合施用

为大幅度提高产量并迅速培肥地力，必须在增施有机肥的同时，增加化肥的投入，实行有机肥与化肥配合施用。旱薄低产麦田生物产量低，有机肥不足，施充足的化肥，以无机换有机，能扩大有机物质的循环，较快的培肥地力。

2. 氮磷钾肥配合施用

由于多数旱地土壤氮磷养分失调，施磷肥的增产作用大于施氮肥的增产作用，而氮磷配施互作效应显著。因此，旱地小麦施肥应氮磷配合，并加大磷肥的比重，氮磷比一般为 1：1 为宜。缺钾地区施钾肥有明显的增产效果，要配合施用钾肥。土层厚的旱地在一定范围内，随施肥量增加产量提高，经济效益增加。因此，初开发的土层厚的旱地低产麦田应多施肥料。土层厚度达 1 米以上的旱地，一般亩施有机肥 3 000 千克、纯氮 12 千克、磷（P_2O_5）7 千克、钾（K_2O）6 千克、硫酸锌 1 千克。旱地肥料的增产作用受降水量和土壤蓄水量所制约。土层薄的旱地土壤蓄水量小，增肥增产的潜力小，应少施肥。干旱年份，底墒严重不足时，也应少施。

3. 采用"一炮轰"施肥法

适当深施采用"一炮轰"的施肥法，旱地不能浇水，追肥效果差，提倡把全部肥料在耕地时作底肥一次翻入，在地力较高的旱地高产麦田，采用"一炮轰"施肥，冬前麦苗可能呈现旺长趋势。因此，施肥量较多时应注意适当降低基本苗，控制冬前群体，并掌握适期播种，避免早播。在"一炮轰"的基础上深施肥料，增产效果好。

三、耕作技术

旱地小麦播种前的土壤耕作，要求既要有利于底墒好，又要保证播种时表墒好。耕作技术包括前作物收获后及早深耕、耕后耙耱、播种前后镇压等一整套措施，但是在干旱年份，深耕和耕后多次耙耱易使耕层失墒过多，不利于苗全苗壮；同时深耕消耗动力，增加作业成本。而适当深耕或松而不翻保墒效果好，利于苗全苗壮，成本也低。因此，旱地小麦播种前的土壤耕作，可 2 ～ 3 年深耕或深松一次，耕深 25 厘米或深松 38 厘米，平时浅耕，干旱年份耕层有失墒危险时亦宜浅耕。旱地小麦播种前后镇压可使耕层紧实度适宜，大孔隙变小，提高 表墒，有利于提高出苗率。

四、播种期和基本苗

旱地小麦冬前壮苗的标准是，主茎叶片 5~7 片，分蘖按时出生，根系深扎；冬季抗冻，有较多的绿叶越冬；春季麦苗返青早，分蘖成穗率高，后期不早衰。适期播种是培育壮苗的关键环节，播种到越冬 0℃ 以上积温 570~650℃ 为宜。山东旱地小麦的适宜播期为 9 月 25 日至 10 月 10 日，最适播期为 10 月 1~8 日，但播种时必须考虑土壤墒情，当土壤有失墒危险时要抢墒播种，因抢墒提早播期应适当减少基本苗，以免年前形成旺苗年后早衰减产。旱地小麦应建立高产低耗的群体结构。适期播种，每亩 15 万左右苗数为宜，施肥较多偏早播种的高产田可降至 12 万基本苗，冬前每亩总茎数 60 万~70 万，春季每亩总茎数 70 万~80 万，亩穗数 35 万以上。

五、田间管理

旱地小麦田间管理以保墒为主，主要措施为镇压、划锄。早春麦田管理，在降水较多年份，耕层墒情较好时应及早划锄保墒；秋冬雨雪较少，表土变干而坷垃较多时应进行镇压。旱地小麦追肥也有增产效果，底肥没施足时可以在早春土壤返浆或雨后开沟追肥。注意做好 病虫防治工作。

第六节　晚播小麦"四补一促"栽培技术

一、晚播小麦的成因

晚播小麦"四补一促"栽培技术是在小麦播期推迟的情况下实现高产的栽培技术。山东省一般把从播种至越冬前积温低于 420℃ 播种的小麦称为晚播小麦或晚茬麦，这种小麦单株只有 4 片叶，有 1 个分蘖或无分蘖。晚播小麦的成因有两种类型：第一是由于前茬作物成熟、收获偏晚，腾不出茬口而延期播种，从而形成晚播小麦。在山东省主要是棉茬麦，其次是花生茬麦、甘薯茬麦和稻茬麦等。第二是由于墒情不足等雨播种或降雨过多不得不推迟播期而形成晚播小麦。晚播小麦冬前苗小、苗弱，春季生育进程快、时间短，穗粒数较少，春季分蘖成穗率高。

二、晚播小麦"四补一促"栽培技术要点

1. 增施肥料，以肥补晚

由于晚播小麦具有冬前苗小、苗弱、根少、没有分蘖或分蘖很少，以及春季起身后生长发育速度快、幼穗分化时间短等特点；并且由于晚播小麦与棉花、甘薯等作物一年两作，消耗地力大，棉花、甘薯等施用有机肥少；加上晚播小麦冬前和早春苗小，不宜过早进行肥水管理等原因，应该对晚播小麦加大施肥量，以补充土壤中有效养分的不足，促进小麦多分蘖、多成穗，成大穗，创高产。应注意的是，土壤严重缺磷的地块，增施磷肥对促进根系发育，增加干物质积累和提早成熟有明显作用。一般亩产 250~300 千克的麦田，基肥以亩施有机肥 1 000 千克，尿素 12 千克，过磷酸钙 40~50 千克；

亩产 350~500 千克的晚播小麦，可亩施有机肥 2 000 千克、尿素 15 千克、过磷酸钙 40~50 千克。

2. 选用良种，以种补晚

实践证明，晚播小麦种植半冬性品种，阶段发育进程较快，营养生长时间较短，灌浆强度提高，容易达到穗大、粒多、粒重、早熟丰产的目的。

3. 加大播量，以密补晚

晚播小麦由于播种晚，冬前积温不足，难以分蘖，春生蘖虽然成穗率高，但单株分蘖显著减少，用常规播种量必然造成穗数不足，影响单位面积产量的提高。因此，加大播种量，依靠主茎成穗是晚播小麦增产的关键。应注意根据播期和品种的分蘖成穗特性，确定合适的播种量。各地对晚播小麦增加播种量的幅度都有一定的经验，如山东省晚播小麦在 10 月 15 日前后播种的，每亩播种量以 7.5~10 千克为宜；10 月中旬以后，每晚播 2 天每亩增加播种量 0.5~1 千克；10 月 25 日前后播种的，每亩播种量以 12.5~15 千克为宜，基本苗在 25 万~30 万，亩穗数 26 万~38 万。

4. 提高整地播种质量，以好补晚

提高整地播种质量，早腾茬，抢时早播；精细整地、足墒下种；精细播种，适当浅播；浸种催芽。

5. 科学管理，促壮苗多成穗

返青期镇压划锄，促苗健壮生长；狠抓起身期或拔节期的肥水管理；后期浇好开花灌浆水和防治蚜虫、白粉病等。

第七节　冬小麦氮肥后移高产优质栽培技术

在冬小麦高产栽培中，氮肥的运筹一般分为两次，第一次为小麦播种前随耕地将一部分氮肥耕翻于地下，称为底肥；第二次为结合春季浇水进行的春季追肥。传统小麦栽培，底肥一般占 60%~70%，追肥占 30%~40%；追肥时间一般在返青期至起身期。还有的在小麦越冬前浇冬水时增加一次追肥。上述施肥时间和底肥与追肥比例使氮素肥料重施在小麦生育前期，在高产田中，会造成麦田群体过大，无效分蘖增多，小麦生育中期田间郁蔽，后期易早衰与倒伏，影响产量和品质，氮肥利用效率低。氮肥后移技术将氮素化肥的底肥比例减少为 50%，追肥比例增加至 50%，土壤肥力高的麦田底肥比例为 40%~50%，追肥比例为 60%~70%；同时将春季追肥时间后移，一般后移至拔节期，土壤肥力高、采用分蘖成穗率高的品种的地片可移至拔节中期至旗叶露尖时。

一、氮肥后移在小麦生产中的作用

小麦氮肥后移技术可以有效地控制春季无效分蘖过多增生，塑造旗叶和倒二叶健挺的株型，单位土地面积容纳较多穗数，开花后光合产物积累多，向籽粒分配比例大；促进根系下扎，提高土壤深层根系比重和生育后期的根系活力，延缓衰老，提高粒重；控制营养和生殖生长并进阶段的干物质增长，减少碳水化合物的消耗，促进小花发育，增加穗粒数；促进开花后光合产物的积累和向籽粒转运，提高生物产量和经济系数，增加籽粒产量；提高籽粒蛋白质含量，改善小麦的品质；减少氮素的损失，提高氮肥利用率，减少氮素淋溶。

二、栽培技术要点

1. 播前准备和播种

（1）培肥地力和施肥原则 亩产小麦 450 千克左右及以上的麦田，适合于氮肥后移高产优质栽培。应培养土壤肥力达到 0～20 厘米土层土壤有机质含量 1.2%、全氮 0.08%、水解氮 70 毫克/千克、速效磷 20 毫克/千克、速效钾 90 毫克/千克、有效硫 16 毫克/千克及以上。亩产 500 千克小麦，总施肥量为每亩纯氮 14 千克，磷（P_2O_5）7 千克，钾（K_2O）7 千克，硫酸锌 1 千克，硫素 4 千克。硫素采用硫酸铵或硫酸钾或过磷酸钙等形态肥料施用，隔年施用即可。提倡秸秆还田。亩产 600 千克小麦，每亩施纯氮 16 千克，磷（P_2O_5）7.5 千克，钾（K_2O）7.5 千克，硫酸锌 1 千克，硫素 4 千克。

上述总施肥量中，在一般肥力的麦田，有机肥全部，化肥氮肥的 50%，全部磷肥、钾肥、锌肥、硫肥均施作底肥，第二年春季小麦拔节期再施留下的 50% 氮肥。在土壤肥力高的麦田，有机肥的全部，化肥氮肥的 40%，钾肥的 50%，全部的磷肥、锌肥、硫肥均作底肥，第二年春季小麦拔节时再施留下的 60% 氮肥和 50% 钾肥。

（2）选用良种，做好种子处理 选用品质优良、单株及群体生产力高、抗倒伏、抗病、抗逆性强、株型较紧凑、光合能力强、经济系数高的品种。要选用经过提纯复壮的质量高的种子。播种前用高效低毒的小麦专用种衣剂拌种。

（3）深耕细耙，耕耙配套，足墒播种，提高整地质量 适当深耕，打破犁底层，不漏耕；耕透耙透，耕耙配套，无明暗坷垃，无架空暗垡，达到上松下实；保证浇水均匀，不冲不淤。土壤墒情不足的地块应造墒播种。

（4）适期适量播种，提高播种质量 适时播种，冬性品种在日平均气温 18～16℃ 时播种，半冬性品种在 16～14℃ 时播种，冬前积温 650℃ 左右为宜。

分蘖成穗率高的中穗型品种，每亩 10 万～12 万基本苗为宜；分蘖成穗率低的大穗型品种，每亩基本苗 13 万～18 万。可采用等行距或大小行种植，平均行距为 23～25 厘米为宜。用小麦精播机播种，深度为 3～5 厘米，要求播量精确，行距一致，下种均匀，深浅一致，不漏播不重播，地头地边播种整齐。

2. 冬前管理

出苗后要及时查苗补种浸种催芽的种子。

浇好冬水有利于保苗越冬，有利于年后早春保持较好墒情，以推迟春季第一次肥水。应于小雪前后浇冬水，11 月底 12 月初结束即可。每亩灌溉 40 立方米。浇过冬水，墒情适宜时要及时划锄。

3. 春季（返青—挑旗）管理

（1）返青期和起身期锄地 小麦返青期、起身期不追肥不浇水，及早进行划锄。

（2）拔节期追肥浇水 分蘖成穗率低的大穗型品种，在拔节初期（雌雄蕊原基分化期，基部第一节间伸出地面 15～2 厘米）追肥浇水。分蘖成穗率高的中穗型品种，在地力水平较高的条件下，群体适宜的麦田，宜在拔节初期至中期追肥浇水；地力水平高、群体偏大的麦田，宜在拔节中期至后期（药隔形成期，基部第一节间接近定长，旗叶露尖时）追肥浇水。

4. 后期（挑旗—成熟）管理

（1）开花水或灌浆初期水　开花期灌溉有利于减少小花退花，增加穗粒数；保证土壤深层蓄水，供后期吸收利用。如小麦开花期墒情较好，也可推迟至灌浆初期浇水。要避免浇麦黄水，麦黄水会降低小麦品质与粒重。

（2）防治病虫　锈病、白粉病、赤霉病、蚜虫等是小麦后期常发生的病虫害，加强预测预报，及时防治。防治小麦蚜虫应该用高效低毒选择性杀虫剂。

（3）蜡熟末期收获，麦秸还田　高产麦田采用氮肥后移技术，蜡熟中期千粒重仍在增加，在蜡熟末期—完熟初期收获籽粒的千粒重最高，营养品质和加工品质也最优。提倡用联合收割机收割，麦秸还田。

第四章　山东省主要小麦品种

根据山东省气候、土壤特点，结合小麦品质区划研究和生产示范情况，推介以下小麦品种。分为强筋品种、中大穗品种、多穗型品种、旱地品种和晚播早熟品种5种类型。

第一节　强筋品种

1. 烟农19号

（1）特征特性　半冬性，幼苗半匍匐，株型较紧凑，分蘖力强，成穗率中等，株高84.1厘米，叶片深黄绿色，穗型纺锤形，长芒、白壳、白粒、硬质，千粒重36.4克，容重766.0克/升，生育期245天。经抗病性鉴定：中感条锈、叶锈病，高感白粉病。抗倒性一般。1999—2000年生产试验取样测试，粗蛋白质含量15.1%，湿面筋33.5%，沉降值40.2毫升，吸水率57.24%，稳定时间13.5分钟，断裂时间14.2分钟，公差指数19B.U，弱化度24B.U，评价值61；面包烘烤品质：重量160克，百克面包体积825立方厘米，烘烤评分88.8。

（2）产量表现　该品种参加了1997—1999年山东省小麦高肥乙组区域试验，两年平均亩产483.6千克，比对照鲁麦14号减产0.3%；1999—2000年高肥组生产试验平均亩产497.4千克，比对照鲁麦14号增产1.3%。

（3）栽培技术要点　适期播种，高肥水地块一般每亩基本苗8万~10万；中等肥力地块一般每亩基本苗12万~14万。对群体过大地块，春季肥水管理适当推迟，以防倒伏。

（4）适宜范围　在全省亩产400~500千克地块作为强筋专用小麦品种种植利用。

2. 济南17号

（1）特征特性　半冬性，幼苗半匍匐，分蘖力强，成穗率高，叶片上冲，株型紧凑，株高77厘米，穗型纺锤形、顶芒、白壳、白粒、硬质，千粒重36克，容重748.9克/升，较抗倒伏，中感条、叶锈病和白粉病。品质优良，达到了国家面包小麦标准。落黄性一般。

（2）产量表现　该品种参加了1996—1998年山东省小麦高肥乙组区域试验，两年平均亩产502.9千克，比对照鲁麦14号增产4.52%，居第一位；1998年高肥组生产试验平均亩产471.25千克，比对照增产5.8%。

（3）适宜范围　在全省中高肥水作为强筋专用小麦品种种植利用。

3. 洲元 9369

（1）特征特性　偏冬性，幼苗半匍匐。两年区域试验结果平均：生育期 241 天，比潍麦 8 号早熟 1 天；株高 72.4 厘米，株型紧凑，叶片上举，较抗倒伏，熟相好；亩最大分蘖 95.1 万，有效穗 35.7 万，分蘖成穗率 37.5%；穗型长方，穗粒数 48.3 粒，千粒重 35.4 克，容重 799.6 克/升；长芒、白壳、白粒，籽粒饱满、硬质。2007 年中国农科院植保所抗病性鉴定结果：中抗条锈病、白粉病、赤霉病和纹枯病，高感秆锈病。2006—2007 年生产试验统一取样经农业部谷物品质监督检验测试中心（泰安）测试：籽粒蛋白质 14.9%、湿面筋 32.5%、沉淀值 34.4 毫升、吸水率 64.1 毫克/100 克、稳定时间 8.6 分钟，面粉白度 75.1。

（2）产量表现　该品种参加了 2004—2006 年山东省小麦高肥组区域试验，两年平均亩产 544.20 千克，比对照品种潍麦 8 号增产 0.54%；2006—2007 年高肥组生产试验，平均亩产 548.75 千克，比对照品种潍麦 8 号增产 4.84%。

（3）栽培技术要点　适宜播期 10 月上旬，每亩基本苗 10 万~15 万。

（4）适宜范围　在全省高肥水地块作为强筋专用小麦品种种植利用。

4. 济麦 20 号

（1）品种来源　鲁麦 14 号为母本，鲁 884187 为父本杂交，系统选育而成。

（2）特征特性　弱冬性，幼苗半直立，苗色深绿，分蘖力强，成穗率高，两年区域试验平均：亩最大分蘖 102.7 万个，亩有效穗 44.0 万穗，成穗率 42.8%；生育期 237 天，比对照晚熟 1 天，熟相中等；株高 76.8 厘米，穗粒数 33 粒，千粒重 38.6 克，容重 781.1 克/升。株型紧凑，叶片较窄、上冲，叶耳紫色，旗叶中长、挺直。穗型纺锤，长芒、白壳、白粒，籽粒饱满度较好，硬质。抗倒性中等。2002 年中国农科院植保所抗性鉴定结果：中感条锈病，高抗叶锈，感白粉病。2002—2003 年生产试验统一取样经农业部谷物品质监督检验测试中心（哈尔滨）测试：粗蛋白质含量 13.23%，湿面筋 29.3%，沉降值 37.1 毫升，面粉白度（L）94.88，吸水率 58.4%，形成时间 8.0 分钟，稳定时间 14.9 分钟，软化度 30FU。

（3）产量表现　该品种参加了 2000—2002 年山东省小麦高肥乙组区域试验，两年平均亩产 507.05 千克，比对照鲁麦 14 号减产 0.78%；2002—2003 年高肥组生产试验，平均亩产 513.37 千克，比对照鲁麦 14 号增产 8.69%。

（4）栽培技术要点　施足基肥，适宜播期 10 月上旬，每亩基本苗 10 万左右。及时防治病虫害。

（5）适宜范围　在全省中高肥水地块作为强筋专用小麦品种种植利用。

第二节　中大穗品种

1. 泰农 18

（1）特征特性　半冬性，幼苗半直立。两年区域试验结果平均：生育期 238 天，比潍麦 8 号早熟 1 天；株高 73.7 厘米，叶片上举，抗倒性较好；亩最大分蘖 83.8 万，亩有效穗 32.9 万，分蘖成穗率 39.2%；穗型长方形，穗粒数 43.6 粒，千粒重 40.8 克，容重795.4克/升；长芒、白壳、白粒，籽粒较饱满、半硬质。2008年中国农科院植保所抗病性鉴定结果：中抗赤霉病，中感白粉病和纹枯病，高感条锈病和叶锈病。2007—2008年生产试验统一取样经农业部谷物品质监督检验测试中心（泰安）测试：籽粒蛋白质含量12.3%、湿面筋30.4%、沉淀值33.1毫升、吸水率59.7毫升/100克、稳定时间6.2分钟，面粉白度77.3。

（2）产量表现 该品种参加了2006—2008年山东省小麦品种高肥组区域试验，两年平均亩产572.56千克，比对照品种潍麦8号增产8.64%；2007—2008年高肥组生产试验，平均亩产570.57千克，比对照品种潍麦8号增产8.25%。

（3）栽培技术要点 该品种对肥水要求较高。适宜播期10月1～10日，每亩基本苗15万～18万。

（4）适宜范围 在全省高肥水地块种植利用。

2. 临麦4号

（1）特征特性 半冬性，幼苗半直立。两年区域试验结果平均：生育期242天，与潍麦8号相当；株高78.9厘米，株型半紧凑，叶片上举，茎叶蜡质明显，较抗倒伏，熟相中等；亩最大分蘖82.4万，有效穗31.8万穗，分蘖成穗率38.7%，分蘖成穗率中等；穗型棍棒形，穗粒数44.3粒，千粒重45.8克，容重776.3克/升；长芒、白壳、白粒，籽粒饱满、半硬质。2006年委托中国农科院植保所进行抗病性鉴定：中抗至抗叶锈病，中感纹枯病，感条锈病、白粉病和赤霉病。2005—2006年生产试验统一取样经农业部谷物品质监督检验测试中心（泰安）测试：籽粒蛋白质（14%湿基）13.2%、湿面筋（14%湿基）36.1%、出粉率64.0%沉淀值（14%湿基）20.7毫升、吸水率55.8%、形成时间2.2分钟、稳定时间1.3分钟，面粉白度82.4。

（2）产量表现 该品种参加了2004—2006年山东省小麦高肥组区域试验，两年平均亩产580.45千克，比对照品种潍麦8号增产7.31%；2005—2006年高肥组生产试验，平均亩产561.17千克，比对照潍麦8号增产6.20%。

（3）栽培技术要点 施足基肥，足墒播种。适宜播期10月3～12日，每亩基本苗15万～18万。及时防治白粉病等病虫害。

（4）适宜范围 在全省高肥水地块种植利用。

3. 临麦2号

（1）特征特性 冬性，幼苗半直立。区域试验结果平均：生育期241天，比对照晚熟1天，熟相中等；株高78.6厘米，亩最大分蘖97.1万个，亩有效穗35.5万穗，分蘖成穗率中等，穗粒数43.8粒，千粒重44.2克，容重769.3克/升；株型紧凑，茎秆粗壮，抗倒伏，叶色中绿，穗棍棒形，长芒、白壳、白粒，籽粒饱满度较好，半硬质，有黑胚现象。2003—2004年中国农科院植保所抗病性鉴定结果：中感条锈病，中感至高感叶锈病，感白粉病和纹枯病。2003—2004年生产试验统一取样经农业部谷物品质监督检验测试中心（哈尔滨）测试：粗蛋白质含量（干基）14.14%、湿面筋32.0%、出粉率70%、沉降值20.3毫升、面粉白度94.7（aacc测试法）、吸水率57.1%、形成时间2.0分钟、稳定时间0.8分钟、软化度248FU。

（2）产量表现 该品种参加了2002—2004年山东省小麦高肥甲组区域试验，两年平均亩产 549.93 千克，比对照鲁麦 14 号增产 12.38%；2003—2004 年高肥组生产试验，平均亩产 510.11 千克，比对照鲁麦 14 号增产 9.24%。

（3）栽培技术要点　对地力要求较高，施足基肥，足墒播种。适宜播期 10 月 3 ~ 12 日，每亩基本苗 14 万 ~ 16 万。及时防治白粉病等病虫害。

（4）适宜范围　在全省高肥水地块种植利用。

第三节　多穗型品种

1. 济麦 22

（1）特征特性　弱冬性，幼苗半直立，抗冻性一般。两年区域试验结果平均：生育期 239 天，比鲁麦 14 号晚熟 2 天；株高 71.6 厘米，株型紧凑，抽穗后茎叶蜡质明显，较抗倒伏，熟相较好；亩最大分蘖 100.7 万，亩有效穗 41.6 万穗，分蘖成穗率 41.3%，分蘖力强，成穗率高；穗粒数 36.3 粒，千粒重 43.6 克，容重 785.2 克/升；穗型长方，长芒、白壳、白粒、硬质，籽粒较饱满。2006 年委托中国农科院植保所抗病性鉴定：中抗至中感条锈病，中抗白粉病，感叶锈病、赤霉病和纹枯病，中感至感秆锈病。2005—2006 年生产试验统一取样经农业部谷物品质监督检验测试中心（泰安）测试：籽粒蛋白质（14% 湿基）13.2%、湿面筋（14% 湿基）35.2%、沉淀值（14% 湿基）30.7 毫升、出粉率 68%、面粉白度 73.3、吸水率 60.3%、形成时间 4.0 分钟、稳定时间 3.3 分钟。

（2）产量表现　该品种参加了 2003—2005 年山东省小麦中高肥组区域试验，两年平均亩产 537.04 千克，比对照鲁麦 14 号增产 10.85%；2005—2006 年中高肥组生产试验，平均亩产 517.24 千克，比对照济麦 19 增产 4.05%。

（3）栽培技术要点　适宜播期 10 月 1 ~ 15 日，每亩基本苗 12 万左右。抽穗后及时防治蚜虫，适时收获。

（4）适宜范围　在全省中高肥水地块种植利用。

2. 良星 99

（1）特征特性　半冬性，幼苗半直立，抗冻性较强。两年区域试验结果平均：生育期 238 天，比鲁麦 14 号晚熟 1 天；株高 75.6 厘米，株型紧凑，旗叶上冲，较抗倒伏，熟相中等；亩最大分蘖 94.5 万，亩有效穗 40.6 万穗，分蘖成穗率 43.0%，分蘖力强，成穗率高；穗粒数 35.4 粒，千粒重 43.3 克，容重 789.4 克/升；穗型长方形，长芒、白壳、白粒、硬质，籽粒较饱满。2006 年委托中国农科院植保所进行抗病性鉴定：抗白粉病，中抗至慢条锈病，感叶锈病，中感纹枯病，中感至感秆锈病。2005—2006 年生产试验统一取样经农业部谷物品质监督检验测试中心（泰安）测试：籽粒蛋白质（14% 湿基）13.1%、湿面筋（14% 湿基）34.9%、沉淀值（14% 湿基）31.8 毫升、出粉率 73.1%、面粉白度 75.2、吸水率 63.4%、形成时间 3.3 分钟、稳定时间 2.9 分钟。

（2）产量表现　该品种参加了 2003—2005 年山东省小麦中高肥组区域试验，两年平均亩产 540.89 千克，比对照鲁麦 14 号增产 11.44%；2005—2006 年中高肥组生产试验，平均亩产 524.80 千克，比对照济麦 19 增产 5.57%。

（3）栽培技术要点　施足基肥、足墒播种。适宜播期 10 月上旬，精播每亩基本苗 10 万～12 万，半精播 15 万～18 万。抽穗后及时防治蚜虫和病害，适时收获。

（4）适宜范围　在全省中高肥地块种植利用。

3. 烟农 24 号

（1）品种来源　以陕 229 为母本，安麦 1 号为父本有性杂交，系统选育而成。

（2）特征特性　半冬性，幼苗半直立。区域试验结果平均：亩最大分蘖 106.6 万个，亩有效穗 38.9 万穗，分蘖力强，成穗率较高；生育期 241 天，比对照晚熟 1 天，熟相好；株高 79.8 厘米，穗粒数 36.3 粒，千粒重 41.9 克，容重 776.1 克/升；株型紧凑，较抗倒伏；穗纺锤形，顶芒、白壳、白粒，籽粒较饱满，粉质。2003—2004 年中国农科院植保所抗病性鉴定结果：高抗条锈病，中抗叶锈病，中感白粉病和纹枯病。2003—2004 年生产试验统一取样经农业部谷物品质监督检验测试中心（哈尔滨）测试：粗蛋白质含量（干基）12.86%、湿面筋 28.6%、出粉率 69.0%、沉降值 23.8 毫升、面粉白度 95.28（aacc 测试法）、吸水率 53.3%、形成时间 2.7 分钟、稳定时间 3.4 分钟、软化度 122FU。

（3）产量表现　该品种参加了 2001—2003 年山东省小麦高肥甲组区域试验，两年平均亩产 520.14 千克，比对照鲁麦 14 号增产 8.45%；2003—2004 年进行生产试验，平均亩产 503.46 千克，比对照鲁麦 14 号增产 7.82%。

（4）栽培技术要点　适宜播期 10 月 1～10 日，每亩基本苗 10 万～15 万。施足基肥，足墒播种，控制越冬肥、返青肥，重施、巧施拔节肥，浇好拔节水。

（5）适宜范围　在全省中高肥水地块种植利用。

4. 泰山 23 号

（1）品种来源　以 881414 为母本，876161 为父本有性杂交，系统选育而成。

（2）特征特性　半冬性，幼苗半直立。区域试验结果平均：亩最大分蘖 101.6 万个，亩有效穗 41.2 万穗，分蘖力较强，成穗率高；生育期 240 天，比对照晚熟 1 天，熟相较好；株高 74.6 厘米，穗粒数 32.5 粒，千粒重 45.7 克，容重 762.3 克/升；株型紧凑，叶片上冲，抗倒性中等；穗纺锤形，长芒、白壳、白粒，籽粒较饱满，半硬质。2003—2004 年中国农科院植保所抗病性鉴定结果：高抗条锈病，高感叶锈病、白粉病，中感纹枯病。2003—2004 年生产试验统一取样经农业部谷物品质监督检验测试中心（哈尔滨）测试：粗蛋白质含量（干基）14.47%、湿面筋 33.6%、出粉率 71.9%、沉降值 31.7 毫升、面粉白度 94.98（aacc 测试法）、吸水率 54.8%、形成时间 3.2 分钟、稳定时间 2.0 分钟、软化度 150FU。

（3）产量表现　该品种 2002—2004 年参加了山东省小麦高肥乙组区域试验，两年平均亩产 538.14 千克，比对照鲁麦 14 号增产 11.38%；2003—2004 年进行生产试验，平均亩产 506.23 千克，比对照鲁麦 14 号增产 8.41%。

（4）栽培技术要点　适宜播种期 10 月 1～10 日，每亩基本苗 8 万～10 万。早春适当推迟灌水，年后追肥宜在小麦拔节末期（第一节间基本定长）进行，注意预防倒伏。注意防治蚜虫，后期浇好灌浆水。

（5）适宜范围　在全省中高肥水地块种植利用。

5. 山农 15 号

（1）特征特性　半冬性，幼苗半匍匐。两年区域试验结果平均：生育期 237 天，比对照早熟 1 天；株高 73.6 厘米，株型紧凑，叶片较窄短、上挺，抗倒性一般，熟相较好；亩最大分蘖 103.5 万，亩有效穗 42.1 万穗，分蘖成穗率 40.7%，分蘖成穗率较高；穗粒数 31.5 粒，千粒重 45.5 克，容重 789.0 克/升；穗型长方形，顶芒、白壳、白粒，硬质，籽粒饱满。2006 年经中国农科院植保所抗病性鉴定结果：中感条锈病和纹枯病，感叶锈病、白粉病和赤霉病。2005—2006 年生产试验统一取样经农业部谷物品质监督检验测试中心（泰安）测试：籽粒蛋白质（14% 湿基）14.7%、湿面筋（14% 湿基）36.7%、沉淀值（14% 湿基）33.8 毫升、出粉率 75.9%、面粉白度 73.4、吸水率 64.0%、形成时间 4.2 分钟、稳定时间 3.8 分钟。

（2）产量表现　该品种参加了 2003—2005 年山东省小麦品种中高肥组区域试验，两年平均亩产 520.76 千克，比对照鲁麦 14 号增产 6.67%；2005—2006 年中高肥组生产试验，平均亩产 524.61 千克，比对照济麦 19 增产 5.53%。

（3）栽培技术要点　施足底肥，足墒播种，适宜播期 10 月 1 ~ 10 日，每亩基本苗 13 万 ~ 16 万。注意预防倒伏。及时防治蚜虫，适时收获。

（4）适宜范围　在全省中高肥水地块种植利用。

6. 良星 66

（1）特征特性　半冬性，幼苗半匍匐。两年区域试验结果平均：生育期 238 天，比对照潍麦 8 号早熟 2 天；株高 78.2 厘米，抗倒性中等，熟相好；亩最大分蘖 103.2 万，有效穗 45.3 万穗，分蘖成穗率 43.9%；穗型长方形，穗粒数 36.7 粒，千粒重 40.1 克，容重 791.5 克/升；长芒、白壳、白粒，籽粒较饱满、硬质。2008 年中国农科院植保所抗病性鉴定结果：高抗白粉病，中感赤霉病和纹枯病，慢条锈病，高感叶锈病。2007—2008 年生产试验统一取样经农业部谷物品质监督检验测试中心（泰安）测试：籽粒蛋白质含量 13.4%、湿面筋 35.8%、沉淀值 33.9 毫升、吸水率 60.9 毫升/100 克、稳定时间 2.8 分，面粉白度 74.5。

（2）产量表现　该品种参加了 2005—2007 年山东省小麦品种高肥组区域试验，两年平均亩产 571.42 千克，比对照品种潍麦 8 号增产 8.69%；2007—2008 年高肥组生产试验，平均亩产 565.21 千克，比对照品种潍麦 8 号增产 7.24%。

（3）栽培技术要点　适宜播期 10 月上旬，每亩基本苗 10 万 ~ 12 万。

（4）适宜范围　在全省高肥水地块种植利用。

7. 汶农 14 号

（1）特征特性　半冬性，幼苗半匍匐。两年区域试验结果平均：生育期 239 天，与对照济麦 19 相当；株高 80.8 厘米，叶色深绿，旗叶上冲，株型紧凑，较抗倒伏，熟相较好；亩最大分蘖 95.4 万，亩有效穗 41.6 万穗，分蘖成穗率 43.5%；穗型纺锤形，穗粒数 34.7 粒，千粒重 42.1 克，容重 793.3 克/升；长芒、白壳、白粒，籽粒较饱满、硬质。抗病性鉴定结果：慢条锈病，高抗叶锈病，中感白粉病，高感赤霉病和纹枯病。2009—2010 年生产试验统一取样经农业部谷物品质监督检验测试中心（泰安）测试：籽粒蛋白质含量 12.9%、湿面筋 37.2%、沉淀值 32.3 毫升、吸水率 62.3 毫升/100 克、稳定时间 2. 6 分，面粉白度 75. 8。

（2）产量表现　在山东省小麦品种高肥组区域试验中，2007—2008 年平均亩产 584. 94 千克，比对照品种潍麦 8 号增产 7. 67%，2008—2009 年平均亩产 563. 70 千克，比对照品种济麦 19 增产 8. 21%；2009—2010 年生产试验平均亩产 577. 26 千克，比对照品种济麦 22 增产 9. 79%。

（3）栽培技术要点　适宜播期 10 月 5 日左右，每亩基本苗 15 万。注意防治赤霉病、纹枯病。

（4）适宜范围　在全省高肥水地块种植利用。

第四节　旱地品种

1. 青麦 6 号

（1）特征特性　半冬性，幼苗半匍匐。两年区域试验结果平均：生育期 233 天，比鲁麦 21 号早熟 1 天；株高 76. 1 厘米，株型较紧凑，较抗倒伏，熟相好；亩最大分蘖 89. 5 万，亩有效穗 36. 5 万穗，分蘖成穗率 40. 7%；穗粒数 35. 5 粒，千粒重 39. 8 克，容重 796. 7 克/升；穗型长方，长芒、白壳、白粒，硬质，籽粒饱满。抗旱性较好。2007 年中国农科院植保所抗病性鉴定结果：中抗白粉病，中感纹枯病和秆锈病，高感条锈病和赤霉病。2006—2007 年生产试验统一取样经农业部谷物品质监督检验测试中心（泰安）测试：籽粒蛋白质 12. 7%、湿面筋 28. 7%、沉淀值 23. 7 毫升、吸水率 60. 2 毫升/100 克、稳定时间 6. 3 分钟、面粉白度 72. 6。

（2）产量表现　该品种参加了 2005—2007 年山东省小麦品种旱地组区域试验，两年平均亩产 427. 93 千克，比对照品种鲁麦 21 号增产 6. 81%。2006—2007 年旱地组生产试验，平均亩产 396. 46 千克，比对照品种鲁麦 21 号增产 6. 53%。

（3）栽培技术要点　适宜播期 10 月上旬，每亩基本苗 15 万。

（4）适宜范围　在全省旱肥地块种植利用。

2. 烟农 21 号

（1）特征特性　旱地品种，冬性，幼苗半匍匐，叶灰绿色。两年区域试验平均：生育期 239 天，与对照相当；株高 72 厘米，株型紧凑，抗倒伏性中等，熟相较好；亩最大分蘖 92. 7 万个，亩有效穗 40. 4 万穗，分蘖成穗率 41%；穗粒数 31 粒，千粒重 40. 1 克，容重 780. 4 克/升；穗型长方形，长芒、白壳、白粒，硬质，籽粒饱满。区域试验田间表现：中抗条锈病、叶锈病、轻感白粉病。生产试验统一取样经农业部谷物品质监督检验测试中心（北京）测试：粗蛋白质含量（干基）13. 51%、湿面筋 31. 7%、干面筋 10. 5%、沉降值 37. 9 毫升、吸水率 63. 28%、形成时间 2. 5 分钟、稳定时间 4. 4 分钟。

（2）产量表现　1999—2001 年参加了山东省小麦品种旱地组区域试验，两年平均亩产 380. 64 千克，比对照鲁麦 21 号增产 3. 14%；2001—2002 年旱地组生产试验，平均亩产 442. 3 千克，比对照鲁麦 21 号增产 6. 8%。

（3）栽培技术要点　适宜播期 10 月 1～10 日，每亩基本苗 15 万左右；及时防治病虫害。

(4) 适宜范围　在全省旱肥地块种植利用。

3. 山农 16

(1) 特征特性　半冬性，幼苗半匍匐。两年区域试验平均：生育期 238 天，与鲁麦 21 号相当；株高 72.4 厘米，株型较紧凑，较抗倒伏，熟相好；亩最大分蘖 108.6 万，亩有效穗 39.3 万穗，分蘖成穗率 36.2%，分蘖成穗率较高；穗粒数 35.2 粒，千粒重 38.7 克，容重 767.9 克/升；穗型纺锤形、长芒、白壳、白粒，硬质，籽粒较饱满。2006—2007 年经中国农科院植保所抗病性鉴定结果：慢条锈病，高抗秆锈和纹枯病，中感白粉病，高感赤霉病。经鉴定抗旱性较好。2006—2007 年生产试验统一取样经农业部谷物品质监督检验测试中心（泰安）测试：籽粒蛋白质 12.2%、湿面筋 29.1%、沉淀值 22.7 毫升、吸水率 60.5 毫升/100 克、稳定时间 3.4 分、面粉白度 75.4。

(2) 产量表现　该品种参加了 2004—2006 年山东省小麦品种旱地组区域试验，两年平均亩产 448.31 千克，比对照品种鲁麦 21 号增产 2.96%；2006—2007 年旱地组生产试验，平均亩产 399.49 千克，比对照品种鲁麦 21 号增产 7.34%。

(3) 栽培技术要点　适宜播期 10 月上旬，每亩基本苗 15 万。

(4) 适宜范围　在全省旱肥地块种植利用。

4. 青麦 7 号

(1) 特征特性　半冬性，幼苗匍匐。两年区域试验结果平均：生育期 236 天，比对照品种鲁麦 21 号早熟 1 天；株高 76.4 厘米，株型紧凑，较抗倒伏，熟相较好；亩最大分蘖 87.9 万，有效穗 42.0 万穗，分蘖成穗率 47.7%；穗型纺锤形，穗粒数 33.5 粒，千粒重 38.9 克，容重 774.3 克/升；长芒、白壳、白粒，籽粒较饱满、硬质。2009 年中国农科院植保所抗病性鉴定结果：中感条锈病，高感叶锈病、白粉病、赤霉病和纹枯病。2008—2009 年生产试验统一取样经农业部谷物品质监督检验测试中心（泰安）测试：籽粒蛋白质含量 12.0%、湿面筋 34.0%、沉淀值 30.5 毫升、吸水率 66.5 毫升/100 克、稳定时间 3.1 分钟、面粉白度 74.7。

(2) 产量表现　在 2006—2008 年山东省小麦品种旱地组区域试验中，两年平均亩产 410.24 千克，比鲁麦 21 号增产 6.70%；2008—2009 年旱地组生产试验，平均亩产 446.31 千克，比鲁麦 21 号增产 6.56%。

(3) 栽培技术要点　适宜播期 10 月上旬，每亩基本苗 15 万。注意防治病虫害。

(4) 适宜范围　在全省旱肥地块种植利用。

第五节　晚播早熟品种

济宁 16 号

(1) 特征特性　弱冬性，幼苗半直立。两年区域试验平均：亩最大分蘖 82.9 万个，亩有效穗 30.0 万穗，分蘖力中等，成穗率较低；生育期 223 天，比对照晚熟 1 天，熟相好；株高 70.9 厘米，穗粒数 32.9 粒，千粒重 45.7 克，容重 797.2 克/升；株型半紧凑，抗倒性一般。穗长方形，长芒、白壳、白粒，籽粒饱满，硬质。抗病性鉴定：高抗条锈病，中感纹枯病，高感叶锈病、白粉病。2003—2004 年生产试验统一取样经农业部谷物品质监督检验测试中心（哈尔滨）测试：粗蛋白质含量（干基）13.95%、湿面筋 29.8%、出粉率 72.3%、沉降值 47.5 毫升、面粉白度 95.62（aacc 测试法）、吸水率 57.6%、形成时间 3.2 分钟、稳定时间 11.8 分钟、软化度 29FU。

（2）产量表现 该品种参加了 2001—2003 年山东省小麦晚播早熟组区域试验，两年平均亩产 411.09 千克，比对照鲁麦 15 号增产 4.57%；2003—2004 年进行生产试验，平均亩产 434.12 千克，比对照鲁麦 15 号增产 7.58%。

（3）栽培技术要点 适宜播期 10 月 25 日左右，每亩基本苗 25 万。蚜虫发生较重，应及时进行预测防治。

（4）适宜范围 鲁南、鲁西南地区作为晚播品种种植利用。

第五章　小麦病虫草害防治技术

第一节　主要病害防治技术

一、小麦锈病

叶锈病为主，秆锈病次之，条锈病很少。

（一）症状与诊断

1. 条锈病

主要为害叶片、叶鞘、茎秆，穗部也可发病。初期在病部出现褪绿斑点，以后形成鲜黄色的夏孢子堆，与叶脉平行排列成条状。后期长出黑色、狭长形、埋伏于表皮下的条状疱斑（冬孢子堆）。

2. 叶锈病

发病初期出现褪绿斑，以后出现红褐色粉疱（夏孢子堆）。夏孢子堆在叶片上不规则散生。后期在叶背面和茎秆上长出黑色阔椭圆形至长椭圆形、埋于表皮下的冬孢子堆。

3. 秆锈病

主要为害茎秆和叶鞘，偶尔也为害叶片和穗部。夏孢子堆较大，红褐色，不规则散生，常形成大斑，孢子堆周围表皮撒裂翻起，夏孢子可穿透叶片。后期病部长出黑色椭圆形至狭长形、散生、突破表皮、呈粉疱状的冬孢子堆。

"条锈成行叶锈乱，秆锈是个大红斑。"

（二）发生规律

（1）条锈病　在西北和西南高海拔地区越夏。越夏区产生的夏孢子经风吹到广大麦区，成为秋苗的初侵染源。病菌可以随发病麦苗越冬。春季在越冬病麦苗上产生夏孢子，可扩散造成再次侵染。

（2）叶锈病　在各地自生麦苗越夏，成为当地秋苗的主要侵染源，然后随病麦苗越冬，春季产生夏孢子，随风扩散造成流行。

（3）秆锈菌　以夏孢子传播，在南方麦区不间断发生，这些地区是主要越冬区。主要冬麦区菌源逐步向北传播造成危害。

小麦锈病春季流行的条件是：①大面积种植感病品种；②一定数量的越冬菌源；③春季特别是 3～4 月的雨量丰富；④早春气温回暖早。

（三）防治方法

1. 农业防治

①种植抗病品种；②小麦收获后及时翻耕灭茬，消灭自生麦苗，减少越夏菌源；③搞好大区抗病品种合理布局，切断菌源传播路线。

2. 药剂防治

（1）对秋苗常年发病较重的地块　用15%粉锈宁（三唑酮）可湿性粉剂60～100克或12.5%速保利可湿性粉剂每50千克种子用要60克拌种。

（2）大田防治　秋季和早春在田间发现病中心时进行喷药控制。亩用15%粉锈宁（三唑酮）可湿性粉剂50克或20%粉锈宁（三唑酮）乳油40毫升，或25%粉锈宁（三唑酮）可湿性粉剂30克，或12.5%速保利可湿性粉剂每亩用药15～30克，对水50～70千克喷雾。

二、小麦白粉病

（一）发病特点

初发病时叶面出现白色小霉点，逐渐扩大为近圆形至椭圆形白色霉斑，霉斑表面疏松的白粉是菌丝体和分生孢子。后期病部霉层变为灰白色至灰褐色，散生针头大小的小黑粒点（闭囊壳）。

（二）发病规律

病菌以分生孢子或子囊孢子借气流传播。温湿条件适宜，孢子萌发形成附着胞和侵入丝，穿透叶片表皮侵入叶肉细胞，扩展蔓延，并向寄主体外长出菌丝，后在菌丝丛中产生分生孢子梗和分生孢子，成熟后随气流传播蔓延，进行多次再侵染，导致白粉病流行。孕穗期发病达到高峰。

白粉病菌在凉爽地区的自生麦苗或夏播小麦上侵染繁殖，或以潜育状态渡过夏季，也可通过病残体上的闭囊壳在干燥和低温条件下越夏。病菌越冬方式有两种：一是以分生孢子形态越冬，二是以菌丝体潜伏在寄主组织内越冬。春季发病菌源主要来自当地。

（三）防治途径

1. 农业防治

种植抗病品种：建议推广"济麦22"，该品种对白粉病几乎免疫，且抗倒、抗寒、耐热、抗旱，在极端气候形势下产量稳定。

提倡施用酵素菌沤制的堆肥或腐熟有机肥，采用配方施肥技术，适当增施磷钾肥，根据品种特性和地力合理密植。中国南方麦区雨后及时排水，防止湿气滞留。中国北方麦区适时浇水，使寄主增强抗病力。

自生麦苗越夏地区，冬小麦秋播前要及时清除掉自生麦，可大大减少秋苗菌源。

2. 农药防治

防治小麦白粉病，可选用杀菌剂醚菌酯、乙嘧酚、氟硅唑咪鲜胺。

醚菌酯对孢子萌发及叶内菌丝体的生长有很强的抑制作用，具有保护、治疗和铲除活性。有很好的渗透性及局部内吸活性，持效期长。

乙嘧酚对菌丝体、分生孢子等有极强的杀灭效果，并能强力抑制孢子的形成，杀菌效果全面彻底。对于已经发病的植株，乙嘧酚能够起很好地治疗作用，能够铲除已经侵入植物体内的病菌，能够明显抑制病菌的扩展。

氟硅唑咪鲜胺（菌立克）为内吸性三唑类杀菌剂，在药物喷施于植物叶面之后，能迅速被叶面吸收，传导于植物体内，抑制麦角甾醇的生物合成，因而阻碍菌丝的生长，发育，从而达到防病治病的效果。

用种子重量0.03%（有效成分）25%粉锈宁（三唑酮）可湿性粉剂拌种，也可用15%三唑酮可湿性粉剂20~25克拌1亩麦种防治白粉病，兼治黑穗病、条锈病、根腐病等。

发病前期开始喷洒20%三唑酮乳油1 000倍液或40%福星乳油8 000倍液，也可根据田间情况采用杀虫杀菌剂混配做到关键期一次用药，兼治小麦白粉病、锈病等主要病虫害。

生长中后期，条锈病、白粉病、穗蚜混发时，每亩用粉锈宁（三唑酮）有效成分7克加抗蚜威有效成分3克加磷酸二氢钾150克；条锈病、白粉病、吸浆虫、黏虫混发区或田块，亩用粉锈宁（三唑酮）有效成分7克加40%氧化乐果2 000倍液加磷酸二氢钾150克。

赤霉病、白粉病、穗蚜混发区，每亩用多菌灵有效成分40克加粉锈宁（三唑酮）有效成分7克加抗蚜威有效成分3克加磷酸二氢钾150克。

三、小麦黄花叶病

1960年前零星发生，1970年以来扩大蔓延。一般病田减产10%~50%，重者60%~80%，甚至绝收。2008—2010年主要出现泰安、潍坊、枣庄滕州市、临沂、烟台、威海，其余地区零星发生，全省发生面积约10万公顷。2012年全省发生84 076亩，毁种1 300亩。

发生原因：部分品种抗病性差，3月气候条件适宜，认知程度不够。

1. 症状病原

冬前不表现症状，返青期显症初期叶片呈现褪绿至坏死的梭形条斑，与绿色组织相间，成花叶症状；后期扩大，整叶发黄，严重植株矮小，分蘖减少。

病原为小麦黄花叶病毒，属马铃薯Y病毒组。小麦黄花叶病的田间症状及发病特点与土传花叶病十分相似，不易区分。通过电镜观察病毒粒体或酶联免疫吸附法、免疫电镜方法等血清学方法，可检测和区分两病的病原。

2. 传播规律

自然传播靠病土、病根残体、病田流水扩散，实验室可汁液摩擦传播，不能经种子、昆虫传播。

禾谷多黏菌。是一种小麦根部的专性弱寄生菌，本身不会对造成明显为害。禾谷多黏菌传播2种小麦病毒，小麦黄花叶病毒（WYMV）和中国小麦花叶病毒（CWMV）。休眠孢子萌发产生游动孢子，侵染根部，病毒随之侵入根部向上扩展。小麦越冬期，病毒呈休眠的潜伏侵染状态，一般于翌春麦苗返青阶段表现症状。小麦生长后期，禾谷多黏菌原质团形成休眠孢子，病毒随禾谷多黏菌休眠孢子越夏。病毒可随其休眠孢子在土中存活 10 年以上。

3. 防控技术

利用抗病良种为主体，配合轮作换茬、作物合理布局、协调播期、适时增施氮肥和加强管理的综合治理措施。

与油菜、大麦、绿肥、蚕豆等进行多年轮作可减轻发病。

合理施肥，提高植株抗病能力。

加强管理，防止病害蔓延。避免通过带病残体、病土、灌溉等途径传播至无病区。

有试验，在 2 月上、中旬始发期，每亩用 25% 三唑酮 40 克，或 75% 百菌清 50 克，或 37% 抗菌灵 60 ~ 70 克喷雾。

四、小麦黑穗（粉）病

一般发病田块减产 10% ~ 20%，严重减产 50% 以上，甚至绝收。光腥和网腥黑穗病严重降低麦粒品质，人、畜不能食用。其中散黑穗病普遍发生。

1. 主要症状

穗部种皮和颖片均变为黑色粉末（冬孢子），病穗较早抽出。残留裸露穗轴。

2. 传播规律

病原散黑穗为裸黑粉菌，腥黑穗病主要有网腥黑粉菌和光腥黑粉菌 2 种。秆黑粉病为小麦条黑粉菌。散黑穗病菌在小麦扬花期侵入，随种子越冬。随种子萌动形成系统侵染，茎叶上不表现症状，孕穗期，菌丝体在小穗内迅速发展，麦穗上产生大量黑粉，成熟后散出冬孢子，正值小麦扬花期，借风飘落到健花柱头上萌芽侵入珠心，潜伏于胚内。病菌在一年内只侵染 1 次，种子带菌是发病的唯一来源。小麦扬花期常阴雨天，空气湿度大利于孢子萌发侵入，病种子形成多，翌年发病重。

3. 综合防治方法

加强植物检疫，严防矮腥黑穗病菌随调种或商品粮侵入。

选用抗病品种。换用无病种子。

合理轮作，精细耕地，足墒适时播种，施用无菌肥等。

药剂拌种。可用三唑酮、三唑醇、烯唑醇、戊唑醇、萎锈灵、苯醚甲环唑（敌畏丹）等任选一种药剂拌种。

五、小麦纹枯病

1. 病状表现

主要在叶鞘和茎秆上，病斑梭形，纵裂，病斑扩大连片形成烂茎。抽不出穗而形成枯孕穗或抽后形成白穗，结实少，籽粒秕瘦。

2. 传播规律

小麦纹枯病菌主要为禾谷丝核菌，立枯丝核菌也可侵染小麦引起纹枯病，病菌以菌丝或菌核在土壤和病残体。发病适温 20℃ 左右。冬季偏暖，早春气温回升快，光照不足的年份发病重，反之则轻。播种过早、秋苗期病菌侵染机会多、病害越冬基数高，返青后病势扩展快，发病重。适当晚播则发病轻。重化肥轻有机肥，重氮肥轻磷钾肥发病重。高砂土地重于黏土地、黏土地重于盐碱地。

3. 防治方法

（1）药剂拌种　每100千克麦种用2.5%适乐时种衣剂200~300克拌种，或用33%纹霉净（三唑酮+多菌灵）可湿性粉剂。也可戊唑醇、三唑醇、烯唑醇或三唑酮拌种。

（2）喷药防治　春季小麦起身期，5%井冈霉素2 000~3 000克，对水750千克，喷麦苗基部，7天后再喷第二次。小麦孕穗期喷洒三唑酮、三唑醇、戊唑醇或烯唑醇。或33%纹霉净（三唑酮+多菌灵）可湿性粉剂400~500倍液喷雾。

第二节　主要虫害防治技术

一、小麦蚜虫

（一）种类及为害

小麦蚜虫主要的有麦长管蚜、麦二叉蚜、禾缢管蚜3种，以麦长管蚜和麦二叉蚜发生数量最多为害最重。蚜虫刺吸为害，影响小麦光合作用及营养积累。小麦抽穗后集中在穗部为害，形成秕粒，降低千粒重。

（二）防治方法

1. 农业防治

（1）选择抗性品种　播种前用种衣剂加新高脂膜拌种，可驱避地下害虫又不影响萌发，增强呼吸强度，提高发芽率。

（2）冬麦适当晚播，实行冬灌，早春耙磨镇压　生长期间根据需求施肥、给水，保证NPK和墒情匹配合理，以促进植株健壮生长。在孕穗期要喷施壮穗灵，强化植株生理机能，提高授粉、灌浆质量，增加千粒重。

2. 药剂防治

应注意抓住防治适期和保护天敌的控制作用。

（1）防治适期　麦二叉蚜要抓好秋苗期、返青和拔节期的防治；麦长管蚜以扬花末期防治最佳。小麦拔节后用药要打足水，每亩用水2~3桶才能打透。

（2）选择药剂　①用40%乐果乳油2 000~3 000倍液或50%辛硫磷乳油2 000倍液，对水喷雾；②每亩用50%辟蚜雾可湿性粉剂10克，对水50~60千克喷雾；③用50%抗蚜威4 000~5 000倍液喷雾防治；④用3.15%阿维吡乳油20毫升一壶水喷雾；⑤用70%吡虫啉水分散粒剂2克一壶水或10%吡虫啉10克一壶水加2.5%功夫（氯氟氰菊酯）20~30毫升喷雾防治。

试验表明，用无公害农药"邯科140" 10毫升一桶水（稀释倍数1 500倍液），在小麦抽穗后扬花前，以及此后的10天左右再喷一次，对小麦蚜虫的杀灭率达到99.98%，同时也能兼治吸浆虫、红蜘蛛。

二、小麦红蜘蛛

小麦红蜘蛛俗名火龙、火蜘蛛，属蛛形纲、蜱螨目。为害小麦的有麦长腿蜘蛛和麦圆蜘蛛两种。麦长腿蜘蛛成虫体长 0.62～0.85 毫米、宽约 0.2 毫米，体纺锤形，两端较尖，紫红色至褐绿色。麦圆蜘蛛成虫体长 0.6～0.8 毫米、宽 0.43～0.65 毫米，体形略圆，头胸部凸出，深红色。

（一）为害特点

受害叶片呈现黄白小点，植株矮小，发育不良，干枯死亡。点片发生，分布不普遍。

（二）小麦红蜘蛛生活习性

麦长腿蜘蛛每年发生 3～4 代，完成 1 个世代平均 32 天。麦圆蜘蛛每年发生 2～3 代，完成 1 个世代平均 58 天。

两者均以成虫和卵在植株根际和土缝中越冬，翌年 3 月中旬成虫开始活动，越冬卵孵化，3 月下旬虫口密度迅速增大，为害加重；5 月中下旬麦株黄熟后虫口下降，以卵越夏。10 月中下旬越夏卵陆续孵化，在小麦幼苗上繁殖为害，12 月以后若虫减少，越冬卵增多，以卵或成虫越冬。

麦长腿蜘蛛喜干旱，气温 15～20℃，相对湿度低于 50% 利于发生；春季活动较晚而秋季越冬较早。麦圆红蜘蛛喜潮湿不耐干旱，气温 8～15℃，相对湿度不低于 80% 的环境利于发生。一般多在早上 8：00、9：00 之前和 16：00、17：00 之后活动。发生高峰期与小麦孕穗抽穗期相吻合。

（三）防治方法

加强农业防治，重视田间虫情监测，及早发现，及时防治，将其控制在点片发生阶段。

1. 农业防治

（1）灌水灭虫　在红蜘蛛潜伏期灌水，可使虫体被泥水粘于地表而死。灌水前先扫动麦株，使红蜘蛛假死落地，随即放水，收效更好。

（2）精细整地　早春中耕能杀死大量虫体，麦收后浅耕灭茬，秋收后及早深耕，合理的轮作倒茬能有效地消灭越夏卵及成虫。

（3）加强麦田管理　施足底肥保证苗全苗壮，增施磷钾肥保证后期不脱肥，增强植株抗性；及时进行田间除草，有效减轻其为害。一般地，田间不干旱、杂草少、植株长势良好的麦田，红蜘蛛发生很少。

2. 化学防治

小麦红蜘蛛虫体小、发生早、繁殖快，易被忽视，应加强虫情调查。从小麦返青后开始每 5 天调查 1 次，当麦垄单行 33 厘米有虫 200 头或每株有虫 6 头，大部分叶片密布白斑时，即可施药防治。检查时注意不可翻动需观测的麦苗，防止虫体受惊跌落。

防治时以挑治为主（哪里有虫治哪里、重点地块重点治），这样可以减少农药用量，还能提高防效。小麦起身拔节期宜中午喷药，抽穗后宜 10：00 以前和 16：00 以后喷药为好。

防治红蜘蛛最佳药剂为1.8%虫螨克（双甲脒）5 000～6 000倍液，其次是15%哒螨灵乳油2 000～3 000倍液、1.8%阿维菌素3 000倍液、20%扫螨净（哒螨灵）可湿性粉剂3 000～4 000倍液、20%绿保素（螨虫素＋辛硫磷）乳油3 000～4 000倍液。效果最差的是50%氧化乐果乳油，防效仅为60%左右。

第三节　麦田杂草防除技术

麦田杂草种类多，其中为害严重的有播娘蒿、荠菜、看麦娘、田旋花、打碗花、麦家公、米瓦罐、节节麦、野燕麦、雀麦等。

麦田杂草多为二年生或多年生阔叶杂草，小麦出苗后，随小麦生长而不断长大。冬前因个体较小，未引起重视。春季天暖后，杂草生长迅速，与小麦争肥、争水，并繁殖大量种子，给下年除草带来困难。

麦田杂草防除的方法有以下几种。

（1）农业防除　轮作换茬，可改变麦田生态，减轻杂草为害；精选麦种，清除草种；施用腐熟的有机肥，使草种丧失发芽能力；清除麦田周围的杂草，防止向麦田蔓延；划锄中耕灭草；防止草种污染灌溉水；播前深耕灭草。

（2）严格杂草检疫制度　防止假高粱的传入和毒麦的传播蔓延。

（3）化学除草　目前，生产中应用2,4-D丁酯防除播娘蒿、荠菜效果非常明显。一般在冬前11月中旬至12月上旬或春季3月中旬前后喷药最安全。若小麦拔节期用药，将严重影响小麦穗分化，造成穗型扭曲、小穗小花减少，严重影响产量。72%2,4-D丁酯乳油每公顷用量控制在50～60毫升以内，用量过大也会造成小麦中毒。2,4-D丁酯喷药第2天后杂草开始出现叶片萎蔫、茎秆扭曲等中毒症状，逐渐枯黄死亡。2,4-D丁酯对双子叶植物有严重伤害，喷药时要选择晴天无风天气，不要在棉花、瓜菜等作物上风头喷药。喷药用具要专用，禁止在双子叶作物上使用。

小麦浇冻水前用72%的2,4-D丁酯乳油20克/亩，加75%巨星干燥悬浮剂0.6克/亩，对水20～30千克喷雾，对播娘蒿、麦家公、麦瓶草等防效近100%。

另外，在小麦冬前分蘖期或翌春返青期还可用10%苯磺隆20克/亩对水30～40千克喷雾。为扩大杀草谱，可混合用药。

节节麦、雀麦及野燕麦等禾本科恶性杂草，应在小麦3～6叶期用3.6%阔世玛可湿性粉剂或3%阔世玛可湿性粉剂喷雾防除。喷药时一定要按照药剂使用说明正确掌握用药时期、用药量和喷施技术。

第六章 小麦主要灾害及应对

一、冻害

小麦冻害是常见的自然灾害之一。小麦冻害一般是冻在冬春而死在返青，受冻死苗的症状在返青后才比较明显。小麦冻害的症状大致有3种，即黄枯、青枯和白枯。黄枯的麦田大多出现在冬灌的麦田或夜潮地上，从总体看，受害麦田是一片青一片黄。青枯冻害出现在未冬灌麦田，3厘米土层已干透，麦苗似青干烟叶，手捻即碎。白枯表现在小麦返青后，受冻死亡的主茎和大分蘖干枯发白。按发生时间冻害可分为晚秋冻害、冬季冻害、春季（早春、晚春）冻害。

（一）小麦发生冻害的原因

（1）品种抗寒性差　选用品种不当会发生冻害，如适宜种植冬性、半冬性品种的地区种植了春性品种就会发生严重冻害。

（2）播种过早　播种过早会造成冬前麦田苗旺长，抗寒性差，易发生冻害。

（3）密度过大　密度过大，单株分蘖数少，次生根少，群体旺，个体弱，抗寒性差，易发生冻害。

（4）麦田管理不当　干旱、播种过浅、整地粗放、坷垃多、土壤松暄，透风跑墒的麦田易发生冻害。

（二）防止小麦发生冻害的措施

防止小麦发生冻害主要有以下措施。

（1）选用抗寒品种　因地制宜，根据当地的气候条件选用抗寒性强的品种。

（2）合理密植，培育冬前壮苗　适时播种，合理密植，冬前盘好墩扎好根，植株体内贮藏较多的糖分，麦苗生长健壮，有较强的抗寒力。冬前培育壮苗在耕作施肥上应做到：①精耕细耙，使土壤上虚下实，没有缝隙，不透风，可以避免根系受冻；②镇压，可以破碎坷垃、弥封裂缝，减少风袭，促进根系下扎，减轻冻害死亡率；③合理施肥，促进小麦生长健壮，增强抗冻力。小麦播种前应根据麦田缺磷程度，施足磷肥，以增强抗寒能力。

（3）浇好冬水，防冻保苗　小麦进入越冬期间，创造一个良好的土壤水分状态，对防冻保苗十分重要。越冬前麦田土壤含水量低于田间持水量的70%时，应及时灌水，以保证麦苗生长的需要，同时可以平缓低温变化，防冻保苗。

（三）受冻害麦田的补救措施

对于冻害死苗严重的麦田，早春及时翻种其他作物；对于枯叶较多、死苗不严重的麦田，在返青初期耧麦清棵，促进生长，当日平均气温升到3℃时适时浇水追肥。

二、低温冷害

小麦生长进入孕穗阶段，因遭受0℃以下低温而发生的危害称为低温冷害。在低温来临之前采取灌水等方法可预防和减轻低温冷害的发生。冷害后及时追肥浇水，保证小麦正常灌浆，提高粒重。

三、倒伏

一般在抽穗灌浆以后发生，正值小麦产量形成阶段，倒伏影响光合产物积累，减产严重。

1. 倒伏后影响

穗粒数减少、粒重降低、早衰、收获难。

2. 倒伏原因

旺苗、群体大、个体弱、前期施氮多。

3. 倒伏的补救措施

（1）不扶不绑，顺其自然　小麦倒伏一般都是顺势自然向后倒伏，麦穗、穗茎和上部的旗叶及旗叶以下的1~2片叶，基部都露在表面，由于植株都有自动调节作用，因此，小麦倒伏3~5天后，叶片和穗轴自然翘起，特别是倒伏不太严重的麦田，植株自动调节能力更强。这样不扶不绑，仍能自动直立起来，使麦穗、茎、叶在空间排列达到合理分布。

（2）喷药防治病虫害　小麦倒伏以后，土壤潮湿、田间密闭，给病虫害发生造成了有利条件。因此，要以"预防为主，以治为辅"的原则。如白粉病和锈病用15%粉锈宁（三唑酮）250倍液和50%多菌灵1 000倍液喷雾，喷雾要做到细致、均匀。小麦穗期常发生蚜虫和红蜘蛛，可选用50%辛硫磷加三氯杀螨醇进行喷雾防治。

（3）叶面喷肥　小麦倒伏后，光合作用差，抗干热风能力差，灌浆速度慢，应及时加强营养的补救措施。在小麦灌浆期应喷"天达–2116"或磷酸二氢钾或尿素等叶面肥，每隔7天喷一次，连续喷2~3次，以抗干热风，防早衰，增加千粒重。注意：喷施时间应掌握在无风的晴天16：00以后，以减少液肥的蒸发量，提高叶片对液肥的吸收。

四、干热风

干热风是在高温，干旱，大风的气象条件下，造成小麦受高温低温的影响，使根系吸水来不及补充叶片蒸腾耗水，导致叶片受害。干热风的气象条件是气温30℃以上，相对湿度30%以下，风速3米/秒以上。干热风是小麦后期的气象灾害之一，每年都有不同程度的发生。受干热风危害的小麦，初始阶段表现为旗叶枯萎，逐渐青枯变脆，芒尖白干，出现炸芒现象。受干热风可使小麦千粒重降低3~5克，减产10%左右。

防御小麦干热风的方法有：①选用耐干热风的品种；②浇好麦黄水，减轻干热风的危害；③喷洒磷酸二氢钾。以0.2%~0.4%浓度的磷酸二氢钾稀释液，在小麦孕穗至扬花期喷洒，可提高植株保水能力。

玉米篇

第一章　概　　述

第一节　国内外玉米生产发展概况

玉米除南极洲外，世界各地都有种植，分布在南纬40度和北纬50度之间。主要集中在北半球7月等温线在20～27℃，无霜期140～180天的温暖地区。20世纪80年代以来，随着高产杂交种的培育、新技术的应用和化肥用量的增加，世界玉米发展迅速。在世界谷物总产量中，玉米居第2位，仅次于小麦。在世界经济发展中，拉美、非洲把玉米生产放在首位；而亚洲则放在水稻、小麦后的第3位。玉米是种植最广泛的谷类作物，全世界有70多个国家，包括53个发展中国家种植玉米。

一、世界玉米生产情况

世界玉米生产的基本现状是，玉米面积基本稳定，平均产量持续提高，总产量不断增长。世界玉米的播种面积相对分散。玉米生产居世界前10位的国家，美国、中国、巴西、墨西哥、阿根廷、印度、法国、印度尼西亚、意大利和加拿大的玉米播种面积分别占世界玉米播种面积的20.5%、17.6%、8.5%、5.1%、5.0%、2.3%、1.7%、1.1%、0.8%和0.8%。虽然美国和中国的玉米产量约占世界的60%，但其播种面积仅占世界的38.1%。产量占世界玉米总产80%的前10个国家的播种面积也仅占世界玉米总播种面积的63.4%。从产量上看，产量前10位国家依次为美国、中国、巴西、墨西哥、阿根廷、印度、法国、印度尼西亚、意大利和加拿大，产量分别占世界玉米总产的40.0%、19.9%、5.9%、2.9%、2.6%、2.1%、1.8%、1.7%、1.4%和1.3%。其中，美国和中国的玉米产量约占世界总产量的60%，分别占全球产量的39%和20%；美国、中国、巴西、墨西哥、阿根廷五国的产量之和达到世界玉米总产量的70%以上。世界各国玉米单产存在明显差异，其中，发达国家的玉米单产显著高于发展中国家。美国、意大利、法国、加拿大的玉米单产居于世界十大玉米生产国的前列，其单产在2003—2007年的平均水平分别为9.4吨/公顷、8.8吨/公顷、8.4吨/公顷和8.2吨/公顷。虽然我国玉米单产（5.2吨/公顷）高于世界平均水平，但是相对于美国而言，还有很大差距，仅是美国玉米单产（9.4吨/公顷）的55%。

二、中国玉米生产概况

玉米是中国第三大粮食作物。面积、总产仅次于美国。玉米在我国布局广泛，各个省份均有种植。我国玉米生产又具有相对集中性的特点，根据各地的自然条件、栽培制度等，全国可以划分为以下 6 个玉米区。

1. 北方春玉米区

本区大部分位于北纬 40°以北，包括黑龙江、吉林、辽宁全省，内蒙古、宁夏回族自治区（全书简称宁夏）全区，河北、陕西两省的北部，山西省大部分和甘肃省的一部分地区。这是我国玉米主要产区之一，约占全国玉米播种面积的 27%。本区属寒温带湿润或半湿润气候。无霜期短，冬季温度低，夏季平均气温在 20℃以上。全年平均降水量在 500 毫米以上，且降水量的 60%集中在夏季，可以满足玉米抽雄灌浆期对水分的要求，但春季蒸发量大，容易形成春旱。本区由于玉米生育期间雨水充沛，温度适宜，日光充足，就构成了玉米高产的自然因素。本区玉米栽培制度基本上为春播一年一熟制，以玉米单种、玉米大豆间混作为主要栽培方式，但南部地区有向一年两熟制发展的趋势。

2. 黄淮平原春、夏播玉米区

本区位于淮河秦岭以北，包括河南、山东全省，河北省的中南部，陕西省中部、山西省南部，江苏、安徽省北部，是我国最大的玉米产区，约占全国玉米播种面积的 40%。本区属温带半湿润气候。除个别高山地区外，每年 4～10 月的日平均气温都在 15℃以上。全年降水量 500～600 毫米。日照多数地区在 2 000 小时以上。本区由于温度较高，无霜期较长，日照、降水量均较充足等，适于玉米栽培。本区玉米栽培制度，主要有两种栽培方式。一是一年两熟制（冬小麦—夏玉米），在山东、河南、河北省南部和陕西省中部地区多采用之；二是两年三熟制（春玉米—冬小麦—夏玉米），在北京、保定附近，由于气温较低，冬小麦播种期早，多采用之。

3. 西南山地丘陵玉米区

本区东界从湖北的襄阳向西南到宜昌，入湖南省常德南下至邵阳，经贵州到云南，北以甘肃省的白龙江向东至秦岭与黄淮平原春、夏播玉米区相接，西与青藏高原玉米区为界。本区包括四川、云南、贵州全省，湖北、湖南省的西部，陕西省的南部，甘肃省的小部分。本区亦为我国主要的玉米产区之一，约占全国玉米总播种面积到 5%。本区属亚热带、温带的湿润和半湿润气候，各地因受地形地势的影响，气候变化较为复杂。除个别高山外，4～10 月的日平均气温均在 15℃以上。玉米生长的有效期一般都在 205 天以上，南部及低谷地带多在 300 天左右，即在高山地带玉米生育期也超过 100 天以上。全年降水量在 1 000 毫米左右，多集中在 4～10 月，雨量分布比较均匀，有利于多季玉米栽培。唯阴天过多（一般在 200 天左右），日照不足，是本区玉米栽培的主要不利因素。

本区栽培制度因受地理环境的影响，主要有以下 3 种栽培方式：一是高山地区以一熟春玉米为主。二是丘陵地区，以两年五熟的春玉米或一年两熟的夏玉米为主。三是平原地区，以一年三熟的秋玉米为主。其中，两年五熟制、一年两熟制是本区的主要栽培方式。

4. 南方丘陵玉米区

本区界限，北与黄淮平原春、夏播玉米区相连，西接西南山地丘陵玉米区，东南界东海、南海，包括广东、广西壮族自治区（全书简称广西）、浙江、福建、台湾、江西等省，江苏、安徽两省的南部，湖北、湖南两省的东部。本区为我国水稻主要产区，玉米栽培面积不大，约占全国玉米总播种面积的 5% 左右。本区属亚热带、热带的湿润气候。其气候特点是：气温高，霜雪少，生长期长。一般 3~10 月的平均气温在 20℃ 左右，适于玉米生长的有效温度日数在 250 天以上。年降水量多，一般均在 1 000 毫米以上，有的地方达到 1 700 毫米左右。这些气候条件有利于多季玉米的发展。本区玉米栽培制度，过去以一年二熟制为主，改制后在部分地区推广秋玉米，此外，广西等地种植双季玉米；广东湛江一带种冬玉米。今后随着栽培制度的改革，扩大玉米面积是有可能的。

5. 西北内陆玉米区

本区东以乌鞘岭为界，包括甘肃省河西走廊和新疆维吾尔自治区全部。玉米播种面积约占全国玉米总播种面积的 3%。本区属大陆性气候。气候干燥，全年降水量在 200 毫米以下，甚至有的地方全年无雨。温度在北疆及甘肃河西走廊较低，但 4~10 月的平均气温均超过 15℃；南疆和吐鲁番盆地温度较高，4~10 月的平均气温多在 20℃ 以上。日照充足，生长期短。本区栽培制度，以一年一熟春玉米为主。

6. 青藏高原玉米区

包括青海省和西藏自治区，以畜牧业为主，玉米栽培历史短，播种面积小。根据近年来生产情况，玉米表现高产，今后颇有发展前途。本区因海拔高，地势复杂，气候差别很大。一般高山寒冷，低地温和雨量分布不匀，南部在 1 000 毫米以上，北部不足 500 毫米。生长期约在 120~140 天。玉米栽培制度除海拔较低地区有部分二年三熟制外，主要是一年一熟制。玉米多分布在青海东部农业区的民和、循化、贵德、乐都、西宁等地，西藏只局限在海拔较低，气候温暖的亚东、土布、拉萨等地。

近年来，东北和黄淮海地区玉米种植面积和产量不断增长，而西南和其他地区基本稳定或小幅下降。吉林、河北、山东、河南、黑龙江、内蒙古、辽宁、四川、云南、陕西是玉米播种面积最大的 10 个省份，其中，吉林、河北、山东的种植面积均占全国的 10% 以上。

第二节　玉米分类

玉米在植物学分类上属于禾本科玉米属。根据不同的应用目的和分类依据，可将玉米分成四大类。最常见的是按生育期、植株形态、籽粒的形态与结构、籽粒的成分与用途等进行分类。

(一) 按生育期分类

由于遗传上的差异，不同的玉米类型从播种到成熟，其生育期不一致。根据生育期的长短，可分为早、中、晚熟三大类型。各地划分早、中、晚熟的标准不完全一致，一般如下划分。

(1) 早熟品种　春播 80~100 天，积温 2 000~2 200℃；夏播 70~85 天，积温为 1 800~2 100℃。早熟品种一般植株矮小，叶片数量少，为 14~17 片。由于生育期的限制、产量潜力较小。

(2) 中熟品种　春播 100~120 天，积温 2 300~2 500℃；夏播 85~95 天，积温 2 100~2 200℃。叶片数较早熟品种多而较晚播品种少，多为 18~20 片。

(3) 晚熟品种　春播 120~150 天，积温 2 500~2 800℃；夏播 96 天以上，积温 2 300℃以上。一般植株高大，叶片数多，多为 21~25 片。由于生育期长，产量潜力较大。

由于温度高低和光照时数的差异，玉米品种在南北向引种时，生育期会发生变化。一般规律是：北方品种向南方引种，常因日照短、温度高而缩短生育期；反之，向北引种生育期会有所延长。生育期变化的大小，取决于品种本身对光温的敏感程度，对光温愈敏感，生育期变化愈大。

（二）按植株形态分类

(1) 紧凑型　株型紧凑，叶片上举，穗位上茎叶夹角小于 15 度，受光姿势好，适应密植，如郑单 958 等。

(2) 平展型　株型松散，穗位上茎叶夹角大于 30 度，不耐密植，如沈单 7 号等。

(3) 半紧凑型　处于上面二者之间，如农大 108 等。

（三）按籽粒结构及形态分类

(1) 硬粒型　果穗多呈锥形，籽粒顶部呈圆形。由于胚乳外周是角质淀粉，故籽粒外表透明，外皮具光泽，且坚硬，多为黄色。食味品质优良，产量较低，适应性强，耐瘠、早熟。

(2) 马齿型　果穗筒形，籽粒长而扁，籽粒的两侧为角质淀粉，中央和顶部为粉质淀粉，成熟时顶部粉质淀粉失水干燥较快，籽粒顶端凹陷呈马齿状，因此得名。凹陷的程度取决于淀粉的含量。食味品质不如硬粒型。植株高大，耐肥水，产量高，成熟较迟。

(3) 半马齿型　介于硬粒型与马齿型之间，籽粒顶端凹陷深度比马齿型浅，角质胚乳较多，种皮较厚，产量较高。

(4) 粉质型　又名软粒型，果穗及籽粒形状与硬粒型相似，但胚乳全由粉质淀粉组成，籽粒乳白色，无光泽，是制造淀粉和酿造的优良原料。

(5) 甜质型　又称甜玉米，植株矮小，果穗小。胚乳中含有较多的糖分及水分，成熟籽粒因水分散失而皱缩，多为角质胚乳，坚硬呈半透明状，多做蔬菜或制罐头。

(6) 甜粉型　籽粒上部为甜质型角质胚乳，下部为粉质胚乳，较为罕见。

(7) 糯质型　又名蜡质型。原产我国，果穗较小，籽粒中胚乳几乎全部由支链淀粉构成，不透明，无光泽如蜡状，支链淀粉遇碘液呈红色反应。食用时黏性较大，故又称黏玉米。

(8) 有稃型　籽粒为较长的稃壳所包被，故名有稃型。稃壳顶端有时有芒，有较强的自花不孕性，雄花序发达，籽粒坚硬，脱粒困难。

(9) 爆裂型　又名玉米麦，每株结穗较多，但果穗与籽粒都小，籽粒圆形，顶端突出，淀粉类型几乎全为角质，遇热时淀粉内的水分形成蒸气而爆裂。

（四）按用途与籽粒组成分类

根据籽粒的组成成分及特殊用途，可将玉米分为普通玉米和特用玉米两大类。

1. 普通玉米

常见的大田玉米通称，随着国民经济的快速发展，越来越多的普通玉米用于饲料和工业、加工业。

2. 特用玉米

指普通玉米以外的各种玉米籽粒类型。由于各自不同的内在遗传组成，表现出各具特色的籽粒构造、营养成分、加工品质以及食用风味等特征，因而有着各自特殊的用途、加工要求和相应的销售市场。特用玉米具有较高的经济价值、营养价值和加工利用价值。如甜玉米、糯玉米、高油玉米、高赖氨酸玉米、爆裂玉米等。

（1）甜玉米　甜玉米籽粒在乳熟期积累大量的糖分，口味很甜；至成熟时籽粒表面皱缩，糖分减少，甜度明显下降。甜玉米既可以煮熟后直接食用，又可以制成各种风味的罐头、加工食品和冷冻食品。由于遗传背景不同，甜玉米又可分为普甜玉米、加强甜玉米和超甜玉米三类。甜玉米在发达国家销量较大，在我国沿海城市，特别在东南沿海省份有较大面积，内陆地区种植面积较小。

（2）糯玉米　糯玉米籽粒胚乳中的淀粉全部为支链淀粉，水解后易形成黏稠状的糊精，故又称黏玉米。糯玉米起源于我国，素有"中国蜡质种"之称。糯玉米籽粒中直链淀粉少或无，支链淀粉高达 95% 以上，易为人体消化吸收，糯性强、黏软清香、甘甜适口，风味独特，秸秆可作优质青贮饲料。糯玉米具有较高的黏滞性及适口性，可以鲜食或制罐头，我国还有用糯玉米代替黏米制作糕点的习惯。

糯玉米食用消化率比普通玉米高 20% 以上，因而有较高的饲料转化率。通过养猪、养肉牛、养羊和养鸡试验，饲喂糯玉米的羔羊日增重比普通玉米高 20%，饲料效率提高 14.3%；饲喂糯玉米的良种肥肉牛，饲料效率比普通玉米增加 10% 以上。根据我国优越的自然条件和生产、生活需要，发展糯玉米淀粉不仅对提高食品工业的产品质量有重要作用，对我国纺织工业、造纸工业以及黏着剂工业的发展也有重要作用。

（3）高油玉米　高油玉米籽粒表面光滑，有光泽，胚较大，而且胚的大小决定了含油量的高低。高油玉米的含油量可达 7% 以上，远高于普通玉米 4% ~ 5% 的含油量。每 500 千克高油玉米的含油量相当于 175 ~ 200 千克大豆或 88 ~ 125 千克油菜籽的含油量。油分提取后的产品仍可作工业原料、粮食或饲料。玉米油由于含有较高比例的不饱和脂肪酸和维生素 E 等，因而有软化血管和降低血压等作用，是一种理想的食用油。除此以外，与普通玉米相比，它还具有多方面的优越性。除含油量较高以外，高油玉米还具有较高的蛋白质含量、赖氨酸含量和类胡萝卜素含量。据我国长春农科院的肉鸡试验表明，以高油玉米配合饲料与普通玉米配合饲料相比，每养一只鸡可节约 1.5 元。我国发展高油玉米潜力巨大，以 20% 的玉米面积播种高油玉米并进行各种加工计算，可额外增产玉米油 100 万吨以上，相当于 3 000 万吨油菜籽的产油量。

（4）高赖氨酸玉米　也称优质蛋白玉米，即玉米籽粒中赖氨酸含量在 0.4% 以上，远高于普通玉米的赖氨酸含量。赖氨酸是人体及其他动物所必需的氨基酸类型，在食品或饲料中欠缺这些氨基酸就会因营养缺乏而造成严重后果。高赖氨酸玉米的营养价值很高，相当于脱脂奶。用作饲料养猪，猪的日增重可较普通玉米提高 50% ~ 110%，用于喂鸡也有类似效果。高产优质蛋白玉米品种的育成与推广，将有力推动我国畜牧业及家禽饲养业的发展，从而提高人民群众的生活水平。

　　（5）爆裂玉米　其突出特点是角质胚乳含量高，淀粉粒内的水分遇高温爆裂会形成蝶形或蘑菇形玉米花。果皮特性、胚乳结构、籽粒含水量、籽粒大小和爆花时的温度等决定爆裂玉米的爆花率和膨胀系数。作为风味食品，在大中城市的消费量正迅速上升。

第二章 玉米高产栽培技术

第一节 玉米的生长和发育

一、玉米的一生

从播种到新种子成熟为止，称为玉米的一生。按形态特征、生育特点和生理特性，可分为3个不同的生育阶段，每个阶段又包括不同的生育时期。这些不同的阶段与时期既有各自的特点，又有密切的联系。

二、玉米的生育阶段划分

1. 苗期（出苗—拔节）

从播种期至拔节期，包括种子发芽、出苗及幼苗生长等过程，此期玉米主要进行根茎叶的分化和生长，是营养生长阶段。

2. 穗期（拔节—抽雄）

从拔节期至雄穗开花期，此期是玉米营养器官生长与生殖器官发育并进的阶段，玉米根茎叶等营养器官旺盛生长并基本建成并完成雄穗和雌穗的分化发育。此期是玉米一生中生长发育最旺盛的阶段，也是田间管理最关键的时期。

3. 花粒期（抽雄—成熟）

玉米从抽雄至成熟这一段时间，称为花粒期阶段。这一阶段的主要生育特点，就是基本上停止营养体的增长，而进入以生殖生长为中心的时期，也就是经过开花、受精进入籽粒产量形成为中心的阶段。

三、玉米的生育期

玉米从播种至成熟的天数，称为生育期。玉米生育期的长短与品种、播种期和温度等有关。早熟品种生育期短，晚熟品种生育期较长；播种期早的生育期长，播种期迟的生育期短；温度高的生育期短，温度低的生育期就长。我国栽培的玉米品种生育期一般在 70 ~ 150 天。

四、玉米的生育时期

在玉米一生中，由于自身量变和质变的结果及环境变化的影响，不论外部形态特征还是内部生理特性，均发生不同的阶段性变化，这些阶段性变化，称为生育时期，如出苗、拔节、抽雄、开花、吐丝和成熟等。常用的生育时期如下。

（1）出苗期　幼苗出土高约2～3厘米，第1片真叶展开的日期。

（2）三叶期　植株第3片叶露出叶心3厘米。

（3）拔节期　茎基部节间开始伸长的日期。

（4）小喇叭口期　雌穗进入伸长期，雄穗进入小花分化期，叶龄指数46左右。

（5）大喇叭口期　雌穗进入小花分化期、雄穗进入四分体期，叶龄指数60左右，雄穗主轴中上部小穗长度达0.8厘米左右，棒三叶甩开呈喇叭口状。

（6）抽雄期　雄穗主轴从顶叶露出3～5厘米的日期。

（7）开花期　雄穗主轴小穗开始开花的日期。

（8）吐丝期　雌穗花丝从苞叶伸出2～3厘米的日期。

（9）籽粒形成期　植株果穗中部籽粒体积基本建成，胚乳呈清浆状，亦称灌浆期。

（10）乳熟期　植株果穗中部籽粒干重迅速增加并基本建成，胚乳呈乳状后至糊状。

（11）蜡熟期　植株果穗中部籽粒干重接近最大值，胚乳呈蜡状，用指甲可以划破。

（12）完熟期　植株籽粒干硬，籽粒基部出现黑色层，乳线消失，并呈现出品种固有的颜色和光泽。

一般大田或试验田，以全田50%以上植株进入该生育时期为标志。

第二节　玉米栽培条件及生理特点

一、土壤条件

玉米对土壤要求不严，一般土壤均可生长。但要获得高产则要求：熟化土层深厚，一般应达到20～40厘米，土壤结构良好，比较疏松，通气性好，土壤容重为1.0～1.2克/立方厘米的砂壤土较好。耕层有机质和速效养分含量高，一般500千克/亩以上的产量要求有机质1%～2%，全氮0.06%～0.1%，速效氮40～70毫克/千克，速效磷20～30毫克/千克，速效钾100～150毫克/千克。pH值范围为5～8，以6.5～7.0最为适宜。土壤渗水，保水性能好。玉米在生长发育过程中，需要的营养元素很多，其中，N、K、P、S、Ca、Mg六种元素，需要量最多，称之为大量元素，Fe、Mn、Cu、Zn、B、Mo等元素，需要量很少，称之为微量元素。

（一）玉米各生育时期对N、P、K的吸收规律

1．N、P、K累积吸收量总趋势

玉米一生中植株内养分的含量逐渐增加。积累量拔节前为1%～4%，小喇叭口期占5%～8%，大喇叭口期30%～35%，抽雄期50%～60%，灌浆期62%～65%，蜡熟期100%。小喇叭口期以前吸收量较少，大喇叭口以后吸收量变大；抽雄以后吸收量还要占总量的40%～50%。因此，在肥料使用上要重视中后期的施肥，以防脱肥早衰。

2. 吸收强度

玉米一生有两个肥料吸收高峰。第一个吸肥高峰在小喇叭口到抽雄期。第二个吸肥高峰出现在灌浆到蜡熟。就不同养分而言，氮、磷的吸收强度都是大喇叭口期最高，抽雄期次之，蜡熟较少；钾的吸收强度是抽雄最高，大喇叭口期次之，灌浆后较少。因此，高产玉米应注意在大口期之前施用穗肥，并在乳熟前施用粒肥，以满足由穗分化和籽粒形成的需要。

（二）玉米吸收 N、P、K 的数量与比例

玉米对 N、P、K 的吸收量，随产量的提高而增多，一般情况下，一生中吸收的养分以氮最多，钾次之，磷较少（表 2 - 2 - 1）。

表 2 - 2 - 1　玉米吸收 N、P、K 数量与比例

亩产量	元素	亩吸收量（千克）	每 100 千克籽粒吸收量（千克）		比例	
			范围	平均	范围	平均
	N	4.54 ~ 25.67	1.87 ~ 4.23	2.55	1.9 ~ 4.5	2.6
118.0 ~ 1 264.4	P_2O_5	1.53 ~ 10.73	0.50 ~ 1.59	0.98	1	1
	K_2O	4.10 ~ 29.71	1.41 ~ 3.47	2.49	1.6 ~ 4.8	2.5

每生产 100 千克玉米籽粒，吸收 N、P、K 数量和比例，可作为计划产量推算需肥量的依据。中低产田增施 N、P 肥增产效果显著，一般不需要钾肥；高产田及缺钾地块施用钾肥增产效果明显。

玉米籽粒中积累的 N、P、K，有 60% 是由前期器官积累转移进来的，有 40% 是后期根系吸收提供的。因此，高产玉米后期必须保证养分的充分供给。玉米对氮素的需要量最多，吸收磷较氮和钾少。一般每生产 100 千克籽粒，需氮 2.2 ~ 4.2 千克、磷 0.5 ~ 1.5 千克，钾 1.5 ~ 4 千克，三要素的比例约为 3 : 1 : 2。

（三）施肥技术

1. 施肥原则

基肥为主，种肥、追肥为辅，有机为主，化肥为辅，P、K 肥早施、追肥分期施。注意肥料深施、肥水配合，以水调肥。

2. 施肥量

在一定范围内，玉米产量是随着施肥量的增加而提高的。在当前大面积生产上施肥量不足仍是限制玉米产量提高的重要因素。玉米由低产变高产，走高投入、高产出、高效益的路子是行之有效的。因此，计算玉米合理的施肥量，对指导玉米施肥意义重大。

$$肥料用量 = \frac{计划产量对某种养分需要量 - 土壤对某种养分的供应量}{肥料中某种养分含量 \times 肥料利用率（\%）}$$

以上公式计算起来比较复杂，在生产上可以根据当地的特点，确定计算玉米施肥量的经验公式，如山东一些地方的生产经验表明，以玉米的需肥量作为玉米的化肥施用量是可行的。

3．施肥技术

追肥时期、次数和数量，要根据玉米吸肥规律、产量水平、地力基础、施肥数量、基肥和种肥施用情况来考虑决定。玉米基肥占总肥量的 50% 左右为宜，一般基肥亩施有机肥 1 000～2 000 千克，硫酸铵或硝酸铵 75～105 千克。为促进幼苗生长，可以使用少量种肥，一般亩施尿素 2～3 千克。追肥应分期施用，常分为苗肥、穗肥和粒肥（表 2-2-2）。

（1）苗肥　定苗后至拔节期追施的肥，有促根、壮苗和促叶、壮秆的作用，为穗多、穗大打好基础。地肥、苗壮、少施、晚施。

（2）穗肥　小喇叭口至抽雄前追施，是促进穗大粒多的关键肥。

（3）粒肥　抽雄以后追施的肥料，一般在抽雄至开花期施用，可促粒多、粒重。是春玉米丰产的重要环节。对夏玉米来说，如前期施肥较多，后期玉米生长正常，可不施粒肥。

玉米对微量元素锌比较敏感。缺锌时，可用硫酸锌肥料拌种或浸种，拌种每 1 千克种子用 2～4 克，浸种多采用 0.2% 的浓度。

表 2-2-2　玉米追肥一般原则

追肥时期	适宜时期		追肥量（占总量%）		
	穗分化期	叶指（%）	高产田	中产田	低产田
苗肥	♂未伸长至伸长	30 以下	30（轻）	40	60
穗肥	♀小穗至花丝伸长	53～77	50（重）	60	40
粒肥	抽雄至开花	88～100	20（补）	—	—

二、需水规律及合理灌溉

（一）需水规律

玉米是需水较多的作物，除苗期抗旱外，自拔节到成熟都不得缺水。玉米一生耗水总量，春玉米每亩 170～400 立方米，夏玉米约 124～296 立方米。每生产 1 克干物质所消耗水的克数－蒸腾系数，一般在 240～368，每生产 1 千克籽粒约耗水 600 千克左右。

表 2-2-3　玉米各生育期需水及土壤适宜持水量

生育时期	占总需水量（%）	平均每天需水量（米³/亩）	土壤持水量	
			40%时减产	适宜范围
播种—出苗	3.1～6.1			70%
出苗—拔节	15～17	1.9～2.5	15%	60%
拔节—抽雄	23～29	2.9～3.5	4%	70%～75%
抽雄—灌浆	14～29	3.3～3.4	38%	75%～80%
灌浆—成熟	19～31	2～3	8%～12%	70%～75%

由表 2-2-3 可以看出：苗期需水较少，穗期需水较多，灌浆需水达一生高峰，以

后需水量又降低。但是苗期抗旱，适当干旱或蹲苗有增产作用，一般不需浇水；穗期虽需水较多，但因为其生殖器官保水能力较强，轻度干旱减产不明显；抽雄期前后需水强度最大，是需水临界期，缺水减产明显，特别是遇到"卡脖旱"减产最严重，故有"开花不灌，减产一半"之说。灌浆—成熟期、需水逐渐减少，但缺水会导致叶片早衰，影响灌浆，降低穗粒重，因此，后期不应过早停水。

（二）合理灌溉

玉米生长季正值雨季，在降水多且均匀的地区有时不需灌水，但多数情况下降雨少且分布不均，仍需灌水。

（1）播种期 灌水造墒，足墒下种，是保证苗全、苗壮的重要措施之一。春玉米冬灌贮水，夏玉米浇麦黄水或播后浇蒙头水。

（2）苗期 一般不浇水。但对麦田套种玉米，由于苗弱，若遇旱必须及时浇水。

（3）拔节水 玉米苗期植株较小，耐旱、怕涝，适宜的土壤水分为田间持水量的60%~65%之间，一般情况下可以不浇水。但玉米拔节后，植株生长旺盛，雄穗和雌穗开始分化，需水量增加。墒情不足时，浇小水。拔节水可缩短雌雄花出现间隔，利于授粉，减少小花退化，提高结实率。

（4）大喇叭口期 该期进入需水临界始期，此期干旱会导致小花大量退化，容易造成雌雄花期不育，遭遇"卡脖旱"。

（5）抽雄开花期 玉米抽雄开花期前后，叶面积大，温度高，蒸腾蒸发旺盛，是玉米一生中需水量最多、对水分最敏感的时期。此期为需水高峰，应保证充足水分。浇水一定要及时、灌足，不能等天靠雨，若发现叶片萎蔫再灌水就会减产。此时浇水，有利于受精、增加穗粒数，有明显的增产效果。

（6）灌浆期 从籽粒形成到乳熟末期仍需要较多的水分，干旱对产量的影响，仅次于抽雄期。此期，适宜的土壤含水量为田间持水量的70%~75%，低于70%就要灌水。保证有充足的水分，遇涝注意排水。

三、对温度的要求

（1）播种—出苗期 玉米种子一般在6~7℃时，可开始发芽，但发芽极为缓慢，容易受到土壤中有害微生物的侵染而霉烂。到10~12℃时发芽较为适宜，25~35℃时发芽最快。为避免因过早播种引起烂种缺苗，一般在土壤表层5~10厘米温度稳定在10~12℃时，作为春玉米播种的适宜时期。玉米出苗的快慢，在适宜的土壤水分和通气良好的情况下，主要受温度的影响较大。据研究，一般在10~12℃时，播种后18~20天出苗；在15~18℃，8~10天出苗；在20℃时5~6天就可以出苗。玉米苗期遇到2~3℃的霜冻，幼苗就会受到伤害。日本学者佐藤（1984）认为，玉米幼穗形成前每出生一片叶需65℃积温，幼穗形成后每出生一片叶需要90℃积温。

（2）拔节期 春玉米出苗后，幼苗随着温度上升而逐渐生长。当日平均温度达到18℃以上时，植株开始拔节，并以较快的速度生长。在一定范围内，温度愈高生长愈快。

（3）抽雄—开花期 玉米抽雄、开花期要求日平均温度达26~27℃，此时是玉米一生中要求温度较高的时期。在温度高于 32 ~ 35 ℃、空气相对湿度接近 30% 的高温干燥气候条件下，花粉（含 60% 的水分）常因迅速失水而干枯，同时花丝也容易枯萎，常造成受精不完全，产生缺粒现象。

（4）籽粒形成—灌浆期　玉米籽粒形成和灌浆期间，仍然要求有较高的温度，以促进同化作用。在籽粒乳熟以后，要求温度逐渐降低，有利于营养物质向籽粒运转和积累。在籽粒灌浆、成熟这段时期，要求日平均温度保持在 20 ~ 24 ℃，如温度低于 16℃或超过 25 ℃，会影响淀粉酶的活动，使养分的运转和积累不能正常进行，造成结实不饱满。

玉米有时还发生"高温逼熟"现象，就是当玉米进入灌浆期后，遭受高温影响，营养物质运转和积累受到阻碍，籽粒迅速失水，未进入完熟期就被迫停止成熟，以致籽粒皱缩不饱满。千粒重降低，严重影响产量。玉米易受秋霜危害，大多数品种遇到 3 ℃的低温，即完全停止生长，影响成熟和产量。如遇到 − 3℃ 的低温，果穗未充分成熟而含水又高的籽粒会丧失发芽力。这种籽粒不宜留作种用，贮存时也容易变坏。

四、光照

玉米虽属短日照作物，但不典型，在长日照（18 小时）的情况下仍能开花结实。玉米是高光效的高产作物，要达到高产，就需要较多的光合产物，既要求光合强度高、光合面积大和光合时间长。生产实践证明，如果玉米种植密度过大，或阴天较多，即使玉米种在土壤肥沃和水分充足的土地上，由于株间荫蔽，阳光不足，体内有机养分缺乏，会使植株软弱，空秆率增加，严重地降低产量。据报道，国外有在田间设置阳光反射器，扩大光合面积，增强光合生产率，可以显著地提高产量。为此，在栽培技术上，解决通风透光获取较充足的光照，是保证玉米丰产的必要条件。

第三节　玉米传统高产栽培技术

一、整地与播种

（一）整地

春玉米应在前茬作物收获后及时灭茬深耕，早春耙耢保墒。夏玉米由于季节紧迫，可在麦收后抢时、抢墒浅耕、灭茬；或铁茬播种后再中耕松土。

播种前的整地。要达到土壤细碎、平整，以利于出苗、保苗。若春干旱，可以只耙不耕翻，以保持土壤水分。在易受涝的地块，应结合整地，开好排水沟。

（二）播种

（1）选用优良杂交种　正确选用良种是高产的重要环节。要选用纯度高，紧凑型的高产杂交种，选种时要因地因时而异。

（2）精选种子　制种田生育期间和收获时进行去杂去劣，脱粒后精选种子，选大粒饱满的种子作种。对选过的种子还要做发芽试验，一般要求发芽率在 90% 以上。

（3）种子处理　在播种前为增加种子活力，提高发芽势和发芽率，减轻病虫害，常要进行以下种子处理：①晒种。土场上连续晒种 2 ~ 3 天；②浸种。冷水浸 12 小时，温水（55 ~ 57℃）浸 6 ~ 10 小时，土壤干旱时不易浸种，以免"回芽"；③药剂拌种。0.5% $CuSO_4$ 浸种可以减轻黑粉病的发生，50% 辛硫磷乳油拌种防治地下害虫。

（4）春玉米播种技术　①播期。一般在 5 ~ 10 厘米地温稳定在 10 ~ 12℃播种为宜。一般在 4 月中、下旬播种。夏玉米应抢时早播，这样不仅可以延长生育期，防止后期低温影响，还可以使苗期避开雨季，防止芽涝；②播种田间持水为 70%，若墒情不足，应浇水造墒，足墒播种是全苗的关键；③播量。因种子大小、生活力、种植密度、种植方式和栽培目的而异。一般条播每亩 4 ~ 5 千克，点播 2 ~ 3 千克；④播深。5 ~ 6 厘米，深浅一致。土壤黏重、墒情好时，应适当浅些 4 ~ 5 厘米，反之可深些，但不宜超过 10 厘米。

二、种植密度与种植方式

1. 种植密度

决定密度的条件一是品种特性（主要）、二是栽培条件（次要）。一般晚熟种、平展型品种、应适当稀些，反之则密些；地力较差，肥水条件差，应稀些，反之则密些。夏播较春播应密些（表 2 - 2 - 4）。

2. 种植方式

在密度增大时，配合适当的种植方式，更能发挥密植的增产作用。

（1）等行距种植　一般 60 ~ 73 厘米，株距随密度而定。其特点是植株抽雄前，叶片、根系分布均匀，能充分利用养分和阳光；播种、定苗、中耕、除草和施肥技术等都便于田间操作。但在肥水足密度大时，在生育后期行间郁蔽、光照条件差，群体个体矛盾尖锐，影响产量提高。

（2）宽窄行种植　亦称大小垄，大行 83 ~ 100 厘米，窄行 33 ~ 50 厘米，株距根据密度确定。其特点是植株在田间分布不匀，生育前期对光能和地力利用较差，但能调节玉米后期个体与群体间的矛盾，在高密度高肥水条件下，由于大行加宽，有利于中后期通风透光。

表 2 - 2 - 4　不同类型品种的适宜密度范围

品种类型		每亩适宜株数	备注
平展型	晚熟高秆杂交种	3 000 ~ 3 500	条件好的高产田，密度取大值一般田密度取中、小值
	中熟中秆杂交种	3 500 ~ 4 000	
	早熟矮秆杂交种	4 000 ~ 5 000	
紧凑型	中晚熟杂交种	4 000 ~ 5 000	
	中早熟杂交种	5 000 ~ 6 000	

三、田间管理

（一）苗期管理

1. 查苗补苗

玉米出苗后应立即检查出苗情况，若发现缺苗严重或断垄，应进行补种或移栽。

（1）补种　在玉米刚出苗时，将种子浸泡 8～12 小时，捞出晾干后，抢时间补种。

（2）移栽　结合玉米第一次间苗，带土挖苗移栽。移栽越早越好，移栽苗应比原地苗多 1～2 片可见叶为宜。

不论补种或移栽，均要水分充足，在管理上可以追偏肥等，以减少小株率。实践证明，在缺苗不太严重的地块，可在缺苗四周留双株或多株补栽。

2. 适时间苗、定苗

玉米间苗要早，一般在 3～4 片可见叶时进行；定苗一般在 5～6 片可见叶进行。夏玉米苗期处在高温多雨季节，幼苗生长快，可在 4 片可见叶时一次定苗，以减少幼苗争光争肥矛盾。定苗时应做到"四去四留"，即去弱苗、留壮苗，去大小苗、留齐苗，去病苗、留健苗，去混杂苗、留纯苗。

3. 中耕除草

一般苗期中耕 2～3 次，耕深 5～10 厘米。定苗到拔节，再中耕 1～2 次，耕深 10 厘米以上。套种玉米，小麦收获后应立即灭茬深中耕 10～15 厘米，夏直播玉米苗期正处于雨季，深中耕易蓄水过多，造成"芽涝"，定苗后只易浅中耕 5 厘米。

4. 防治虫害

玉米苗期害虫主要有黏虫、蓟马、蚜虫等，若遇到发生，应及时防治。

（二）穗期管理

（1）中耕培土　拔节时应进行深中耕，大喇叭口前后，结合追肥，适当浅培土，培土高度 7～8 厘米，大喇叭口期结束。中耕培土掩埋杂草、促进气生根发育、防止倒伏、利于排灌。

（2）拔除小弱株　大口期前后拔除不能结果穗的小弱株。

（3）灌水追肥　大喇叭口期追施穗肥，并结合追肥浇水，以促进穗大粒多。

（4）防治玉米螟　用 5% 辛硫磷颗粒剂，每亩 1.5～2.0 千克，撒入叶心。

（三）花粒期管理

①人工去雄和辅助授粉。

②后期浅中耕，灌浆后浅中耕 1～2 次，可破除板结，通风增温，除草保墒。

③防治后期虫害有玉米螟、黏虫、蚜虫等。

④禁止打叶、削顶。

⑤适时收获。当苞叶干枯松散，籽粒变硬发亮，乳线消失，基部出现黑色层时，收获产量最高。但是夏玉米往往达不到成熟时就被迫收获，而影响产量。因此，在生产上若不影响正常种麦，玉米应尽量晚收。如果急需腾茬，玉米尚未成熟的地块，亦可带穗收刨，收后丛簇，促其后熟，提高千粒重。

第四节　玉米高产栽培新技术

一、玉米人工去雄和辅助授粉技术

1. 人工去雄

玉米去雄只要方法得当，一般均表现增产。因玉米在抽穗开花过程中，雄穗呼吸作用旺盛，消耗一定养分，去雄后节省养分、水分，可供雌穗发育，增加穗粒数，去雄还可以改善植株上部光照条件、降低株高、防止倒伏，同时，去雄可有兼防玉米螟的效果。据试验去雄可增产10%左右，农民反映说："玉米去了头，力量大无穷，不用花本钱，产量增一成"。

去雄虽然是一项增产措施，但如果操作不当，茎叶损失过多，还会造成减产，因此，去雄剪雄时要掌握以下几点。

第一，去雄要在雄穗刚露出顶叶尚未散粉时，用手抽拔掉。如果去雄过早，易拔掉叶子影响生长，过晚，雄穗已开花散粉，失去去雄意义。

第二，无论去雄或剪雄，都要防止损伤叶片，去掉的雄穗要带到田外，以防隐藏在雄穗中的玉米螟继续为害果穗和茎秆。

第三，去雄要根据天气和植株的长相灵活掌握。如果天气正常，植株生长整齐，去雄可采取隔行去雄或隔株去雄的方法，去雄株数一般不超过全田株数的1/2为宜，靠地边、地头的几行不要去雄，以免影响授粉。授粉结束后，可将雄穗全部剪掉。以增加群体光照和减轻病虫害。如果碰到高温干旱或阴雨连绵天气，或植株生长不整齐时，应少去雄或不去雄，只在散粉结束后，及时剪除大田全部雄穗。

第四，去雄要注意去小株，去弱株，以便使这些小弱株能提早吐丝授粉。

2. 辅助授粉

玉米是异花授粉作物，往往因高温干旱或阴雨连绵造成授粉不良，结实不饱满，导致减产。试验证明，实行人工辅助授粉，能减少秃顶和缺粒现象，使籽粒饱满，一般可增产10%左右。

玉米雄花开放主要在上午8：00～11：00，此时花粉刚开放，生活能力强，加之上午气温较低，田间湿度较大，最易授粉受精，如果没有风，花粉不易落下，到午后气温升高，田间湿度也下降，花粉生活力降低，甚至死亡，即使再落下来，也无授粉能力。因此，在盛花期如果无风，就要实行人工辅助授粉。

授粉可采用人工拉绳法，即用两根竹竿，在竹竿的一端拴上绳子，于上午9：00～13：00，由两人各拿一竹竿，每隔6～8行顺行前进，使绳子在雄穗顶端轻轻拉过，让花粉散落下来。授粉工作要在花粉大量开放期间，一般进行2～3次。对于部分吐丝晚的植株，如果田间花粉已经散完，无法再授粉，则应采集其他田块玉米的花粉进行授粉。

二、玉米"一增四改"技术

为了挖掘玉米增产潜力，加快玉米生产发展，推广玉米"一增四改"技术势在必行。"一增四改"即合理增加玉米种植密度、改种耐密型品种、改套种为平播、改粗放用肥为配方施肥、改人工种植为机械化作业。

（1）一增　就是合理增加玉米种植密度。根据品种特性和生产条件，因地制宜将现有品种的种植密度普遍增加 500~1 000 株/亩。如果每亩增加 500 株左右，通过增施肥料以及其他配套技术措施的落实，每亩可以提高玉米产量 50 千克左右。

（2）一改　改种耐密型高产品种。耐密型品种不完全等同于紧凑型品种，有些紧凑型品种不耐密植。耐密植型品种除了株型紧凑、叶片上冲外，还应具备小雄穗、坚茎秆、开叶距、低穗位和发达的根系等耐密植的形态特征。不但可以耐每亩 5 000 株以上的高密度，密植而不倒，果穗全，无空秆，而且还具有较强的抗倒伏能力、耐阴雨雾照能力、较大的密度适应范围和较好的施肥响应能力。

（3）二改　改套种为平播。玉米套种限制了密度的增加，降低了群体的整齐度，特别是共生期间由于小麦的遮光、争水、争肥，病虫害严重，田间操作困难，影响了玉米苗期生长和限制了产量的进一步提高。平播有利于机械化作业，可以大幅度提高密度、亩穗数和产量。一般来说，平播即小麦收割后不经过整地，在麦茬田直接免耕播种玉米，通常称为玉米铁茬免耕播种。

（4）三改　改粗放用肥为配方施肥。玉米粗放施肥成本高，养分流失严重，改为配方施肥的具体措施为：一是按照作物需要和目标产量科学合理地搭配肥料种类和比例；二是把握好施肥时期，提高肥料利用率；三是采用在需要时期集中、开沟深施，科学管理；四是水肥耦合，以肥调水。如果没有肥水的供给保障，很难发挥耐密型品种的增产潜力。

（5）四改　改人工种植为机械化作业。机械化作业的好处是：①可以减轻繁重的体力劳动，提高生产效率。人工种植的效率低下，浪费人力、物力和财力。机械化作业省时省力，效率较高；②可以提高播种速度和质量。春争日，夏争时，夏玉米提早播种有显著增产效果。机械播种有利于一次播种拿全苗，保障种植密度，使技术措施容易规范到位，确保播种速度和质量，逐步实现精量和半精量；③可以加快套种改平播、夏玉米免耕栽培技术的推广。用机械播种可以快速完成夏玉米铁茬免耕直播，靠人工很难实现；④可使播种、施肥、除草等作业一次完成，简化作业环节，提高作业效率，节约生产成本，提高投入产出比。

三、玉米适期晚收增产技术

玉米适期晚收，可以高效利用有限光热资源，延长玉米灌浆时间，增加籽粒容重，提高品质和产量，是一项关键的节本增效实用技术。每晚收 1 天，千粒重可增加 4~5克，亩可增产 8~10 千克。

技术要点如下。

（1）品种选择　选用中晚熟、耐密植、抗逆性强、活棵成熟的高产紧凑型玉米品种，夏直播生育期105~110天，有效积温1 200~1 500℃。

（2）改麦套为麦收后直播 6月10~20日麦收后直播，适期早播。麦收后可及时耕整、灭茬、足墒机械播种；或者采用免耕播种机播种；或者抢茬直播，留茬高度不超过40厘米。等行距一般应为60~70厘米；大小行时，大行距应为80~90厘米，小行距应为30~40厘米。播深为3~5厘米。

（3）合理密植 紧凑中穗型玉米品种留苗4 500~5 000株/亩，紧凑大穗型品种留苗3 500~4 000株/亩。

（4）平衡施肥 氮肥施肥原则是轻施苗肥、重施大口肥、补追花粒肥。拔节期追施氮肥总量30% + 全部磷、钾、硫、锌肥；大喇叭口期（第11~12片叶展开）追施总氮量的50%；抽雄期追施总氮量的20%。也可选用含硫玉米缓控释专用肥，苗期一次性施入。

（5）精细管理 于三叶期间苗，五叶期定苗；及时去除分蘖和小弱株；在拔节到小喇叭口期，对长势过旺的玉米，合理喷施植物生长调节剂（如健壮素、多效唑等），以防止玉米倒伏；及时去雄和辅助授粉；及时中耕除草；加强病虫害综合防治。

（6）适时晚收 "苞叶干枯、籽粒基部出现黑层、籽粒乳线消失时收获"，一般在10月1~10日收获。

四、玉米"一防双减"增产技术

在玉米大喇叭口期（播种后35~40天）一次施药兼治多种病虫，以减少玉米中后期穗虫发生基数、减轻病害流行程度，实现玉米丰产增收。

技术要点如下。

玉米大喇叭口期施药，防治病害主要有：玉米褐斑病、叶斑病、锈病等；防治虫害主要有：玉米螟、黏虫、棉铃虫、蚜虫、桃蛀螟等。

推荐用药：20%氯虫苯甲酰胺悬浮，1%甲维盐水分散粒剂；每亩用20%氯虫苯甲酰胺悬浮剂5~10毫升或22%噻虫·高氯氟微囊悬浮剂（15~20毫升）+25%吡唑醚菌酯乳油30毫升混合喷雾；也可以用40%氯虫·噻虫嗪水分散粒剂（6~8克）+30%苯醚甲环唑·丙环唑乳油20毫升混合喷雾。要大力推广应用烟雾机和静电喷雾机等新型植保机械，积极进行专业化通防统治，减少用药量，提高防效。

五、玉米"种肥同播"技术

目前夏玉米播种基本已经实现机械化，但施肥还比较传统，劳动力投入较大。有的农民图省事，直接将肥料撒到地表，肥料淋失、挥发严重。所以说"施肥一大片，不如施肥一条线；施肥一条线，不如施肥一个蛋。"就是说肥料用到地里比表面撒施好。

夏玉米"种肥同播"技术是在玉米播种时，按有效距离，将种子、化肥一起播进地里，提高施肥精准度，同时又省工省时省力，这种"良种 + 良肥 + 良法"的生产方式，能大大提高耕作效率。

（一）玉米"种肥同播"的优点

（1）省力省工 "种肥同播"解决了劳动力的问题，原来是两次施肥，现在是把播种和施肥结合在一起，不用人力，简化了栽培方式；一次施肥后不用追肥，再次节省了追肥的投入和人工成本。

（2）提高肥料利用率　肥料施进土壤，减少了肥料地表流失和挥发，肥料在土壤微生物菌的作用下转化成作物生长需要的营养，能提高肥料利用率 10% ~ 20%，在相同施肥量的情况下，肥料吸收得越多，利用率越高。例如：作物根系主要以质流方式获取氮素，但土壤水运动的距离大多不超过 3 ~ 4 厘米，对根系有效的氮素，须在根系附近 3 ~ 4 厘米处；磷、钾主要以扩散的方式向根系供应养分。吸收养分的新根毛平均寿命为 5 天，最活跃的根部分生区的活性保持期为 7 ~ 14 天。因此，为提高肥料利用率，肥料应施于根际。

（3）苗齐苗壮　采用种肥同播的玉米均匀，出苗齐壮，有效提高抗旱保墒的能力；尤其是精粒播种，每亩可以节约种子成本 10 元左右。

（4）增加产量　由于提高了肥料利用率，所以提高玉米产量达 10% 以上，经济效益明显增加。

（二）玉米"种肥同播"注意哪些问题

（1）哪些化肥适合做种肥　碳酸氢铵（有挥发性和腐蚀性，易熏伤种子和幼苗）、过磷酸钙（含有游离态的硫酸和磷酸，对种子发芽和幼苗生长会造成伤害）、尿素（生成少量的缩二脲，含量若超过 2% 对种子和幼苗就会产生毒害）、氯化钾（含有氯离子）、硝酸铵、硝酸钾（含硝酸根离子对种子发芽有毒害作用）、未腐熟的农家肥（在发酵过程中释放大量热能，易烧根，释放氨气灼伤幼苗），这些都不适宜做种肥。

种肥要选用含氮、磷、钾三元素的复合肥，最好是缓控释肥，如双联 40%（26 - 8 - 6）智能锌缓控释肥料、48%（26 - 10 - 12）稳定性复混肥料，玉米生长需要多少养分释放多少，还可以减少烧种和烧苗。

（2）种子、肥料间隔 5 厘米以上　化肥集中施于根部，会使根区土壤溶液盐浓度过大，土壤溶液渗透压增高，阻碍土壤水分向根内渗透，使作物缺水而受到伤害。直接施于根部的化肥，尤其是氮肥，即使浓度达不到"烧死"作物的程度，也会引起根系对养分的过度吸收，茎叶旺长，容易导致病害、倒伏等，造成作物减产。

所以要保持种子、肥料间隔 5 厘米以上，最好达到 10 厘米。

（3）肥料用量要适宜　如果玉米播种后不能及时浇水，种肥播量一般不超过 25 千克/亩，在出苗后 5 ~ 7 片叶时，再穴施 10 ~ 15 千克/亩。如果能及时浇水，而且保证种肥间隔 5 厘米以上时，播量可以达到 30 ~ 40 千克/亩。

（4）播后 1 ~ 3 天浇蒙头水　注意土壤墒情，减少烧种、烧苗。

（5）增施氮肥　如果前茬是小麦，而且是秸秆还田地块，一般每亩还田 200 ~ 300 千克干秸秆，要额外增施 5 千克尿素或者 12.5 千克碳铵，并保持土壤水分 20% 左右，有利于秸秆腐烂和幼苗生长，防止秸秆腐烂时，微生物和幼苗争水争肥，还可以减少玉米苗黄。

（6）播后和幼苗期药剂防治灰飞虱　减少玉米粗缩病发生。

第五节　鲜食玉米综合配套栽培技术

一、鲜食玉米种类简介

鲜食玉米，是指以种植收获青果穗食用或加工的玉米，从品质上分有甜玉米、超甜玉米、甜糯玉米等；从籽粒颜色上分有黑色、紫色、黄色、白色等。生产上主要利用的是甜玉米和糯玉米，它的用途和食用方法类似于蔬菜。尤其是糯玉米，蒸煮后香、甜、糯，皮薄无渣，可作为休闲食品，深受市民青睐。近年来，随着老百姓生活水平的改善和市场经济的快速发展，鲜食玉米的生产开发也得到了极大的重视。鲜食玉米除了含有碳水化合物、蛋白质、脂肪、胡萝卜素外，还含有核黄素、维生素等营养物质。这些物质对预防心脏病、癌症等疾病有很大的好处。

糯玉米是糯质型玉米的简称，是玉米各类型中唯一起源于我国的类型。20世纪初期，引起世界玉米育种家的注意，竞相引种作为珍贵的种质资源。糯玉米淀粉几乎全部是支链淀粉。这种淀粉的分子量小具有较高的黏滞性和适口性。由于支链淀粉特殊的物理和化学性质使其在纸张、纺织、黏着剂工业和一系列食品工业中具有特殊用途。如在各种食品中支链淀粉可以改进食品质地、均匀性和稳定性。

甜玉米是甜质型玉米的简称。甜玉米与其他玉米的本质区别，在于甜玉米具有显著提高籽粒含糖量的基因。由于控制基因的不同，分普甜玉米，超甜玉米和加甜玉米4种类型。主要用于鲜食和加工，如速冻甜玉米、罐头粒状和糊状甜玉米。随着人民生活水平的提高，市场对鲜食玉米的需求也越来越大，种植效益比较高。

二、栽培技术要点

（1）适期播种　露地栽培，春季适播期为地温稳定在10℃以上，出苗期最好在当地的晚霜期过后；夏播期以玉米灌浆期气温在16℃以上为准。

（2）隔离　鲜食玉米栽培必须与普通玉米隔离，防止因串粉而影响鲜食玉米的品质。空间隔离间距应在300米以上，时间隔离时，播期应间隔15天以上。

（3）整地施肥　应选择土壤肥沃、有机质含量高、排灌条件良好，土壤通透性好的砂壤土、壤土较好。为提高鲜食玉米品质，整地时应施足底肥，增施有机肥，配方施肥，要求亩施3 000～4 000千克优质农家肥、50千克三元复合肥，并施用适量的锌、硼等微肥。

（4）播种　播前进行人工选种，除去瘪粒、霉粒、破碎粒及杂质，然后用0.2%磷酸二氢钾液浸种8～12小时。播种方式为直播、宽窄行种植，宽行80厘米，窄行50厘米，株距25～30厘米，一般适宜密度甜玉米3 000～3 500株/亩，糯玉米3 500～4 000株/亩，早熟品种可密度稍大，晚熟品种可密度稍小。

（5）田间管理　甜玉米品种一般具有较强的分蘖分枝特性。为保主果穗的产量和等级，应尽早除蘖，在主茎长出2～3个雌穗时，最好留上部第一穗，把下面雌穗去除，操作时尽量避免损伤主茎及其叶片，以保证所留雌穗有足够的营养。为了使甜、糯玉米提前 5～7 天成熟，可在甜、糯玉米抽雄期隔行去雄。鲜食玉米生育期短，根据配方，肥料可全部基施，以有机肥为主，配施磷、钾肥和速效氮肥，有机肥施用量每亩应不少于 1 500～2 000 千克。一般应采用两次追肥法，拔节和灌浆期各追施一次。

（6）病虫防治　鲜食甜、糯玉米的营养成分高、品质好，极易招致玉米螟、金龟子、蚜虫等害虫为害，且鲜果穗受为害后，严重影响其商品性和市场价格，因此，对甜、糯玉米的虫害要早防早治，预防为主。在防治病虫害的同时，要保证甜玉米的品质，尽量不用或少用化学农药，最好采用生物防治。

鲜食玉米防治的重点是玉米螟，在大喇叭口期用 Bt 生物颗粒杀虫剂或巴丹可溶性粉剂去芯防治，严禁使用残效期长的剧毒农药。

（7）采收　鲜食玉米由于是采收嫩穗，适期收获非常重要，采收过早，干物质和各种营养成分不足，营养价值低，采收过晚，表皮变硬，口感变差。适收期为授粉后 20～23 天，品种不同略有差异。授粉后 20 天开始检查，做到适期采收。

（8）采后处理　鲜食玉米以售鲜穗为主，最好做到当天采当天销售，如需远距离销售，必须采取一定的保鲜措施，防止玉米果穗由于呼吸作用消耗自身的营养成分及水分，造成鲜度和品质下降。

第三章　山东省推广玉米品种

第一节　夏玉米推广品种

1. 郑单 958

（1）特征特性　幼苗叶鞘紫色，叶色淡绿，叶片上冲，穗上叶叶尖下披，株型紧凑，耐密性好。夏播生育期 103 天左右，比掖单 4 号长 7 天，株高 250 厘米左右，穗位 111 厘米左右，穗长 17.3 厘米，穗行数 14～16 行，穗粒数 565.8 粒，千粒重 329.1 克/升，果穗筒形，穗轴白色，籽粒黄色，偏马齿型，经生产试验点 1999 年调查，大斑病为 0.1 级，小斑病为 0.6 级，粗缩病为 0.6%，青枯病为 0.2%，抗病性较好。

（2）产量表现　1998—1999 年参加了国家玉米杂交种黄淮海片区域试验，两年产量均居第一位，其中，山东省四处试点两年平均亩产 681.0 千克，比对照鲁玉 16 号增产 11.57%；1999 年参加山东省玉米杂交种生产试验，7 处试点平均亩产 691.2 千克，比对照掖单 4 号增产 14.8%。

（3）栽培要点　5 月下旬麦垄点种或 6 月上旬麦收后足墒直播；密度 3 500 株/亩，中上等水肥地 4 000 株/亩，高水肥地 4 500 株/亩为宜；苗期发育较慢，注意增施磷钾肥提苗，重施拔节肥；大喇叭口期防治玉米螟。

（4）适宜范围　在全省适宜范围推广利用。

2. 浚单 20

（1）特征特性　幼苗叶鞘紫色，叶缘绿色。株型紧凑、清秀，株高 242 厘米，穗位高 106 厘米，成株叶片数 20 片。花药黄色，颖壳绿色。花丝紫红色，果穗筒型，穗长 16.8 厘米，穗行数 16 行，穗轴白色，籽粒黄色，半马齿型，百粒重 32 克。出苗至成熟 97 天，比农大 108 早熟 3 天，需有效积温 2 450℃。经河北省农林科学院植物保护研究所两年接种鉴定，感大斑病、抗小斑病，感黑粉病，中抗茎腐病，高抗矮花叶病，中抗弯孢菌叶斑病，抗玉米螟。经农业部谷物品质监督检验测试中心（北京）测定，籽粒容重为 758 克/升，粗蛋白质含量 10.2%，粗脂肪含量 4.69%，粗淀粉含量 70.33%，赖氨酸含量 0.33%。经农业部谷物品质监督检验测试中心（哈尔滨）测定，籽粒容重 722 克/升，粗蛋白质含量 9.4%，粗脂肪含量 3.34%，粗淀粉含量 72.99%，赖氨酸含量 0.26%。

（2）产量表现　2001—2002 年参加黄淮海夏玉米组区域试验，42 点次增产，5 点减产，两年平均亩产 612.7 千克，比农大 108 增产 9.19%；2002 年生产试验，平均亩产 588.9 千克，比当地对照增产 10.73%。

（3）栽培要点　适宜密度为 4 000～4 500 株/亩。

（4）适宜范围　适宜在河南、河北中南部、山东、陕西、江苏、安徽、山西运城夏玉米区种植。

3. 金海 5 号

（1）特征特性　该杂交种株型紧凑，苗期叶鞘紫色，生育期平均 105 天，株高 245 厘米，穗位 92 厘米，较抗倒伏。全株叶片 19～20 片，叶色浓绿，花丝红色，花药黄色，果穗长筒形，穗行数 14～16 行，果穗穗长 20.7 厘米，穗粗 4.9 厘米，穗粒数 581 粒，秃顶 1.3 厘米，穗轴红色，籽粒黄色、半马齿型，千粒重 327 克。2000—2001 年田间调查自然发病情况：大斑病 0～2 级，小斑病 0～3 级，弯孢菌叶斑病 0～1 级，锈病 0～0.5 级，青枯病 0～4.3%，粗缩病 0～4.8%，黑粉病 0～6.5%。2002 年委托河北省农林科学院植物保护研究所（国家黄淮海夏玉米区域试验抗病性指定鉴定单位）进行抗病性鉴定，结果为：中抗大、小叶斑病，抗弯孢菌叶斑病、青枯病，高抗玉米黑粉病、矮花叶病。经农业部谷物品质监督检验测试中心（北京）分析，该品种粗蛋白质含量 10.0%，粗脂肪含量 4.31%，赖氨酸含量 0.32%，粗淀粉含量 70.36%，容重 760 克/升。

（2）产量表现　该杂交种在 2000—2001 年全省杂交玉米区域试验中，两年 26 处试点中 23 点增产 3 点减产，平均亩产 618.3 千克，比对照鲁单 50 增产 7.8%；2002 年参加生产试验，8 处试点均增产，平均亩产 611.2 千克，比对照鲁单 50 增产 8.4%。

（3）栽培技术要点　适宜密度 3 000～3 500 株/亩，高肥水地块可增至 4 000 株/亩，足墒播种，一播全苗，施好基肥，重施攻穗肥，酌施攻粒肥，浇好大喇叭口期至灌浆期丰产水，及时防治病虫害。

（4）制种要点　父母本行比为 1∶3 或 1∶4，母本播种密度 4 000～4 500 株/亩，父本播种密度 1 200～1 500 株/亩，春播制种时，先播母本，父本比母本晚播 3～4 天，夏播时父母本同期播。

（5）适宜范围　在全省适宜地区中上肥水地块上推广应用。

4. 聊玉 22 号

（1）特征特性　株型紧凑，全株叶片数 20 片，幼苗叶鞘红色，花丝黄色，花药黄带红。区域试验结果：夏播生育期 103 天，株高 242 厘米，穗位 106 厘米，倒伏率 11.1%、倒折率 2.8%，抗倒（折）性一般，大斑病、小斑病和锈病最重发病试点发病均为 5 级。果穗筒形，穗长 15.0 厘米，穗粗 4.9 厘米，秃顶 0.2 厘米，穗行数平均 15.0 行，穗粒数 512 粒，白轴、黄粒、半马齿型，出籽率 87.3%，千粒重 309.2 克，容重 733.4 克/升。2005 年经河北省农林科学院植物保护研究所抗病性接种鉴定：抗小斑病，感大斑病，中抗弯孢菌叶斑病，感茎腐病，高抗瘤黑粉病，抗矮花叶病。2005 年经农业部谷物品质监督检验测试中心（泰安）品质分析：粗蛋白质含量 10.4%，粗脂肪 4.6%，赖氨酸 0.20%，粗淀粉 69.32%。

（2）产量表现　在 2005—2006 年全省夏玉米新品种区域试验中，两年平均亩产 568.7 千克，比对照郑单 958 增产 4.3%，17 处试点 16 点增产 1 点减产；2006 年生产试验平均亩产 611.2 千克，比对照郑单 958 增产 2.4%。

（3）栽培技术要点　适宜密度为每亩 4 500 株，注意防倒伏（折），其他管理措施同一般大田。

（4）审定意见　在山东省适宜地区作为夏玉米品种推广利用。

5. 登海605

（1）特征特性　在黄淮海地区出苗至成熟101天，比郑单958晚1天，需有效积温2 550℃左右。幼苗叶鞘紫色，叶片绿色，叶缘绿带紫色，花药黄绿色，颖壳浅紫色。株型紧凑，株高259厘米，穗位高99厘米，成株叶片数19～20片。花丝浅紫色，果穗长筒型，穗长18厘米，穗行数16～18行，穗轴红色，籽粒黄色、马齿型，百粒重34.4克。经河北省农林科学院植物保护研究所接种鉴定，高抗茎腐病，中抗玉米螟，感大斑病、小斑病、矮花叶病和弯孢菌叶斑病，高感瘤黑粉病、褐斑病和南方锈病。经农业部谷物品质监督检验测试中心（北京）测定，籽粒容重766克/升，粗蛋白质含量9.35%，粗脂肪含量3.76%，粗淀粉含量73.40%，赖氨酸含量0.31%。

（2）产量表现　2008—2009年参加黄淮海夏玉米品种区域试验，两年平均亩产659.0千克，比对照郑单958增产5.3%。2009年生产试验，平均亩产614.9千克，比对照郑单958增产5.5%。

（3）栽培技术要点　在中等肥力以上地块栽培，每亩适宜密度4 000～4 500株，注意防治瘤黑粉病，褐斑病、南方锈病重发区慎用。

（4）审定意见　该品种符合国家玉米品种审定标准，通过审定。适宜在山东、河南、河北中南部、安徽北部、山西运城地区夏播种植，注意防治瘤黑粉病、褐斑病、南方锈病重发区慎用。

6. 登海3622

（1）特征特性　在黄淮海地区出苗至成熟99～102天左右，比对照农大108早熟2～4天。幼苗叶鞘浅紫色。株型半紧凑，株高267厘米左右，穗位高113厘米左右，成株叶片数20片左右。花药黄色，花丝绿色。果穗筒型，穗长18.7厘米，穗行数16行左右，穗轴红色，籽粒黄色，半马齿型，百粒重30.2克。经河北省农林科学院植物保护研究所两年接种鉴定，抗大斑病、小斑病，中抗弯孢菌叶斑病、茎腐病和瘤黑粉病，感矮花叶病和玉米螟。经农业部谷物品质监督检验测试中心（哈尔滨）测定，籽粒容重720克/升，粗蛋白质含量9.46%，粗脂肪含量4.74%，粗淀粉含量74.49%，赖氨酸含量0.27%；经北京市农科院玉米中心测定，籽粒容重721克/升，粗蛋白质含量9.83%，粗脂肪含量4.69%，粗淀粉含量73.93%。

（2）产量表现　2003—2004年参加黄淮海夏玉米组区域试验，31点增产，16点减产，平均亩产541.4千克，比对照农大108增产7.1%；2004年生产试验，平均亩产570.9千克，比对照平均增产7.5%。

（3）栽培要点　每亩适宜密度3 700～4 000株，注意防治矮花叶病和玉米螟。

（4）适宜范围　适宜在河北、山东、陕西、安徽北部、山西运城夏玉米区种植。

7. 泰玉14号

（1）特征特性　株型紧凑，全株叶片数18～19片，幼苗叶鞘紫色，花丝黄绿色，花药粉红色。区域试验结果：生育期101天，株高261厘米，穗位109厘米，倒伏率3.9%、倒折率1.8%。果穗筒形，穗长18.0厘米，穗粗5.2厘米，秃顶0.7厘米，穗行数平均 15.2 行，穗粒数 517 粒，红轴，黄粒、半马齿型，出籽率 84.8%，千粒重 316.3 克，容重 718.2 克/升。2004 年经河北省农林科学院植物保护研究所抗病性鉴定：抗小斑病，感大斑病，高抗弯孢菌叶斑病，高感青枯病，抗瘤黑粉病，高抗矮花叶病。2004 年经农业部谷物品质监督检验测试中心（泰安）品质分析：粗蛋白质含量 10.70%，粗脂肪含量 4.80%，赖氨酸含量 0.23%，粗淀粉含量 70.00%。

（2）产量表现　在全省玉米品种区域试验中，2004 年亩产 605.6 千克，比对照掖单 4 号增产 13.5%；2005 年亩产 570.4 千克，比对照郑单 958 增产 6.9%，两年 20 处试点 19 点增产 1 点减产。2006 年生产试验亩产 605.2 千克，比对照郑单 958 增产 1.97%。

（3）栽培技术要点　适宜密度为每亩 3 800 ~ 4 000 株。其他管理措施同一般大田。

（4）适宜范围　在全省适宜地区作为夏玉米品种推广利用。在青枯病重发区慎用。

第二节　春玉米推广品种

1. 丹玉 86

（1）特征特性　株型半紧凑，全株叶片数 21 片，幼苗叶鞘紫色，花丝绿色，花药黄色。区域试验结果：胶东春播生育期 120 天，株高 278 厘米，穗位 121 厘米，倒伏率 0.8%、倒折率 0.2%。果穗筒形，穗长 20.0 厘米，穗粗 5.1 厘米，秃顶 0.9 厘米，穗行数平均 15.6 行，穗粒数 623 粒，红轴，黄粒、半马齿型，出籽率 81.7%，千粒重 344.4 克，容重 756.8 克/升。2006 年经河北省农林科学院植物保护研究所抗病性接种鉴定：中抗大、小叶斑病，感弯孢菌叶斑病，高抗茎腐病，抗瘤黑粉病，中抗矮花叶病。2006 年经农业部谷物品质监督检验测试中心（泰安）品质分析：粗蛋白质含量 11.1%，粗脂肪含量 4.5%，赖氨酸含量 0.27%，粗淀粉含量 70.94%。

（2）产量表现　在 2006—2007 年胶东春播玉米新品种区域试验中，两年平均亩产 619.4 千克，比对照农大 108 增产 13.03%，9 处试点全部增产；2007 年生产试验平均亩产 604.0 千克，比对照农大 108 增产 11.2%。

（3）栽培技术要点　适宜密度为每亩 3 000 株，其他管理措施同一般春玉米大田。

（4）适宜范围　在胶东地区作为春玉米品种推广利用。

2. 农大 108

（1）特征特性　株高 260 厘米，穗位高 100 厘米，株型半紧凑，穗位上下 7 片叶的叶向值为 42.27，单株叶面积 1 平方米，吐丝期叶面积系数 6.39（密度 4 500 株/亩）。根系发达，达 8 层 78 条，比对照掖单 13 号多 5 ~ 10 条。穗长 16 ~ 18 厘米，果穗筒形，穗行数 16 行左右，单穗平均粒重 127.2 克，百粒重 26 ~ 35 克。籽粒黄色，半马齿型，品质优良。农业部谷物品质检测中心（哈尔滨）检测，籽粒含粗蛋白质 9.43%，粗脂肪 4.21%，粗淀粉 72.25%，赖氨酸 0.36%。据中国农业科学院畜牧兽医研究所牧草室分析，农大 108 秸秆粗蛋白质含量 6.95%，粗脂肪 1.06%，粗纤维 31.73%，灰分 6.78%。该品种在西南生育期 112 ~ 116 天，在黄淮海夏玉米区 99 天，需大于等于 10℃ 活动积温 2 800℃。2000 年丹东农科院接种鉴定，高抗玉米小斑病、丝黑穗病、弯孢菌叶斑病和穗腐病，抗玉米大斑病、灰斑病和玉米螟，感茎腐病和纹枯病。

（2）产量表现　1997 年、1998 年参加国家西南玉米组区试，1997 年平均亩产 538.8 千克，平均比对照掖单 13 号增产 3.8%，居参试品种第 3 位；1998 年平均亩产 513.3 千克，比对照掖单 13 号增产 9.09%，居参试品种第 6 位。2000 年参加黄淮海夏玉米组生产试验，平均亩产 510.35 千克，比当地对照增产 8.58%，居参试品种第 3 位，在 29 个试点中有 25 点增产 4 点减产。

（3）栽培要点　一般肥力条件下 3 000～3 500 株/亩，条件较好或夏播可 3 500～4 000 株/亩。该品种喜肥水，抗倒性强，保绿性好，加强肥水管理，可增加籽粒产量和青（贮）饲料产量。前期应适当控制肥水，大喇叭口期可重施追肥。后期应注意田间排水，如成熟期积水，会增加青枯病的发生。

（4）制种技术要点　保持品种种性的关键是保持亲本自交系质量以及亲本繁殖过程中符合操作规程。178 生育期比黄 C 早 8～10 天，制种时如以 178 作母本，父母本可同期播种，以避免调播期的麻烦，有的地区播种前将 1/3 黄 C 浸泡 24 小时，以延长黄 C 散粉时间。以黄 C 作母本时，需先播黄 C，露头后，播 178。如遇春旱，常因土壤干旱影响 178 出苗而导致制种失败。以 178×黄 C 方式制种，父母本行比引 1：5～1：6。

（5）适宜范围　适宜在东北、华北、西北春玉米区及黄淮海夏播玉米区和西南玉米区推广种植，但在纹枯病流行区应慎用。

第三节　鲜食玉米品种

1. 山农 202

由山东农业大学 2009 年选育，审定编号：鲁农审 2009015 号。

（1）特征特性　株型紧凑，全株叶片数 18 片，幼苗叶鞘绿色，花丝绿色，花药黄色。区域试验结果：鲜穗采收期 74 天，株高 263 厘米，穗位 113 厘米，倒伏率 5.2%、倒折率 0.6%。果穗筒形，商品鲜穗穗长 20.8 厘米，穗粗 4.4 厘米，秃顶 1.3 厘米，穗粒数 534 粒，商品果穗率 89.6%，白轴，籽粒白色，果皮中偏薄，风味品质与对照鲁糯 6 号相当。2008 年经河北省农林科学院植物保护研究所抗病性鉴定：感小斑病，高感大斑病、弯孢菌叶斑病和茎腐病，中抗瘤黑粉病，抗矮花叶病。2008 年鲜穗籽粒（授粉后 25 天取样）品质分析（干基）：粗蛋白质含量 12.96%，粗脂肪含量 2.66%，赖氨酸含量 0.30%，淀粉含量 56.81%，可溶性固形物（湿基）含量 9.83%。

（2）产量表现　在 2007—2008 年全省鲜食玉米品种区域试验中，平均亩收商品鲜穗数 3 464 个，比对照鲁糯 6 号增收 4.8%。

（3）栽培技术要点　可春播或夏直播。适宜密度为每亩 4 000～4 500 株。为保证鲜穗商品质量，应与其他玉米品种隔离或错期种植，并及时防治虫害。

（4）适宜范围　在全省适宜地区作为鲜食专用糯玉米品种。

2. 三北 88

由三北种业有限公司 2009 年选育，审定编号：鲁农审 2009016 号。

（1）特征特性　株型紧凑，全株叶片数 19～20 片，幼苗叶鞘紫色，花丝粉红色，

75

花药淡紫色。区域试验结果：鲜穗采收期 74 天，株高 237 厘米，穗位 88 厘米，倒伏率 2.2%、倒折率 0.5%，粗缩病最重发病试点发病率为 22.3%。果穗筒形，商品鲜穗穗长 18.7 厘米，穗粗 4.8 厘米，秃顶 1.5 厘米，穗粒数 569 粒，商品果穗率 85.6%，穗轴白色，籽粒黄色，果皮中偏厚，风味品质略差于对照鲁糯 6 号。2006 年经河北省农林科学院植物保护研究所抗病性鉴定：高感小斑病，中抗大斑病，感弯孢菌叶斑病，中抗茎腐病，抗瘤黑粉病，中抗矮花叶病。2008 年鲜穗籽粒（授粉后 25 天取样）品质分析（干基）：粗蛋白质含量 10.50%，粗脂肪含量 3.53%，赖氨酸含量 0.32%，淀粉含量 60.21%，可溶性固形物（湿基）含量 12.05%。

（2）产量表现 在 2006—2008 年全省鲜食玉米品种区域试验中，平均亩收商品鲜穗数 3501 个，比对照鲁糯 6 号增收 2.9%。

（3）栽培技术要点 可春播或夏直播。适宜密度为每亩 3 500 ~ 4 000 株。为保证鲜穗商品质量，应与其他玉米品种隔离或错期种植，并及时防治虫害。

（4）适宜范围 在全省适宜地区作为鲜食专用糯玉米品种。

3. 山农 201

山东农业大学 2009 年选育，审定编号：鲁农审 2009017 号。

（1）特征特性 株型紧凑，全株叶片数 19 片，幼苗叶鞘绿色，花丝绿色，花药紫红色。区域试验结果：鲜穗采收期 76 天，株高 242 厘米，穗位 101 厘米，倒伏率 1.5%、倒折率 0.03%。果穗筒形，商品鲜穗穗长 20.5 厘米，穗粗 4.5 厘米，秃顶 2.6 厘米，穗粒数 550 粒，商品果穗率 88.1%，穗轴白色，籽粒黄白，果皮中偏厚，风味品质略差于对照鲁糯 6 号。2006 年经河北省农林科学院植物保护研究所抗病性鉴定：高感小斑病，中抗大斑病，高感弯孢菌叶斑病和茎腐病，抗瘤黑粉病，中抗矮花叶病。2008 年鲜穗籽粒（授粉后 25 天取样）品质分析（干基）：粗蛋白质含量 11.03%，粗脂肪含量 4.86%，赖氨酸含量 0.44%，淀粉含量 60.15%，可溶性固形物（湿基）含量 9.83%。

（2）产量表现 在 2006—2008 年全省鲜食玉米品种区域试验中，平均亩收商品鲜穗数 3 476个，比对照鲁糯 6 号增收 2.4%。

（3）栽培技术要点 可春播或夏直播。适宜密度为每亩 4 000 ~ 4 500 株。为保证鲜穗商品质量，应与其他玉米品种隔离或错期种植，并及时防治虫害。

（4）适宜范围 在全省适宜地区作为鲜食专用糯玉米品种。

4. 莱农糯 38

青岛农业大学 2009 年选育，审定编号：鲁农审 2009018 号。

（1）特征特性 株型紧凑，全株叶片数 19 ~ 21 片，幼苗叶鞘绿色，花丝浅红色，花药浅红色。区域试验结果：鲜穗采收期 74 天，株高 237 厘米，穗位 90 厘米，倒伏率 0.5%、倒折率 1.2%，大斑病最重发病试点为 7 级，粗缩病最重发病试点发病率为 23.0%。果穗筒形，商品鲜穗穗长 19.9 厘米，穗粗 4.5 厘米，秃顶 1.1 厘米，穗粒数 518 粒，商品果穗率 84%，穗轴白色，籽粒紫花色，果皮中偏厚，风味品质与对照鲁糯 6 号相当。2006 年经河北省农林科学院植物保护研究所抗病性鉴定：高感小斑病，感大斑病，高感弯孢菌叶斑病和茎腐病，高抗瘤黑粉病，感矮花叶病。2008 年鲜穗籽粒

（授粉后 25 天取样）品质分析（干基）：粗蛋白质含量 12.21%，粗脂肪含量 4.37%，赖氨酸含量 0.30%，淀粉含量 59.2%，可溶性固形物（湿基）含量 9.00%。

（2）产量表现　在 2006—2008 年全省鲜食玉米品种区域试验中，平均亩收商品鲜穗数 3 466 个，比对照鲁糯 6 号增收 1.9%。

（3）栽培技术要点　可春播或夏直播。适宜密度为每亩 4 000～4 500 株。为保证鲜穗商品质量，应与其他玉米品种隔离或错期种植，并及时防治虫害。

（4）审定意见　在全省适宜地区作为鲜食专用糯玉米品种。

5. 金王花糯 2 号

济南金王种业有限公司、青岛农业大学 2013 年选育，审定编号：鲁农审 2013015 号。

（1）特征特性　株型紧凑，全株叶片数 18 片，幼苗叶鞘绿色，花丝绿色，花药绿色。区域试验结果：鲜穗采收期 73 天，株高 263 厘米，穗位 99 厘米，倒伏率 0.9%、倒折率 0.1%。果穗长锥形，商品鲜穗穗长 20.1 厘米，穗粗 4.5 厘米，秃顶 1.6 厘米，穗粒数 488 粒，商品果穗率 87.2%，白轴，鲜穗籽粒紫白色，果皮中厚。2012 年经河北省农林科学院植物保护研究所抗病性接种鉴定：中抗小斑病，感大斑病、弯孢叶斑病，高抗瘤黑粉病，中抗矮花叶病。2012 年鲜穗籽粒（适宜采收期取样）品质分析（干基）：粗蛋白质含量 11.24%，粗脂肪 4.20%，赖氨酸 0.41%，淀粉 58.55%，可溶性固形物（湿基）9.10%。

（2）产量表现　在 2011—2012 年全省鲜食夏玉米品种区域试验中，两年平均亩收商品鲜穗 3 730 个，亩产鲜穗 1 004.8 千克。

（3）栽培技术要点　适宜密度为每亩 4 000 株左右，应与其他类型玉米品种隔离种植，其他管理措施同一般大田。

（4）适宜范围　在全省适宜地区作为鲜食专用花糯夏玉米品种。

6. 济糯 13

济宁市农业科学研究院 2013 年选育，审定编号：鲁农审 2013016 号。

（1）特征特性　株型紧凑，全株叶片数 17 片，幼苗叶鞘绿色，花丝绿色，花药绿色。区域试验结果：鲜穗采收期 72 天，株高 251 厘米，穗位 114 厘米，倒伏率 0.3%、倒折率 0.1%，粗缩病最重发病试点发病率为 8.0%。果穗圆筒形，商品鲜穗穗长 17.8 厘米，穗粗 4.6 厘米，秃顶 0.9 厘米，穗粒数 460 粒，商品果穗率 89.6%，白轴，鲜穗籽粒紫红色，果皮中厚。2012 年经河北省农林科学院植物保护研究所抗病性接种鉴定：中抗小斑病，感大斑病，抗弯孢叶斑病，高抗瘤黑粉病，抗矮花叶病。2012 年鲜穗籽粒（适宜采收期取样）品质分析（干基）：粗蛋白质含量 10.98%，粗脂肪 3.72%，赖氨酸 0.46%，淀粉 55.62%，可溶性固形物（湿基）10.17%。

（2）产量表现　在 2011—2012 年全省鲜食夏玉米品种区域试验中，两年平均亩收商品鲜穗 3 621 个，亩产鲜穗 859.7 千克。

（3）栽培技术要点　适宜密度为每亩 4 000 株左右，应与其他类型玉米品种隔离种植，其他管理措施同一般大田。

（4）适宜范围　在全省适宜地区作为鲜食专用紫糯夏玉米品种。

7. 金王紫糯 1 号

济南金王种业有限公司、青岛农业大学 2013 年选育，审定编号：鲁农审 2013017 号。

（1）特征特性　株型紧凑，全株叶片数 18 片，幼苗叶鞘绿色，花丝绿色，花药绿色。区域试验结果：鲜穗采收期 72 天，株高 258 厘米，穗位 95 厘米，倒伏率 0.6%、无倒折。果穗短锥形，商品鲜穗穗长 21.2 厘米，穗粗 4.7 厘米，秃顶 1.5 厘米，穗粒数 498 粒，商品果穗率 83.8%，白轴，鲜穗籽粒淡紫色，果皮中厚。2012 年经河北省农林科学院植物保护研究所抗病性接种鉴定：抗小斑病，高感大斑病，感弯孢叶斑病，高抗瘤黑粉病，抗矮花叶病。2012 年鲜穗籽粒（适宜采收期取样）品质分析（干基）：粗蛋白质含量 11.48%，粗脂肪 3.92%，赖氨酸 0.49%，淀粉 52.53%，可溶性固形物（湿基）11.50%。

（2）产量表现　在 2011—2012 年全省鲜食夏玉米品种区域试验中，两年平均亩收商品鲜穗 3 558 个，亩产鲜穗 1 005.3 千克。

（3）栽培技术要点　适宜密度为每亩 4 000 株左右，应与其他类型玉米品种隔离种植，其他管理措施同一般大田。

（4）适宜范围　在全省适宜地区作为鲜食专用紫糯夏玉米品种种植利用。大斑病高发区慎用。

第四章　玉米病虫草害防治技术

第一节　玉米主要病害防治技术

一、叶斑病

（一）发病特点

包括大斑病和小斑病。主要为害叶片和苞叶，抽穗后进入发病高峰期。病斑不规则、透光、中央灰白色，边缘褐色，上生黑色小点，即病原菌的子囊座。病菌在病残体上越冬，翌年春季形成子囊孢子，进行初侵染。冷湿条件易发病。连作、地势低洼、排水不良、施肥不足发病重。

（二）防治方法

清洁田园，及时收集处理病残体。选用鲁丹 50、农大 108、鲁丹 981 等抗病品种。注意与其他作物轮作，轮作面积越大越好。

播种时每 20 千克种子用"天达种宝"＋2.5%适乐时 100 毫升，对水 400 毫升拌种，阴干后播种，切勿闷种。

注意增施有机肥料，增施磷钾肥、锌肥和生物菌肥，追施足量氮肥，保障玉米植株健壮，提高抗病性能。

结合防治玉米其他叶斑病，及早喷洒 75%百菌清可湿性粉剂 1 000 倍液加 70%甲基硫菌灵可湿性粉剂 1 000 倍液，或 75%百菌清可湿性粉剂 1 000 倍液加 70%代森锰锌可湿性粉剂 1 000 倍液，40%多硫悬浮剂 500 倍液、50%复方硫菌灵可湿性粉剂 800 倍液，隔 7 天左右，连续防治 2～3 次。

喷药时加入 1 000 倍液 3%蚜虱速克或 1 500 倍液啶虫脒，可以兼防蚜虫、蓟马、飞虱等害虫发生，并能防治玉米纹枯病、粗缩病等病害，增产玉米 15%左右。

二、玉米粗缩病

玉米粗缩病是由灰飞虱传播的病毒病，近几年在临沂市各县区呈逐年加重发生趋势，对玉米生产造成严重影响。

（一）发病症状

玉米以苗期受害最重。在玉米 5～6 片叶即可显现症状，心叶不易抽出且变小，可作为早期诊断的依据。起初，在心叶基部及中脉两侧产生透明的油浸状褪绿虚线条点，逐渐扩及整个叶片。病株叶片色泽浓绿，宽而短、僵而直、硬而脆，节间粗短，顶叶簇生状如君子兰。叶背、叶鞘及苞叶的叶脉上具有粗细不一的蜡白色条状突起，有明显的粗糙感。9～10叶期，病株矮化现象更为明显，上部节间短缩粗肿，顶部叶片簇生，病株高度不到健株一半，多数不能抽穗结实，个别雄穗虽能抽出，但分枝极少，没有花粉。果穗畸形，花丝极少，植株严重矮化，雄穗退化，雌穗畸形，严重时不能结实。

（二）发生规律

玉米粗缩病以带毒灰飞虱传播病毒。灰飞虱若虫或成虫在地边杂草下和田内麦苗下等处越冬，为翌年初侵染源。冬小麦也是病毒的越冬寄主。春季带毒的灰飞虱将病毒传播到返青的小麦上，以后由小麦和地边杂草等处再传到玉米上。

此病发生早轻晚重，很大程度上取决于灰飞虱田间数量和带毒个体的多少，并且与栽培条件有关。早播玉米发病重，靠近地头、渠边、路旁杂草多的玉米发病重，靠近菜田等潮湿而杂草多的玉米发病重，不同品种之间发病程度有一定差异。

（三）易发病原因

近几年冬季气温偏高，利于灰飞虱安全越冬，带毒的灰飞虱越冬基数偏高。

夏玉米播种早，造成玉米苗期的易感病阶段与灰飞虱的迁飞盛期相吻合。

玉米田间管理粗放、草荒重，为灰飞虱的栖息与繁殖创造了条件。

施肥不当，有机肥用量少，锌铁等微肥较缺乏，土壤养分不均衡，降低了植株的抗病性，利于病害发生。

（四）防治措施

玉米粗缩病目前尚无特效药剂防治，一旦发病基本上无产量。因此，要坚持治虫防病的原则。应采取减少灰飞虱虫源和做好传毒昆虫防治等措施，力争把传毒昆虫消灭在传毒之前。

（1）选种抗、耐病品种 玉米品种之间病害发生情况存在一定差异，农大108、郑单958、鲁单50、鲁单981、鲁单984等品种发病较轻，病株率在5%以下。

（2）农业防治 在小麦、玉米等作物播种前和收获前清除田边、沟边杂草，精耕细作，及时除草，以减少虫源。对玉米田及四周杂草喷40%氧化乐果乳油1 500倍液加50%甲胺磷乳油1 500倍液。适当调整玉米播期（调后），使玉米苗期错过灰飞虱的盛发期。合理安排种植方式。加强田间管理，及时追肥浇水，提高植株抗病力。结合间苗定苗，及时拔除病株，以减少病株和毒源，严重发病地块及早改种豆科作物或甜、糯玉米等，以增加经济收入。

（3）药剂防治

①小麦：一是播种时采用内吸性杀虫剂大面积拌种或包衣，可用40%甲基异柳磷按种子量0.2%拌种或包衣，以减少越冬虫源。二是结合麦蚜防治，采用麦蚜、灰飞虱兼治的药剂或者在防治麦蚜药剂中加入防治灰飞虱药剂进行麦蚜防治，包括苗蚜防治和穗蚜防治。麦蚜、灰飞虱兼治的药剂可亩用10%吡虫啉10克喷雾防治；也可在麦蚜防治药剂中加入25%捕虱灵20克兼治。

②玉米：一是用内吸性杀虫剂拌种或包衣，可用60%高巧或40%甲基异柳磷按种

子量的 0.2% 拌种或包衣；二是在出苗前进行药剂防治，亩用 10% 吡虫啉 10 克喷雾防治；三是玉米出苗后，在玉米 3~4 叶期，对田间及地块周围喷药防治灰飞虱。药剂可用 40% 久效磷乳油 1 500~2 000 倍液，或 40% 氧化乐果乳油、50% 对硫磷乳油 1 000 倍液或 5% 锐劲特（氟虫腈）悬浮剂 30 毫升或 10% 吡虫啉 15 克，对水 30~40 千克喷雾；也可用 4.5% 高效氯氰菊酯 30 毫升或 48% 毒死蜱 60~80 毫升，对水 30~40 千克喷雾。喷药力求均匀周到，隔 7 天再防治一次，以确保防治效果。并做到统一时间、统一药剂、统一方法、统一施药，提高防治效果。也可在灰飞虱传毒为害期，尤其是玉米 7 叶期前喷洒 2.5% 扑虱蚜乳油 1 000 倍液，隔 6~7 天 1 次，连喷 2~3 次，可事半功倍。

（4）加强田间管理，提高植株抗病能力　合理施肥、灌水，加强田间管理，缩短玉米苗期时间，减少传毒机会，提高玉米抗病力。实践证明，增施有机肥，调节 N、P、K 肥的比例、用量和施肥，搞好配方施肥，增施锌、铁等微肥，提高植株抗病能力，能有效地减轻该病的发生。

（5）结合间苗定苗，及时拔除病株　以免成为再侵染的毒源。

第二节　玉米主要虫害防治技术

一、玉米螟

玉米螟可为害玉米、高粱、谷子、棉、麻、豆类等多种作物。

（一）形态特征

成虫黄褐色，前翅内横线呈波状纹，外横线锯齿状暗褐色，前缘有 2 个深褐色斑。后翅略浅，也有 2 条波状纹。卵椭圆形黄白色，一般 20~60 粒粘在一起排列成不规则的鱼鳞状卵块。幼虫共 5 龄，老熟幼虫体背淡褐色，中央有一条明显的背线，腹部 1~8 节背面各有两列横排的毛瘤，前 4 个较大。蛹纺锤形红褐色。

（二）为害特点

玉米螟以幼虫为害。初龄幼虫蛀食嫩叶形成排孔花叶，3 龄后蛀入茎秆为害花苞、雄穗及雌穗。受害后玉米长势衰弱、茎秆易折，雌穗发育不良，影响结实。幼虫为害棉花时蛀入嫩茎，使上部枯死，蛀食棉铃引起落铃、腐烂及僵瓣。

（三）发生规律

玉米螟在我省每年发生 3 代，以老熟幼虫在玉米被害部位及根茬内越冬。越冬代幼虫 5 月中下旬进入化蛹盛期，越冬代成虫出现在 5 月下至 6 月中旬，在春玉米上产卵。一代幼虫 6 月中下旬盛发为害，此时春玉米正处于心叶期，为害很重。二代幼虫 7 月中下旬为害夏玉米（心叶期）和春玉米（穗期）。三代幼虫 8 月中下旬进入盛发，为害夏玉米穗及茎部。在春玉米和棉花混种区，玉米收获后，二代成虫则转移到棉田产卵，为害棉花青铃。幼虫老熟后于 9 月中下旬进入越冬。

（四）生活习性

成虫昼伏夜出，有趋光性，卵多产在玉米叶背中脉附近，每个卵块 20~60 余粒，每雌可产卵 400 ~ 500 粒，卵期 3 ~ 5 天。幼虫 5 龄，历期 17 ~ 24 天。初孵幼虫有吐丝下垂习性，并随风或爬行扩散，钻入心叶内啃食叶肉，只留表皮。3 龄后蛀入为害雄穗、雌穗、叶鞘、叶舌。老熟幼虫一般在被害部位化蛹，蛹期 6 ~ 10 天。在玉米螟越冬基数大的年份，田间第一代卵及幼虫密度高，一般发生为害就重。温度在 25 ~ 26℃，相对湿度 90% 左右，对产卵、孵化及幼虫成活最有利。暴雨冲刷可增加初孵幼虫的死亡率。

（五）防治方法

（1）农业防治　处理越冬玉米秸秆，在春季越冬幼虫化蛹、羽化前处理完毕。

（2）药剂防治　①在春玉米心叶末期，花叶株率 10% 时要进行普治。心叶中期花叶率超过 20%，或 100 株玉米累计有卵 30 块以上，需再防一次；②夏玉米心叶末期防治一次。穗期虫穗率 10% 或 100% 穗花丝有虫 50 头时要立即防治。

药剂可用 2.5% 敌百虫（美曲膦酯）颗粒剂，每千克可撒玉米 500 ~ 600 株；3% 辛硫磷颗粒剂每亩 5 千克。或在心叶期用 90% 敌百虫（美曲膦酯）1 500 ~ 2 000 倍药液灌心叶，每千克药液可灌玉米 100 株。抽穗期至大喇叭口期，用 20% 康宽悬浮剂 3 000 倍液、35% 奥得腾水分散剂 7 500 倍液喷心防治；幼虫蛀入雌穗后，用 20% 康宽悬浮剂 3 000 倍液、35% 奥得腾水分散剂 7 500 倍液喷穗防治。

（3）生物防治　①有条件的可通过人工饲养和释放赤眼蜂控制玉米螟；②利用 Bt 乳剂，每亩用每克含 100 以上孢子的乳剂 200 毫升，配成颗粒剂施撒或与药剂混合喷雾；③利用白僵菌封垛，每立方米秸秆垛用菌粉（每克含孢子 500 亿 ~ 100 亿）100 克，在玉米螟化蛹期喷洒在秸秆垛上。

（4）转 Bt 基因抗虫玉米（简称 Bt 玉米）的商品化，为控制玉米螟为害提供了新的途径　对欧洲玉米螟的控制作用同现行的综合防治技术相比，Bt 玉米有明显改进对欧洲玉米螟控制的潜力，化学杀虫剂在施用适时的情况下，对第一代和第二代玉米螟幼虫的防效分别是 60% ~ 95% 和 40% ~ 80%。任何一种 Bt 玉米对心叶期一代玉米螟的控制效果均在 99% 以上。

二、玉米二点委夜蛾

玉米二点委夜蛾近几年开始为害玉米，由于其为害部位以及形态上的相近，人们习惯把二点委夜蛾误称为"地老虎"。

（一）发生规律及原因

主要发生在麦秸覆盖面积比较大的田块，麦秸麦糠覆盖越多，发生越严重，由于秸秆还田和玉米播种时间晚等原因，每年发生都比较严重。

二点委夜蛾幼虫在玉米气生根处的土壤表层处为害玉米根部，咬断玉米地上茎秆或浅表层根。受为害的玉米田植株东倒西歪，甚至缺苗断垄，玉米田中出现大面积空白地。

二点委夜蛾喜阴暗潮湿畏惧强光，一般在玉米根部或者湿润的土缝中生存，遇到声音或药液喷淋后呈"C"形假死。高麦茬厚麦糠为二点委夜蛾大发生提供了有利的生存环境。幼虫比较厚的外皮使药剂难以渗透是防治的主要难点，世代重叠发生是增加防治次数的主要原因。

（二）防治方法

掌握早防早控，发现田间有个别植株发生倾斜时要立即开始防治。

1. 农业措施

及时清除玉米苗基部麦秸、杂草等覆盖物，消除其发生的有利环境条件。一定要把覆盖在玉米垄中的麦糠麦秸全部清除到远离植株的玉米大行间并裸露出地面，便于药剂能直接接触到幼虫。仅仅全田药剂喷雾而不顺垄灌根的防治方法几乎没有效果，不清理麦秸麦糠只顺垄药剂灌根的玉米田防治效果稍差。最好的防治方法是清理麦秸麦糠后，用三六泵机动喷雾机，将喷枪调成水柱状直接喷射玉米根部。同时要培土扶苗，对倒伏的大苗，在积极除虫的同时不要毁苗，而应培土扶苗，力争促使今后的气生根健壮，恢复正常生长。

2. 药物防治

可采用毒饵法、毒土法、灌药法防治。

（1）撒毒饵 每亩用4~5千克炒香的麦麸或粉碎后炒香的棉籽饼，与对少量水的90%晶体敌百虫（美曲膦酯），或48%毒死蜱乳油500克拌成毒饵，于傍晚顺垄撒在玉米苗边。

（2）毒土 亩用80%敌敌畏乳油300~500毫升拌25千克细土，于早晨顺垄撒在玉米苗边。

（3）灌药 随水灌药，亩用48%毒死蜱乳油1千克，在浇地时灌入田中。

（4）喷灌玉米苗 将喷头拧下，逐株顺茎滴药液，或用直喷头喷根茎部。药剂可选用48%毒死蜱乳油1 500倍液、30%乙酰甲胺磷乳油1 000倍液，或4.5%高效氟氯氰菊酯乳油2 500倍液。药液量要大，保证渗到玉米根围30厘米左右的害虫藏匿的范围。

特别注意，如果是喷用苗后除草剂的地块，要在7天以后才能使用有机磷农药，以防产生药害。

水稻篇

第一章　水稻生产概况及高产栽培生物学基础

第一节　临沂水稻生产概况

一、临沂水稻生产自然条件

临沂市位于山东省东南部，地近黄海，东连日照，西接枣庄、济宁、泰安，北靠淄博、潍坊，南邻江苏。地跨北纬 34°22′~36°13′，东经 117°24′~119°11′，南北最大长距 228 千米，东西最大宽度 161 千米，总面积 1 7191.2 平方千米，是山东省面积最大的市。现有耕地面积 1 265.879 万亩，山区、丘陵、平原各占 1/3。气候属温带季风区大陆性气候，气温适宜，四季分明，光照充足，雨量充沛，雨热同季，无霜期长，全年平均气温 13.4℃，极端最高气温 38℃，极端最低气温 -14℃，年降水量 600~800 毫米，全年无霜期 200 天以上。有沂河、沭河、中运河、滨海四大水系，10 千米以上河流 300 余条，大小水库 90 座，库容量 34 亿立方米，水资源丰富。

二、临沂水稻生产概况

水稻是世界上栽培面积和总产量仅次于小麦的重要作物。据联合国粮农组织（FAO）统计，2002 年全世界水稻种植面积为 14 602.9 万公顷，平均单产为 3.968 吨/公顷，总产 579 443 千吨。我国是世界上栽培水稻最古老的国家。据对浙江余姚河姆渡出土的碳化稻谷进行的同位素示踪分析，我国水稻栽培距今大约已有 6 700 多年的历史。早在汉代，就盛行用辕犁耕田，文献中已开始记载插秧。古农书《齐民要术》中已提到排水晒田技术，《沈氏农书》中已论述了看苗施肥技术。我国水稻种植面积约占粮食作物总面积的 29%，而产量接近全国粮食总产量的 42% 左右，在商品粮中占 50% 以上。我国约有 2/3 的人口以稻米为主食。

山东常年种稻 13.3 × 10⁴ 公顷，主要分布在临沂、济宁、东营、滨州、日照、济南。根据生态条件和种植制度等通常分为 3 个稻作区，即以临沂（包括日照）为代表的库灌稻区，以济宁为代表的湖滨稻区，济南、滨州、东营为沿黄稻区。临沂市种稻历史悠久，春秋"琅琊之稻"，唐代"塘崖贡米"已闻名于世上千年。近年来，临沂水稻种植面积稳定在 5 × 10⁴ 公顷左右，是山东水稻主产区。临沂属华北黄淮海稻麦两熟区，主要分布在沂、沭河两岸，水稻生育期内，光照充足，雨热同步，积温 3 500℃，平均降水量 620 毫米，总日照时数 1 050 小时，日均 7.4 小时，太阳总辐射量 238.5 千焦，能充分保证水稻对光、温、水的需求，平均单产 8 550 千克/公顷左右。

临沂自 20 世纪 60 年代初期稻改主要种植以水源 300 粒、天津小站稻为代表的早熟品种，其特点是早熟、米质好，但易倒伏、产量低，一般单产只有 3 000 千克/公顷左右；70 年代主要种植以南粳 15、黄金、红旗 16 等为代表的中晚熟品种，其特点是抗倒伏、产量较高，但米质较差，一般单产 4 500 千克/公顷左右；80 年代主要种植以日本品种为代表的日本晴（京引 153）、山法师（京引 119）、中部 67 等，其特点是米质好，产量较高，一般单产 6 000 千克/公顷左右；进入 90 年代中期以来一直以高产育种（引种）为主线，先后推广种植了临稻 4 号、豫粳 6 号、淮稻 6 号、镇稻 88、临稻 10 号、临稻 11 号、阳光 200、临稻 16 号、大粮 202、大粮 203 等高产品种，水稻单产获得显著提高，一般单产 8 550 千克/公顷左右，但这些品种都存在着高产、稳产与优质的矛盾。近年来随着市场需求变化的影响，优质稻米、特色稻米、功能稻米的品种越来越受到人们的青睐。在长期的生产实践中，科技人员和稻农根据当地的自然条件，因地制宜创造了多种多样的水稻栽培模式。在育秧技术上由过去的水育秧、湿润育秧发展到现在的旱育秧、机插盘育秧；在栽培模式上由过去的密植栽培发展到现在的"三旱"栽培、旱育稀植栽培、全程机械化栽培；在施肥模式上由过去的单一施肥，发展到现在的配方施肥。近年来，紧紧围绕稳粮增收调结构，提质增效转方式这一主线，不断调整水稻品种结构，优化种植模式，培育稻米加工龙头企业，积极发展无公害稻米、绿色稻米、有机稻米，打造了"老庄户"、"临沂塘米"、"沂蒙丽珠"等许多知名品牌，使临沂市稻米产业综合竞争力和可持续发展能力不断增强。

第二节　水稻高产栽培的生物学基础

一、栽培稻种的类型

栽培稻种的类型见图 3 - 1 - 1。

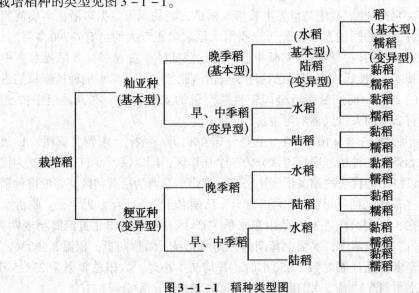

图 3 - 1 - 1　稻种类型图

二、水稻的生长发育规律

水稻生长发育是有规律的，具体表现在水稻根、茎、叶、蘖、穗、粒、色、生长发育基点上和生长数量上。这些规律并不是一成不变的，是随着生态条件和人为条件的变化而缓慢地变化。当生态条件和人为条件相对稳定时，水稻生长发育规律也相对稳定。

1. 根的生长规律

种子发芽时，同时长出胚芽和胚根，胚根就是种子根，只有一条。稻苗一叶露尖时，地下长出一条种子根，约3~4厘米长。当稻苗生长到2.0叶时，从芽鞘节上四周长出5条根，向斜下方伸长，称为芽鞘节根，并且还多次发生分枝根，以后种子根开始退化。随着时间的推移，不完全叶生出7~8条根。以后茎节的基部各节由下而上依次着生数条根，称为节根，当第4叶刚刚露尖时，第1茎节才生出头批节根。以此类推，直到伸长节为止，还多次着生分枝根。接近伸长节间的节位根，在地表最上层，横向伸长，又称它为浮根，到此根数增加结束，水稻出穗时，根重增加也结束，此时根的数量和重量最大。一株稻子有数十条根，一般在10~30厘米长，有的可达50~70厘米长，根的数量与品种有关，品种叶数越多，根数也就越多，反之，根数相对就少。根数和根量与生长发育条件有关，条件有利于根的生长，根数和根量就大些，反之，就小些。根的数量增加是有阶段性的，每隔5~7天生出一批根，生长到一定程度时，再生长下批根。

2. 茎的生长规律

种子发芽时，同时生长出胚芽和胚根，胚芽和胚根之间是胚轴，胚轴着生芽鞘节。由于水稻前期茎生长很慢，以茎节形式密集在地下。随着时间的推移，以后自下而上依次生长出茎节，伸长茎开始拔节伸长，第一节短粗，以后各节依次变细变长，最后的穗茎最长最细。每个茎节生长5~7天，伸长茎生长比其他茎长1~2天。水稻茎的多少，与品种有关，早熟品种少，9~12个茎，其中，有3~4个伸长茎；中熟品种约13~15个茎，其中，有4~5个伸长茎。晚熟品种约16~20个茎不等，其中，有5~7个伸长茎。临沂麦茬夏稻所采用的品种多为中晚熟品种，生育期145~155天，一般有5个伸长节间。

3. 叶的生长规律

水稻叶互生，排列成两列，稻种发芽时，最先出现的是鞘叶（芽鞘），着生在芽鞘节上，鞘叶无主脉。芽鞘内出现1片只有叶鞘而无叶身的不完全叶，在我国习惯上不作为主茎叶。随着时间的推移，第1片叶生长在第1茎节上，第2片叶生长在第2茎节上，以此类推，一直到最后一个伸长节长出最后一片叶称为剑叶。从第1主茎叶开始住下，一叶比一叶长，一叶比一叶宽，直到倒数第2叶最大。剑叶（倒数第一叶）小于倒数第2叶。先生的叶，生长到一定时期内，先后依次退化枯死，到水稻完熟后，几乎只剩下伸长节的上部叶片。临沂水稻品种一般为15~17片叶。

4. 分蘖的规律

水稻分蘖也有一定的规律，由于水稻生长条件和环境不同，水稻分蘖规律也有所变化。水稻在较好的正常条件下，它的分蘖是按照一定规律进行的，当水稻第4叶露尖时，第1叶叶腋已经生成蘖芽，当第4叶生长一半以上时，第1叶分蘖已经长出，与第4叶同步生长。第2叶分蘖与第5叶同步生长，第3叶分蘖与第6叶生长同步，当第6叶生长结束第7叶露尖时，第4个分蘖在鞘节上长出，7叶与第4叶分蘖同生，以此类推。每个叶腋都有分蘖能力，伸长节叶腋也有分蘖能力，通常它不分蘖。但在实际生产过程中并非如此，人为条件和生态条件不同，分蘖也有差异。如临沂稻区主要采取的是长龄大秧移栽，秧田期内分蘖较少，移栽后大田生长雨热同步，分蘖迅速，大田分蘖成穗主要集中在6~8叶节。分蘖进入高盛期以后，稻株有的主茎继续往上分蘖，有的进入二次分蘖。在临沂很少有三次分蘖成穗，在我国南方有三次分蘖成穗。二次分蘖株普遍小于一次分蘖株，差异大小与当时生长条件有关，条件好的差异小些，条件差的差异大些，无效分蘖大多数体现在二、三次分蘖和高位分蘖上。

5. 幼穗分化规律

水稻幼穗分化各分化期在时间上，早、中、晚品种相对比较稳定，差异不大。在各个分化期中，相对分化时间，距出穗天数，叶龄指数，叶龄余数基本相同。在生育阶段上有很大差异。早熟品种先苞分化后拔节，称之为生育"重叠型"，中熟品种拔节苞分化同时进行，称之为生育"衔接型"，晚熟品种先拔节后苞分化，称之为生育"分离型"。临沂推广应用的多数为中晚熟品种，属于生育"衔接型"。①苞分化期：（穗轴分化）需要3天左右完成，与倒数第4.4~3.1叶同生；②枝梗分化期：先是一次枝梗分化，然后接着第二次枝梗分化，4~5天，约与倒数2.2叶长到2.9叶同步，枝梗分化自下而上进行；③颖花分化期：先颖花分化，从整个穗来说，由上往下依次进行颖花分化，就一个枝梗来说，顶端第一粒颖花最先分化，其次是基部第1个颖花分化，而后再顺次由上而下，由此使每个枝梗倒数第2个颖花粒分化最迟，易产生空粒，接着二次枝梗分化，紧接着进行雌雄蕊分化，7~9天左右，这个时期，与倒数第2叶和倒数第1叶的0.2叶同生；④花粉母细胞形成及减数分裂期：5~6天，雌雄蕊形成的次序与颖花分化次序相同，这一时段，是水稻发育对外界条件要求最严格最敏感时期，直接影响颖花数多少和容积大小，此时期与倒数第1叶的0.7叶直到此叶长完同生；⑤花粉充实完成期：此时期是倒数第一叶长完到出穗同生，历期7~10天，花粉发育全部完成（表3-1-1）。

表3-1-1 稻穗分化各期形态特征及田间鉴定法

顺序	幼穗发育的分期	主要形态特征	简要描述	距抽穗天数	叶龄余数
一	第一苞分化期	肉眼不可见，在低倍放大镜下也难分辨，在高倍显微镜下可见圆锥形生长点，呈圆形	一期看不见	30~35天	3.0~3.2
二	第一次枝梗原基分化期	肉眼仅见，可见穗轴上有几个指头状突起的枝梗原基，在结束时，可见稀少的白色苞毛	二期刚出现	28~32天	2.5~2.7
三	第二次枝梗及颖花原基分化期	肉眼可见，幼穗被白色苞毛覆盖，其长度约1~2毫米	三期毛丛丛	25~27天	2.0~2.2

（续表）

顺序	幼穗发育的分期	主要形态特征	简要描述	距抽穗天数	叶龄余数
四	雌雄蕊原基形成期	幼穗被白色苞毛紧密覆盖，幼穗长度约 0.5～1 厘米，穗轴、枝梗和小枝梗开始显著伸长	四期粒粒见	21 天	1.2～1.4
五	花粉母细胞形成期	幼穗长度达成熟时 1/4，颖花长度达 1～3 毫米，内外颖闭合	五期颖壳分	15 天	0.6～0.8
六	减数分裂	剑叶叶枕距在 ±10 厘米左右，颖花长度达到成熟时长度的一半	六期粒半长	11 天	0.5～0
七	花粉内容物充实期	幼穗接近成熟穗长，枝梗和颖花白色，末端硬化。此期顶叶已全出，叶鞘膨大成"水蛇肚"	七期穗绿色	7 天	
八	花粉发育完成期	幼穗长达成熟穗长，枝梗和颖花绿色，已硬化	八期即抽穗	3 天	

6. 开花结实期规律

这个时期，从开花到完熟，早、中、晚水稻在各方面差异不大。早稻单株虽然绿叶片少，穗相对也小，出穗早，温度高，灌浆急。晚稻穗相对大，绿叶片多，灌浆也快。中稻居中，在灌浆时间上没有多大差异，只是先后早晚而已。全田出穗约 5～7 天，当天或第二天早稻上午 10：00～11：00 和晚稻下午 13：00～14：00 开花受粉。同一穗上部枝梗颖花先开，下部枝梗后开，一次枝梗先开，二次枝梗后开，同一枝梗上，顶端一粒颖花先开，其次是枝梗最下部颖花后开，然后由上往下依次继续完成开花。接着开始灌浆进入乳熟期、蜡熟期、完熟期和枯熟期。灌浆成熟的顺序与开花相同。

7. 水稻三绿三黄规律

水稻三绿三黄规律就是水稻在一个生育周期中，出现三次绿三次黄。第一次绿出现在水稻分蘖期，第一次黄是水稻开始进入穗分化；第二次绿出现在穗分化以后，叶色没有第一次绿，第二次黄出现在出穗前；第三次绿出现在出穗以后，第三次黄出现在完熟期，这个黄是很明显的。品种不同，黄绿程度也不同。总之，同一品种，第一次是最绿的，第二次没有第一次绿，第三次绿没有第二次绿。第一次黄没有第二次黄，第三次最黄。上述规律与水稻生育阶段有关，单纯营养生长阶段以氮代谢为主，稻体表现绿色为主。进入营养生长和生殖生长并进阶段，由氮代谢逐渐向碳代谢转变，在这交接时水稻明显变黄后，稻体又绿中带黄。进入单纯的生殖生长阶段，稻体再次现黄，以碳代谢为主，稻体黄中带绿，最后全部成熟变黄。水稻三绿三黄，实际上，是水稻需氮有节奏的规律体现。

8. 水稻生长发育需肥规律

水稻在生长发育过程中，不同的生长发育阶段和时期，需要不同肥料和不同数量。水稻在生长前期，是单纯的营养生长阶段，以氮肥氮代谢为主。进入中期，是营养生长期和生殖生长期并进阶段。由营养生长阶段逐渐向生殖生长阶段转变，由氮代谢逐渐向碳代谢转变，此阶段是对氮磷钾及其他养分需要量最大的阶段，此时根茎叶干物重最大。出穗后，进入单纯的生殖生长阶段，以磷肥碳代谢为主，此阶段前期需肥量大于后期需肥量。

9. 水稻生长发育需水规律

水稻生长发育，每时每刻都离不开水，对水的需求也有一定的规律。水稻需水量最大时期是颖花分化后期到出穗前，其次是出穗后到乳熟期，其后是分蘖到颖花分化初期，水稻完熟期和苗期需水量最小。由于水稻是水旱两生作物，人们根据条件（生态和人为条件）、品种、产量等不同因素，让水稻按着人们的意愿去生长发育，对水稻需水量进行适当调整，久而久之，也可形成人为需水规律。

三、水稻产量的形成

水稻产量是由单位面积上的穗数、每穗结实粒数和千粒重3个因素所构成。这3个因素是分别在不同生育时期形成的。

1. 穗数的形成

单位面积上的穗数，是由株数、单株分蘖数、分蘖成穗率三者组成的。株数决定于插秧的密度及移栽成活率，其基础是在秧田期。所以育好秧，育壮秧，才能确保插秧后返青快、分蘖早、成穗多。决定单位面积上穗数的关键时期是在分蘖期。在壮秧、合理密植的基础上，每亩穗数多少，便取决于单株分蘖数和分蘖的成穗率。一般分蘖出生越早，成穗的可能性越大。后期出生的分蘖，不容易成穗。所以，积极促进前期分蘖，适当控制后期分蘖，是水稻分蘖期栽培的基本要求。

2. 粒数的形成

粒数的形成决定每穗粒数的关键时期是在长穗期。穗的大小，结粒多少，主要取决于幼穗分化过程中形成的小穗数目和小穗结实率。在幼穗形成过程中，如养分跟不上，常会中途停止发育，形成败育小穗，减低结实率，造成穗小粒少。长穗期栽培的基本要求是培育壮秆大穗，防止小穗败育。

3. 粒重的形成

决定粒重及最后产量是在结实期。水稻粒重是由谷粒大小及成熟度所构成。籽粒大小受谷壳大小的约束，成熟度取决于结实灌浆物质积累状况。籽粒中物质的积累主要决定于这时期光合产物积累的多少。如水稻出现早衰或贪青徒长，以及不良气候因素的影响，就会灌浆不好，影响成熟度，造成空秕粒，降低粒重，影响产量。因此，促进粒大、粒饱，防止空秕粒，是结实期栽培的基本要求。以上3个产量因素，在水稻生长发育过程中，有着相互制约的关系。一般每亩穗数超过一定范围，则随着穗数的增多，每穗粒数和粒重便有下降的倾向。所以，水稻高产是穗数、粒数和粒重矛盾对立的统一。其本质是群体和个体矛盾对立的统一。

第二章　水稻高产栽培技术

第一节　水稻旱育稀植高产栽培技术

水稻旱育稀植高产栽培技术具有省水、省种、省工、省肥、省秧田、增产早熟等特点。旱育秧苗矮壮，根系发达，返青快，分蘖早，成穗多；合理稀植，扩大行距，减小墩距和墩苗数，更利于增加水稻有效分蘖，提高成穗率，减少病虫害发生，具有明显的增产效果。

一、因地制宜、选用良种

要根据生产条件、土壤肥力、种植方式等，因地制宜，选用高产优质、抗逆性强、综合性状好的优良品种。我市移栽稻应选用全生育期 150 天左右的中晚熟品种，如临稻 16 号、阳光 200、大粮 203、大粮 202、临稻 18 号、临稻 19 号、临稻 10 号等；麦茬直播稻应选用生育期 120 天左右（不能超过 125 天）的早熟品种，如临旱 1 号、津原 85、旱稻 277 等。

二、旱育稀播、培育壮秧

旱育稀播是培育壮秧的关键。因此，要加强地力培肥、提高整地质量、实行精量稀播。搞好秧田管理，确保苗匀、苗壮，为水稻高产打下坚实基础。

1. 选择适宜秧田

秧田最好选择菜园地或旱田，一般不要选用稻田地。要求排灌方便，土壤疏松肥沃、有机质含量高、透水透气好、呈弱酸性（pH 值 5.5 左右），碱性土壤可用腐殖酸进行适当调整。

2. 精细整地、施足基肥

要求年前冬耕冻垡，播种前 10 ~ 15 天进行耕耙，耕耙时亩施土杂肥 5 000 千克以上，要做到土肥相融，全层施肥。播种时再进一步整平耙细，做成 1.2 ~ 1.5 米宽的畦。播种时亩施复合肥 30 ~ 40 千克（15：15：15）、尿素 5 ~ 10 千克、锌肥 1.5 千克，也可亩施"旱秧绿"育秧专用肥 50 千克。将肥料均匀撒到地表面，然后浅翻 8 ~ 10 厘米，使肥料与土壤均匀混合，以防烧种。

3. 搞好种子处理

一是晒种，选晴天晒种 1 ~ 2 天，以提高种子活性。二是浸种消毒，每 5 千克稻种可用浸种灵 2 毫升，对水 10 千克浸泡，常温浸泡 3 天，浸后不用清水洗可直接播种。

也可浸种后，稍加晾干，用高巧 10 毫升对水 10 毫升，拌种 1 千克，晾干后播种。

4. 适期、精细播种

我市水稻旱育秧适宜播期在 5 月上旬，亩播种量 20～30 千克（菜园等肥沃地块 20～25 千克/亩、一般田块 25～30 千克/亩）。播种时，先把第一畦用铁锨均匀起土 1 厘米放置地头。然后浇足底墒水，待水渗入土壤后，将称量好的种子均匀撒入，然后在第二畦均匀起表层土 1 厘米均匀覆盖在第一畦上，然后对第二畦灌溉、播种，用第三畦的土覆盖第二畦，依此类推，最后一畦用第一畦取出的土覆盖。播种完毕后，喷除草剂封闭，然后用地膜覆盖。出苗后要马上揭膜，以免烧苗。

5. 科学运筹秧田肥水

水稻旱育秧田，在三叶期前，不遇特殊干旱天气不需浇水，浇水会导致地温下降，土壤板结，诱发青枯病和立枯病。三叶期后，如遇干旱，可浇"跑马水"，不能大水漫灌。在三叶期（断乳期）可结合浇跑马水亩追尿素 5～10 千克；移栽前 1 周，结合浇水追施送嫁肥，亩追尿素 5～6 千克。苗期遇雨或浇水后要及时楼划松土，最好能有防雨措施，以避免大雨或连续降雨导致秧苗徒长。另外，严禁在秧田苗期撒施草木灰，以免引起土壤碱性增强，造成死苗。

6. 搞好秧田病虫草害防治

要坚持"预防为主，综合防治"的原则，在做好药剂浸种的基础上，重点防治灰飞虱、蓟马、叶蝉等虫害，预防条纹叶枯病、黑条矮缩病的发生。可亩用 24% 吡异 30 克左右或 15% 吡虫啉 20 克左右，对水 30～40 千克喷雾防治。如有稻瘟病（叶瘟）发生，可用 20% 三环唑连喷 2 遍。防除杂草以播种后至出苗前为宜，可每亩用丁恶合剂 100～150 毫升或旱秧净 100 毫升，对水 50 千克均匀喷雾封闭。

三、精准栽插、科学管理

1. 秸秆还田、增施有机肥

要积极推广秸秆机械粉碎、深耕还田技术，提高秸秆还田质量。同时，要广辟肥源、增施农家肥，一般亩施优质腐熟圈肥 2 000～3 000 千克，以增加土壤有机质，改善土壤结构，培肥地力。

2. 精细整地、适期移栽

小麦收获后要及时进行深耕，加厚耕层，疏松土壤，改善土壤结构，增加土壤蓄水保肥能力。一般耕深 20 厘米左右，注意不能打破犁地层，以免漏肥漏水。在培育适龄壮秧和精细整地的基础上，要做到适期移栽，我市水稻适宜移栽期为 6 月 20 日前后，最迟应在 6 月底前完成插秧，坚决不插 7 月秧。

3. 提高插秧质量、建立适宜群体

目前，我市水稻生产上普遍存在着栽插墩数不足、行墩距不合理的现象。适当增加亩墩数，扩大行距，缩小墩距，可以改善通风透光条件，减少病虫害发生，提高光能利用率，增加产量。因此，要提高栽插质量，一般每亩栽插 2.0 万～2.2 万墩，带蘖壮苗每墩栽 2～3 株，一般秧苗每墩栽 3～4 株，基本苗 6 万～8 万，行距 25～27 厘米，墩距 12～14 厘米。栽插深度 1.5～2 厘米，越浅越好，只要站稳不倒即可。要插直、插匀。

壤土、黏土地，水耙整平后要使泥浆自然沉实 12 小时后再插秧，以免插秧过深；沙性较大的土壤，水耙整平后要马上插秧，以免过于沉实，导致插秧困难。插秧时田面要保持薄水层，以便于浅插。

4. 科学配方、平衡施肥

要坚持有机肥与无机肥兼施，氮、磷、钾、微肥平衡施用的原则，保持养分全面持续供应。在整地时一般每亩施土杂肥 3 000 ~ 5 000 千克或圈肥 2 000 ~ 3 000 千克作基肥。本田期化肥施入总量为：600 千克以上的高产田亩施纯氮（N）15 ~ 18 千克、磷（P_2O_5）6 ~ 8 千克、钾（K_2O）12 ~ 14 千克；500 ~ 600 千克的中高产田亩施纯氮（N）12 ~ 15 千克、磷（P_2O_5）5 ~ 7 千克、钾（K_2O）10 ~ 12 千克；500 千克以下的中低产田亩施纯氮（N）10 ~ 12 千克、磷（P_2O_5）4 ~ 6 千克、钾（K_2O）8 ~ 10 千克。其中氮肥总量的 45% ~ 50% 作基肥、25% 作分蘖肥（可分两次施入：插秧后 5 ~ 7 日施入一次、7 月 15 日前后有效分蘖临界期施入一次）、25% 作穗肥（8 月初，基部第一节间基本定长时施入）、0 ~ 5% 作粒肥；磷肥全部作基肥施入；钾肥总量 60% 作基肥、40% 作追肥（7 月 15 日前后追壮蘖肥时追施 15%，8 月初追穗肥时追施 25%）。

5. 加强水层管理

插秧后要保持寸水活稞、浅水分蘖；当亩茎数达到计划穗数的 80% ~ 85% 时，开始晒田；孕穗、抽穗期保持浅水层；灌浆期活水养根，干湿交替，保持湿润到成熟，收获前 7 天停水。

6. 综合防治病虫草害

近年来我市水稻病虫害主要有纹枯病、稻瘟病（穗颈稻瘟病为主）、条纹叶枯病、黑条矮缩病、稻纵卷叶螟、稻飞虱和二化螟等，要科学用药，适时防治。防治纹枯病，可每亩用 5% 井冈霉素 300 ~ 500 克或 20% 爱苗 10 ~ 20 克或 70% 甲基托布津（甲基硫菌灵）粉剂 50 ~ 80 克，对水 50 ~ 60 千克喷雾防治，喷药时要对准稻株中、下部发病部位，每隔 10 天左右防治一次，连防 2 ~ 3 次；防治穗颈稻瘟病，可每亩用 75% 三环唑可湿性粉剂 30 ~ 40 克或 20% 异稻瘟净乳油 100 ~ 150 克，对水 40 ~ 50 千克喷雾防治，用药时要避开烈日高温，选择晴天 16：00 后进行喷雾，以免产生药害；防治条纹叶枯病、黑条矮缩病，要坚持"治虫防病"的原则，重点抓好秧田灰飞虱的防治，应在小麦收获前后和起苗前各进行一次药剂防治；防治稻纵卷叶螟和二化螟，可每亩用 2.5% 甲维盐 20 毫升左右 + 18% 高氯虫酰肼 30 毫升左右或 20% 康宽 30 克左右，对水 40 ~ 50 千克喷雾防治；防治稻飞虱可亩用 24% 吡异 30 克左右或 15% 吡虫啉 20 克左右，对水 40 ~ 50 千克喷雾防治。本田杂草可亩用 50% 丁草铵 150 克或农思它 150 ~ 200 毫升防除。

7. 适时收获

一般在黄熟期至完熟期，植株上部茎叶及稻穗完全变黄，籽粒坚硬充实饱满，有80% 以上的米粒已达到玻璃质时收获。

第二节 水稻全程机械化优质高产栽培技术

水稻机插秧技术是一项成熟的技术。水稻机插秧技术是采用规范化育秧，机械化插秧的水稻移栽技术。主要包括：育秧技术、插秧机操作技术、机插大田栽培管理技术等三大技术综合。水稻全程机械化优质高产综合栽培技术，具有节本、增产、增效等优点，适于在山东水稻产区示范推广。

一、品种选择

要根据生产条件、土壤肥力、种植方式等，因地制宜，选用高产优质、抗逆性强、综合性状好的优良品种。机插稻可选用生育期145天左右的中早熟品种，如临稻16号、津稻372等品种。

二、壮秧培育

培育壮秧是水稻高产的关键。因此，要加强秧田地力培肥、提高整地质量、实行精作细播、搞好秧田管理，确保苗匀、苗壮，为水稻高产奠定基础。

1. 秧田选择

机插水稻秧田、大田比例宜为1：80～1：100，一般每亩大田需秧池田7～10平方米。床土需要提前准备，适宜作床土的有菜园土、耕作熟化的旱田土（不宜在荒草地及当季喷施过除草剂的地块取土），要求土质疏松肥沃、有机质含量高、通透性好、呈弱酸性（pH值5.5左右），无残茬杂草砾石、无污染的壤土。肥沃疏松的菜园土，过筛后可直接作床土；其他适宜土壤提倡在冬季完成取土，取土前要对取土地块施肥，每亩匀施腐熟人畜粪2 000千克（禁用草木灰）以及25%氮、磷、钾复合肥60～70千克。选择晴天和土堆水分适宜（含水率10%～15%）时过筛，粒径不大于5毫米，筛后用农膜覆盖继续集中堆闷，使肥土充分熟化。冬前未能提前培肥的，宁可不培肥而直接使用过筛细土，在秧苗断奶期追施同样能培育壮秧。确实需要培肥的，至少于播种前30天进行，堆肥时要充分拌匀，确保土肥交融，拌肥过筛后一定要盖膜堆闷促进腐熟，禁止未腐熟的厩肥以及淤泥、尿素、碳铵等直接拌作底肥，以防肥害烧苗。按每亩大田备营养细土100千克和未培肥过筛的细土25千克作盖籽土，或按每个标准秧盘（规格为28厘米×58厘米×2.5厘米，底部有392个渗水孔）备土4.5千克，每亩本田约需35～40盘秧苗。

2. 精细整地

机插水稻要求播前10天做秧板，苗床宽1.4～1.5米，秧板之间留宽20～30厘米、深20厘米的排水沟兼管理通道。秧池外围沟深50厘米，围埂平实，埂面一般高出秧床15～20厘米，开好平水沟。为使秧板面平整，可先上水进行平整，秧板做好后排水晾板，使板面沉实，播种前2天铲高补低，填平裂缝，充分拍实，使板面达到"实、平、光、直"。实，秧板沉实不陷脚；平，板面平整无高低；光，板面无残茬杂物；直，秧板整齐沟边垂直。

3. 搞好种子处理

一是晒种，选晴天晒种1～2天，以提高种子活性。二是种子包衣。用2.5%吡虫·咪鲜胺悬浮种衣剂，按照药剂、水、种子1：2：50的比例进行拌种包衣，包衣后晾1～2小时后即可播种。

4. 适期精细播种

（1）播种时间　机插秧适宜播种时间为 5 月 20～25 日播种。

（2）机插稻播种密度　按常规稻每盘播干谷 100～120 克，成苗 2～3 株/平方厘米。可采用井关农机（常州）有限公司生产的井关 THK－3017KC（长 5 430 毫米，宽 540 毫米，高 1 155 毫米，可根据更换链轮有 11 个档位调节播种量），该机一次性完成钵盘装营养土、播种、覆土作业。

（3）播种量　机械播种每盘播种 100～120 克。播种时，在播种机第一、三仓放入营养土，在第二仓放入种子，作业时，先把穴盘用硬托盘托住放在传送带上面，经第一仓时，营养土自动均匀铺于穴盘底部，厚度约 1 厘米，经第二仓时，种子被均匀撒在营养土上面，经第三仓时，再在种子上面均匀覆盖 1 厘米厚的营养土。

（4）摆盘　播种后将秧盘均匀放于秧板上，要做到整齐规整，盘底紧贴床面，盘与盘紧密相连，松紧合适，不变形。

（5）覆膜浇水　营养盘摆放整齐后，用宽 180 厘米塑料编织布覆盖在穴盘上面，然后采用喷灌经编织布缓慢浇水，直到穴盘中土全部浸透，以防种子露出土壤和太阳曝晒。

（6）秧田肥水管理　机插水稻播后保持平沟水，秧苗 2 叶期前，保持秧板盘面湿润不发白，盘土含水又透气。2～3 叶期视天气情况勤灌跑马水，做到前水不接后水。并结合灌水，亩用尿素 5.0～7.5 千克撒施或对水浇施作断奶肥。移栽前 2～3 天及时脱水蹲苗，灌半沟水，使床土软硬适当，便于起秧机插，并视苗情施好送嫁肥，亩用尿素不超过 5 千克。机插育秧要有防雨措施，以避免大雨或连续降雨导致秧苗徒长。严禁在秧田苗期撒施草木灰，以免引起土壤碱性增强，造成死苗。

（7）搞好秧田病虫草害防治　要坚持"预防为主，综合防治"的原则，在做好药剂浸种的基础上，重点防治灰飞虱、蓟马、叶蝉等虫害，预防条纹叶枯病、黑条矮缩病的发生。可每亩用 24% 吡异 30 克左右或 15% 吡虫啉 20 克左右，对水 30～40 千克喷雾防治。如有稻瘟病（叶瘟）发生，可用 20% 三环唑连喷 2 遍。在播种后至出苗前宜亩用丁恶合剂 100～150 毫升或旱秧净 100 毫升，对水 50 千克均匀喷雾封闭，以防除杂草。

三、地力培肥

采用秸秆机械粉碎、深耕还田技术，提高秸秆还田质量。同时，要广辟肥源、增施农家肥，一般每亩施优质腐熟圈肥 2 000～3 000 千克，以增加土壤有机质，改善土壤结构，培肥地力，特别是优质稻米基地，要提倡多施用有机肥，以替代化肥。

四、精细整地、标准插秧

1. 精细整地

机插秧要精细整地，作业深度不超过 20 厘米，泥脚深度不大于 30 厘米，泥土上细下粗，细而不糊，上软下实。田面平整，田块内高低落差不大于 3 厘米，表土硬软适中，田面基本无杂草残茬等残留物。在培育适龄壮秧和精细整地的基础上，要做到适期早栽，水稻适宜移栽期为 6 月 20 ~ 25 日。

2. 适期插秧

机插秧水稻适宜移栽期为 6 月 20 ~ 25 日。

3. 插秧规格和标准

合理的栽插密度，能够改善通风透光条件，减少病虫发生，提高水稻光能利用效率，增加产量，机插秧一定要等到泥浆自然沉实后再插秧，以免插秧过深，影响分蘖；沙性较大的土壤，水耙整平后要马上插秧，以免过于沉实，插秧困难。插秧时田面要保持薄水层，以便于浅插。插秧机械可选用采用井关 2Z – 8A（PZ60）乘坐式高速插秧机，同进插 6 行。机插密度每墩 3 ~ 5 株、行墩距为（25 ~ 30）厘米 ×（12 ~ 14）厘米。起秧移栽时，根据机插进度，做到随起、随运、随栽，尽量减少秧块搬动次数，堆放不超过 3 层，遇烈日高温要有遮阳设施。插秧机应符合技术条件要求，并按使用规定进行调整和保养，须由受过技能培训的熟练机手操作。宜在晴朗或多云、阴天的早晨或下午进行机插秧，作业时根据秧箱内苗量及时补给，在确保秧苗不漂、不倒的前提下，应尽量浅栽，机插到大田的秧苗应稳、直、不下沉，确保机插质量。机插深度以不大于 2 厘米为宜，作业行距一致，不压苗，不漏苗，伤秧率和漏插率均低于 5%，每小时作业 8 ~ 10 亩，机插完成后及时人工补苗。

五、肥料运筹

坚持有机肥与无机肥兼施，氮、磷、钾、微肥平衡施用的原则，保持养分全面持续供应。在整地时一般每亩施土杂肥 3 000 ~ 5 000 千克或圈肥 2 000 ~ 3 000 千克作基肥。本田期化肥施入总量为：600 千克以上的高产田亩施纯氮（N）15 ~ 18 千克、磷（P_2O_5）6 ~ 8 千克、钾（K_2O）12 ~ 14 千克；500 ~ 600 千克的中高产田亩施纯氮（N）12 ~ 15 千克、磷（P_2O_5）5 ~ 7 千克、钾（K_2O）10 ~ 12 千克；500 千克以下的中低产田亩施纯氮（N）10 ~ 12 千克、磷（P_2O_5）4 ~ 6 千克、钾（K_2O）8 ~ 10 千克。其中氮肥总量的 50% 作基肥，25% 作分蘖肥，25% 作穗肥。分蘖肥插秧后 7 ~ 10 日施入，穗肥于大暑后 2 ~ 3 天（7 月 25 日前后）施入、0 ~ 5% 作粒肥；磷肥作基肥一次性施入；钾肥总量 60% 作基肥、40% 作追肥（大暑后 7 月 25 日前后穗肥时追施）。

六、水分管理

插秧后要保持寸水活稞、浅水分蘖；当亩总茎数达到计划穗数的 80% ~ 85% 时，开始晒田，尤其是进行秸秆还田的田块前期要经常进行脱水排毒促通气，促进根系下扎；孕穗、抽穗期保持浅水层；灌浆期活水养根，干湿交替，保持湿润到成熟，收获前 7 天停水。机插水稻栽时浅水机插，栽后及时灌 1 ~ 2 厘米浅水护苗活稞，湿润立苗，浅水早发。分蘖期间歇灌溉，以保持 3 厘米水层至湿润无水层为宜，至够苗期适时晒田，此后与手插水稻的水层管理相一致。

七、病虫草害防治

坚持预防为主，综合防治，搞好病虫害预测预报，及时防治，秧田期重点防治立枯病、恶苗病等病害，通过加强灰飞虱、叶蝉、蓟马等害虫防治，预防水稻条纹叶枯病、黑条矮缩病的发生。本田期要重点防治稻瘟病、纹枯病、稻曲病、二化螟、三化螟、稻纵卷叶螟、稻飞虱等。

（1）稻瘟病　叶瘟应在分蘖期发病时亩用40%稻瘟灵·异稻乳油80毫升或20%邦克瘟悬浮剂100毫升对水50千克均匀喷雾。穗颈瘟在水稻破口期和齐穗期各防治一次。可每亩用75%三环唑可湿性粉剂50克或40%异稻瘟净乳油150～200毫升对水40～50千克喷雾防治。

（2）纹枯病　防治水稻纹枯病可用5%纹枯净水剂每亩150克或5%井冈霉素150～200毫升或30%妙品悬乳剂15～20克对水30千克均匀喷雾。

（3）稻曲病　在水稻破口前5～7天亩用80%多菌灵50克或5%己唑醇水剂20毫升，对水45千克喷药一次。

（4）灰飞虱和条纹叶枯病、黑条矮缩病　条纹叶枯病、黑条矮缩病与灰飞虱防治要结合进行，播种前搞好种子消毒，秧田期及时防治灰飞虱，秧苗移栽时清除田边杂草，压低虫源、毒源。在秧田、本田前期防治灰飞虱，要及时杀灭麦田灰飞虱。插秧后根据稻5～7天根据灰飞虱和条纹叶枯病、黑条矮缩发病情况，及时用10%吡虫啉10克或25%吡蚜酮悬乳剂50毫升＋5%盐酸吗啉胍可溶性粉剂80～100克＋天达2116叶面肥25克对水30～40千克喷雾防治。

（5）水稻螟虫　二化螟、三化螟要重点防治一代，在虫卵孵化始盛期到孵化高峰期，亩用1.8%阿维菌素乳油75～100毫升＋40%水胺硫磷乳油75～100毫升对水30千克防治。稻纵卷叶螟可在卵孵化盛期每亩用1.8%阿维菌素50毫升或50%阿维·毒乳油50毫升对水30千克均匀喷雾。

（6）杂草防除　秧田杂草要在播种后至出苗前进行防治，可每亩用丁恶乳油100～150毫升或旱秧净100毫升对水50千克均匀喷雾封闭防治。大田杂草可每亩用50%丁草胺150毫升或农思它150～200毫升防治。

八、适时收获

一般在黄熟期至完熟期，植株上部茎叶及稻穗完全变黄，籽粒坚硬充实饱满，有80%以上的米粒已达到玻璃质时收获。

第三节　水稻旱直播栽培技术

随着农村劳动力的不断转移，节约化栽培模式——水稻旱直播已越来越受广大稻农的重视。旱直播是在旱田状态下整地与播种，将稻种播入1～2厘米的浅土层内，播种后灌水或利用自然降水保持田面湿润，以利扎根出苗。秧苗2叶1心后，如田干裂，再灌浅水，以促幼苗生长，分蘖后进行正常肥水管理。水稻旱直播栽培具有以下优点：①不需要育秧、拔秧、运秧、栽秧，减轻了农民的劳动强度，同时不占用秧田，提高了土地利用率；②不用栽秧，降低了生产成本。由于高密度种植，有效穗多，产量高，经济效益好；③适宜机械化、规模化种植，提高了劳动生产率；④因育秧移栽，秧田期正是灰飞虱由麦田向秧田大量迁入期，迁入秧田，对秧苗传毒为害。而旱直播比育秧移栽播期推迟 30 天左右，避开了灰飞虱传毒为害。同时，减轻了稻曲病、稻瘟病、稻飞虱等为害。近年来临沂市水稻旱直播生产发展较快，但生产上经常出现品种选用不当、管理差、发生草荒，导致减产。

一、品种选择及种子处理

可选用当地大面积推广应用的主体品种，但以分蘖性一般或偏弱、穗型偏大、抗倒综合性状优良品种为佳。选择生育期 125 天左右的早熟粳稻品种，如临旱 1 号、津原 85、旱稻 277 等，确保 10 月 15 日前后能够安全成熟。要选用经精选加工、发芽势强、发芽率高的种子，用浸种灵（1 支 2 毫升拌种 6 千克）浸 2～3 天，晾干即可播种，或用菌克清 20 支拌种 7.5 千克，均匀拌种后即可播种。

二、精细整地、精量播种

田地平整和沟系配套是直播稻成败的重要条件。田面不平，播后水浆管理难度大，难以取得一播全苗。麦收后施 45% 三元素复合肥 500 千克/公顷，均匀撒施后，犁翻细耙整平，在播种时要求开好排灌水沟。麦茬直播宜早不宜迟、宜抢不宜拖。一旦小麦成熟，立即抢收、清田、整田、播种，临沂小麦 6 月上旬成熟收获，水稻要在小麦收后抢茬播种，争取 6 月 10 日前后完成播种。播种前晒种 1～2 天，用使百克浸种 30～45 小时，捞出晾干播种。无论撒播或条播，一定要浅播、匀播，播深控制在 1～2 厘米，只要覆土盖严种子即可。播后浅耙塌平，播种时有个别地方播种不均匀，要在 2 叶 1 心到 3 叶 1 心间苗补苗，移稠补稀，确保田间有足够的基本苗。播种量 75～90 千克/公顷，基本苗 150 万～210 万株/公顷，最少不低于 120 万株/公顷，最多不超过 225 万株/公顷，保持均匀生长。

三、加强田间管理

1. 综合防治杂草

杂草防除是直播成败的关键。要以生态防除为基础，化学除草为重点，水控、人拔为辅。具体做法：第一次化除，时间是播种后出苗前，是非常关键性的一次封闭性除草。灌水后如田面有积水及时排出，在田面湿润时及时喷施，用 36% 丁恶合剂 2.25 千克/公顷，对水 750 千克/公顷均匀喷雾，其中千金子的防效可达 98% 以上，喷药后至齐苗田间不能积水，以防药害。第二次化除在第 1 次用药后 20 天左右（三叶期），及时喷施三氯喹啉酸和苄嘧磺隆，除稗草和阔叶草，对稗草少的田块可单喷苄嘧磺隆，对未及时使用 36% 丁恶合剂的田块，千金子多可喷 1 次氰氟草酯。第三次化除在水稻分蘖末期拔节前，如在 3～4 叶期未使用苄嘧磺隆或田间阔叶草未除净的田块，可喷 1 次 2，4－D 丁酯；稗草较多的田块，在稗草 3～5 叶期，用 50% 快杀稗 6.75～11.25 千克/公顷，对水喷雾；稗草局部发生的田块应进行挑治，见草打草，节省成本。喷药要做到按标准量用药，加大水量，均匀喷施，不漏喷，不重喷，以防药害，以后如有少量杂草辅以人工拔除。

2. 肥料合理运筹

根据旱直播稻的生育特点，肥料运筹要有利于增穗、增粒、高产而不贪青迟熟。要克服追施氮肥越多越高产的错误思想，适时适量。采用的施肥策略是"前促、中控、后稳"。"前促"指基蘖肥要施足有机肥和适量的复合肥，基肥、分蘖肥各占总氮量60%左右，全生育期总用量与常规栽培要持平略减，分蘖肥采用少吃多餐看苗促进的方法，可分2次施用；"中控"指总茎蘖苗达到预期穗数85%左右时要控制肥料施用，控制无效分蘖和无效生长；"后稳"指普施、重施穗肥，占总肥量40%左右，一般不施粒肥，或看苗少量施用，以防贪青晚熟。

3. 把握水浆管理

播后灌"蒙头水"，要湿润灌溉或浅水灌溉，严禁大水漫灌，造成积水。争取在6月20日前后齐苗，湿润灌溉以利出苗，齐苗至三叶期前一般不浇水，如遇特殊干旱可浇"跑马水"，三叶期后田间保持湿润或浅水层，拔节、孕穗、抽穗、灌浆期要适当加深水层，黄熟期方可断水。对于地势高、保水差的田块，一定要及时补水，全生育期内，田面不能干裂。促进分蘖早生快长和以水抑草，在够苗期前（约在预期穗数苗的80%时）轻晾田，协调群体保稳长。拔节孕穗期，间歇灌溉，强根壮秆争大穗。后期干干湿湿，养根护叶，活熟到老，严防因脱水过早影响千粒重和产量。

4. 及时防治病虫害

旱直播稻的病虫种类和发生为害时期与移栽稻略有不同。前期稻象甲和稻蓟马、稻飞虱往往造成为害，导致缺苗断垄和僵苗不发；中后期重点防治螟虫、稻飞虱、稻纵卷叶螟、稻瘟病、纹枯病、胡麻斑病等。

第三章　优质水稻生产技术

第一节　临沂有机水稻生产的发展

随着市场经济的发展和人们生活水平的改善，尤其是我国加入 WTO 以后，人们对稻作生产安全性和稻米品质的要求越来越高。但以往水稻生产主要依赖化肥、农药的大量投入来获得高产，在大幅度提高水稻产量的同时，也带来了种种环境和食品安全问题。大量盲目施用化肥已成为一种掠夺性开发，不仅难以推动农作物的持续增产，反而破坏了土壤的内在结构，造成土壤板结，地力下降。农药的过量施用对环境的危害更大，农产品有毒有害物质残留问题突出，严重影响了人类身体健康，破坏了生态环境，阻碍了水稻生产的可持续发展。如何使传统农业和现代农业有机结合，走可持续发展的新路子，生产出更多的安全食品，满足人们的需求，已成为当今农业发展面临的热点和难点问题。

发展优质稻米生产，对调整农业种植业结构，全面提升临沂市农业生产水平，确保粮食安全和农业增产、农民增收、农村稳定都具有十分重要的作用。尤其是有机水稻栽培技术，能够生产出食品安全层次最高的有机大米，具有更好的社会效益、环保效益和经济效益。近些年来，临沂市水稻生产以"高产、优质、高效、生态、安全"为目标，在主攻单产同时兼顾优质、高效、生态和食品安全问题，在选择优质、高产、多抗品种的基础上，强化无公害、绿色和有机稻米生产基地的建设，形成了沿河及井灌地区的优质无公害、绿色稻米生产基地和有机稻米生产基地。打造了"同德有机大米"、"太平大米"、"沂蒙丽珠"、"姜湖贡米"、"塘崖贡米"等知名品牌。

第二节　水稻有机栽培技术

一、基地选择及土壤培肥

（一）基地选择

有机水稻基地应选择垦区内水土保持良好，生物多样性指数高，远离污染源和具有较强的可持续生产能力的农场或地条。有机水稻基地与交通干线的距离应在 1 000 米以上。产地环境空气应符合 GB 3059—1996 的规定。产地土壤环境质量应符合 GB 15618—1995 的规定。农田灌溉水质应符合 GB 5084 的规定。

（二）转换期

有机水稻属一年生作物，转换期一般不少于 24 个月。

常规水稻基地成为有机水稻基地需要经过转换。生产者在转换期间必须完全按本规程的要求进行管理和操作。

有机水稻基地的转换期一般为 2 年。但某些已经在按本生产规程管理、种植的有机水稻基地，或荒芜的有机水稻基地，如能提供真实的书面证明材料和生产技术档案，则可以缩短甚至免除转换期。

认证机构有权根据土地的使用状况、生态状况和生产管理水平向申请者或有机食品生产者提出缩短或延长转换期的要求。

已转换的区域不得在有机与非有机管理之间反复。

（三）有机稻田改良

生产上常用的稻田改良方法有 3 种：一是有机肥改土，利用稻草、米糠、家畜粪尿及其他有机材料进行发酵制成有机肥施入土壤改良；二是直接将上好的材料如腐植酸、草碳土、沸石粉、木炭、炭化稻壳、褐煤等直接送到水田缓期发酵实施改良；三是耕作改良：即利用耕翻、秸秆还田、除草施肥等物理方法改善土壤团粒结构或理化性质完成改良。

1. 优质有机发酵肥所具备的 4 个条件

（1）碳氮比要适当　发酵稻草、稻糠等碳含量高的有机物时必须加家畜粪、油渣等氮含量高的有机材料。同样发酵氮含量高的有机物时必须加碳含量高的有机材料，最合适的 N/C 比是 20～30。

（2）调好水分　发酵时如果水分过少会引起温度过高，有机物内养分烧掉。如果水分过多进行嫌气发酵，肥料质量下降。适合好气性发酵的水分是 40%～50%。

（3）发酵堆内要有一定的空气流通　使发酵中产生的二氧化碳和新鲜空气相互交换，同时，堆内还要积存发酵中所产生的呼吸热，使有机材料进行一定的高温发酵。

（4）发酵温度最高不超过 70℃　要让有机物发酵好，堆积体积要适当，控制温度过高。为了发酵堆内空气流通，发酵期间翻堆 3～4 次。

2. 不同原料的发酵方法

（1）作物秸秆和家畜粪混合发酵法　从 3～11 月期间都可以积造。其方法是先把稻草及其他作物秸秆按 10 厘米左右长度切碎后浇透水。然后按长 3 米，宽 2 米，高 50 厘米规格堆积。上面铺一层 5 厘米左右的家畜生粪，上面再撒发酵菌（每 3 立方米秸秆撒 0.5 千克发酵菌 +1.5 千克稻糠混合的菌），在堆积过程中用脚踩实。用同样方法一层一层堆积，高度为 1.5 米左右。在夏天积造肥时隔 10 天左右翻堆一次质量更好。在雨季积造时注意防止淋雨。如果脱谷后积造，堆积后要扣塑料布保温。

（2）家畜粪发酵法　生家畜粪和稻糠按体积比例 1∶1 混合，把水分调到 50% 左右。如果家畜粪过湿可以多加稻糠或其他有机材料或晒一段时间。在混拌过程中撒点发酵菌。气温低的时候 15 天，气温高的时候 7 天，堆内温度就上升到 60℃ 左右，这时开始共翻 2～3 次，降低堆内温度，交换空气。

（3）高级有机肥生产法　按氮含量高的鸡粪、油渣、鱼粉等材料 1：高碳的米糠 1：酵素菌少量的比例混合后水分调到 40% 左右，然后按宽 2 米、高 1.2 米堆积发酵，在发酵期间翻堆 3~4 次。发酵基本结束后摊开降低温度和水分，水分降到 20% 以下时可以装袋保藏。在发酵期间避免淋雨。

以上的发酵有机肥是最好的土壤改良剂，也是供给肥料的主要来源。有机肥一般翻地前一次性施入。如果后期感到肥不足，生长中后期可以追施高氮有机肥。施用颗粒化的商品有机肥更好，这种肥施用也方便，效果也好。

二、栽培管理技术

（一）育秧

育秧前需进行秧田选择、秧床培肥、做秧床、床土准备、种子处理、秧床灌水和消毒等环节。

（1）秧田选择　秧田选择在离村庄附近，盐碱轻，杂草少，土壤肥沃，灌排方便，避风向阳的菜园地、常年旱地或庭园。

（2）秧田培肥　秧田有三种类型，分别采取不同的培肥方法。

固定秧田：育苗先育根，育根先培肥秧田，秧田选定后必须固定下来，连年进行培肥。培肥方法是在 6 月下旬拔秧后，每平方米秧田施用大牲畜粪或猪粪 20~25 千克，深耕二遍，与土壤混合均匀，然后种植蔬菜或其他作物。

场地秧田：必须秋施肥、秋翻地、冬灌，早春打磨保墒；培肥方法是上年秋季或春季每平方米秧田施腐熟的农家肥 10~15 千克。

本田临时秧田：春季每平方米秧田施腐熟的农家肥 10 千克，直接施入、耕耙，使土肥混合。

（3）种子处理　必须使用有机种子和种苗。在得不到有机生产的种子和种苗的情况下（如在有机种植的初始阶段），经认证机构许可，可以使用未经禁用物质和方法处理的非有机来源的种子和种苗。但申请人必须制订何时可以获得有机种子与种苗（包括根壮茎、芽、叶或切下的秆、根或块茎）的计划。选择品种要充分考虑作物种类及品种应适应当地的环境条件，选择对病虫害有抗性和适应杂草竞争的品种。在品种的选择中要充分考虑作物的遗传多样性。一般采取旱育稀植栽培方式时，选用品种的品质应符合 GB/T 17891 和 GB 4404.1 的规定，而且已通过山东省农作物品种审定委员会审定（认定），或通过全国农作物品种审定委员会审定（认定）。目前，适用于我市有机栽培的优质米品种主要有越光、京引 119、山农 601、临稻 17 号等。

晒种：选晴天将稻种铺 5~7 厘米厚，翻晒 1~2 天。

选种：要采用按有机生产要求进行精选加工的种子。未精选加工的种子，用比重 1.14 的盐水或泥水，即 0.5 千克水加 4 两盐（能使鲜鸡蛋浮出水面 2 分硬币大小）进行选种。捞出秕谷，用清水将种子冲洗干净。

消毒：可用热水、蒸气、太阳能、高锰酸钾等对种子消毒。生产上常用生石灰消毒：将选好的稻种用 3% 石灰水，温度控制在 10~15℃，浸种 3~5 天，在浸种期间不要搅拌种子，浸好的种子再用清水冲洗 2~3 遍，晾干后直接播种。

（4）秧田灌水　播种时要灌足底墒水，或播种后灌蒙头水。

（5）秧田消毒　用3.5%多抗霉素2 000倍液每平方米2～5毫升消毒，可减轻秧苗绵腐病、立枯病、疫霉病和苗瘟的发生。

（二）播种

（1）播种期确定　临沂麦茬夏稻移栽，一般于5月10日前后播种育秧。在实际生产中应根据品种生育期长短适当调节播期。

（2）播种量　临沂麦茬夏稻长龄大秧移栽，秧田和本田的比例为1：10，一般亩播量为25千克左右。

（3）播种　播种时，先把第一畦用铁锨均匀起土1厘米放置地头。然后浇足底墒水，待水渗入土壤后，将称量好的种子均匀撒入，然后在第二畦均匀起表层土1厘米均匀覆盖在第一畦上，然后对第二畦灌溉、播种，用第三畦的土覆盖第二畦，依此类推，最后一畦用第一畦取出的土覆盖。播种完毕后，喷除草剂封闭，然后用地膜覆盖。出苗后要马上揭膜，以免烧苗。

（三）秧田管理

水稻旱育秧田，在三叶期前，不遇特殊干旱天气不需浇水，浇水会导致地温下降，土壤板结，诱发青枯病和立枯病。三叶期后，如遇干旱，可浇"跑马水"，不能大水漫灌。苗期遇雨或浇水后要及时耧划松土，最好能有防雨措施，以避免大雨或连续降雨导致秧苗徒长。另外，严禁在秧田苗期撒施草木灰，以免引起土壤碱性增强，造成死苗。利用杀虫灯、黄板、覆盖防虫网和生物源制剂等防治病虫害，采用人工除草。

（四）本田管理

1. 本田整地

（1）翻耕　麦收后进行抢茬翻耕，结合耕翻施入有机肥，耕深20厘米以上，要犁深耕透防止漏耕，筑好田埂。

（2）泡田水整地　移栽前放水泡田1～2天，后浅耙糖整平，使田面高低差不超过3厘米。

2. 施肥

（1）土壤培肥要求　在认证机构认可的情况下，可以施用列入GB/T 19630.1—2005附录A中的土壤培肥和改良物质，但必须符合以下要求：来源明确，制作工艺、生产原料和产品质量稳定；原物质中的成分含量必须申报并严格控制在认证机构认可范围内，禁止在其中加入以下物质：任何化学合成的肥料或化学复混肥；不稳定元素，如放射性元素、稀土等；各类激素、抗生素、杀虫剂、杀菌剂等；不明或致病微生物；重金属及其他有毒有害物质；其他性质不明物质。

（2）使用方法和使用量规范　施肥数量≤当季作物吸收量/利用率，原则上纯氮含量不得超过170千克/公顷＝11.3千克/亩；直接施用到作用部位或其附近，不得污染周围作物与环境；严格禁止施用的物质污染采收部位；施用时间与采收要有安全间隔期。

（3）秸秆还田、增施有机肥　要积极推广秸秆机械粉碎、深耕还田技术，提高秸秆还田质量。同时，要广辟肥源、增施农家肥，以增加土壤有机质，改善土壤结构，培肥地力。

（4）微生物肥料　微生物肥料可用于拌种，也可作基肥和追肥使用，使用时应严格按要求操作。微生物肥料中有效活菌数量应符合 NT227 中 4.1、4.2 的技术要求。

（5）叶面肥料　叶面肥料质量应符合 GB/T17419 或 GB/T17420 的技术要求并按使用说明操作。

（6）施肥量确定　每生产 100 千克稻谷大约需吸收纯 N 2 千克，P_2O_5 1 千克，K_2O 2.5 千克。

3. 移栽

（1）精细整地、适期移栽　小麦收获后要及时进行深耕，加厚耕层，疏松土壤，改善土壤结构，增加土壤蓄水保肥能力。一般耕深 20 厘米左右，注意不能打破犁地层，以免漏肥漏水。在培育适龄壮秧和精细整地的基础上，要做到适期移栽，我市水稻适宜移栽期为 6 月 20 日前后，最迟应在 6 月底前完成插秧，坚决不插 7 月秧。

（2）提高插秧质量、建立适宜群体　目前，我市水稻生产上普遍存在着栽插墩数不足、行墩距不合理的现象。适当增加亩墩数，扩大行距，缩小墩距，可以改善通风透光条件，减少病虫害发生，提高光能利用率，增加产量。因此，要提高栽插质量，一般每亩栽插 2.0 万~2.2 万墩，带蘖壮苗每墩栽 2~3 株，一般秧苗每墩栽 3~4 株，基本苗 6 万~8 万，行距 25~27 厘米，墩距 12~14 厘米。栽插深度 1.5~2 厘米，越浅越好，只要站稳不倒即可。要插直、插匀。壤土、黏土地，水耙整平后要使泥浆自然沉实 12 小时后再插秧，以免插秧过深；沙性较大的土壤，水耙整平后要马上插秧，以免过于沉实，导致插秧困难。插秧时田面要保持薄水层，以便于浅插。

（五）追肥

（1）返青分蘖肥　一般插后 7 天，主要追施含氮量高速效有机肥，如腐熟的饼肥、沼液、氨基酸肥等。

（2）穗肥　临沂水稻穗肥追施一般在 8 月初，有机追肥应适当提前，一般在 7 月底进行。

（3）粒肥　有机肥肥效长，一般不需要追施粒肥。

（六）灌水

水层管理采用两保两控原则。两保即插秧期—分蘖期保浅水；孕穗期—抽穗期保持较深水层。两控即有效分蘖终止——幼穗一次枝梗分化结束晾田，控制无效分蘖和基部第一、二节间长度；齐穗后控制灌水，干湿结合，促进灌浆，防止倒伏。

（七）病虫草害的控制

有机食品生产的植保工作必须从作物、病、虫、草和有益生物等整个生态系统出发，综合运用预防措施，创造不利于病、虫、草害发生和有利于各类天敌繁衍的环境条件，保持农业生态系统的平衡和生物多样性。

优先采用农业防治措施，通过选用抗病抗虫品种，培育壮苗，制订合适的肥水管理、作物轮作和多样化间作套作计划，建立卫生措施等一系列方法，防止病虫草害的发生。禁止使用有机合成的化学农药。

在有机生产体系中，当上述方法和措施不足以预防和控制病虫害和杂草时，允许或限制使用 GB/T 19630.1—2005 附录 B 中的有关物质和方法。但生产者必须对这些物质使用情况进行完整的记录。

1. 病害控制

采取完善的卫生管理措施，防止病原菌的扩散；可以有限度使用农用抗生素，如春雷霉素、科生霉素、多抗霉素、浏阳霉素等；可以有限度使用矿物源农药中的硫制剂（硫悬浮剂、可湿性硫制剂、石硫合剂）、铜制剂（硫酸铜、波尔多液、氢氧化铜）等；可以使用有药效作用的中草药等植物的水提取液；禁止在生物源农药和矿物源农药中混配有机合成农药的各种制剂。

2. 虫害控制

扩大害虫天敌的栖息地；允许捕食性和寄生性天敌的引入、繁殖和释放，如赤眼蜂、瓢虫、捕食螨、蜘蛛、蛙类、鸟类及昆虫病原线虫等；可以使用诱集、粘捕、性诱剂、陷阱、黄板、防虫网、套袋等方法；可以使用驱避剂；可以有限度使用活体微生物农药，如真菌、细菌、病毒制剂、拮抗菌、昆虫病原线虫等；可以使用中等毒性以下的植物源杀虫剂，如除虫菊素、鱼藤根、烟草水、苦楝、印楝素、芝麻素等；禁止在生物源农药和矿物源农药中混配有机合成农药的各种制剂。

驱虫液可以用简单的浸泡方法制作。即木醋液 10：大蒜 1：干辣椒 0.5 的比例，装到桶里浸泡 1 个月左右。浸泡液经过过滤后对水 200 倍液，在害虫成虫发生始期开始喷几次，可以起到驱虫作用。

杀虫也可采取如下方法：45% 石硫合剂 300 倍液、10%～20% 浏阳霉素 1 500 倍液、1% 苦参碱 1 000～1 500 倍液喷雾防治。

另外，30% 任菌铜 1 500 倍液和氯虫苯甲酰胺每亩 5 毫升可以作为待选的杀菌剂和杀虫剂。但必须经过认证机构认可以后再定。

3. 有害杂草控制

种植抑制有害杂草的作物，包括绿肥；用可生物降解的材料覆盖。如使用塑料薄膜或其他的合成材料覆盖，必须在作物收获后从田间移走并进行无害化处理；手工锄草或机械锄草。

（1）鸭子除草　稻田放鸭是目前日本、韩国等国家普遍采用的技术。如果管理好，其除草效果比化学除草剂还好，而且不使用杀虫剂也不发生虫害。稻田放鸭除草时应注意以下几点。一是平好田面。如果田面不平，高处的杂草不能除掉。二是为了减轻放鸭初期对秧苗的害，要育健壮的大苗。三是选好适龄的鸭子。放过小的鸭子，活动量少，不能除好杂草，相反鸭子过大撂倒秧苗。所以，应选择适龄的鸭子。15 日龄的鸭子最合适。四是放鸭子时间要适当。放鸭过晚鸭子不能及时除草，放鸭过早刚插的秧苗受害。适当的放鸭时期是插秧后 10 天。五是选择小鸭种，每 1 000 平方米放 15 只。一般放鸭后失亡率在 20%～30%。鸭子长大后 1 000 平方米有 10 只就足够。六是做好鸭子管理。如果饲料给多了，鸭子不活动，给少了，就为害稻苗。所以初期给饲料要充足，逐渐控制饲料量，或换成稻糠等价格低的饲料。饲料一天早晚喂 2 次。同时为了鸭子避开风雨，盖起休息棚。要考虑鸭子长大也可以充分休息，棚子盖的要充裕一些。每 5 000 平方米盖一个比较合适，一般的塑料拱棚就可以。七是为了不让鸭子跑远，必须围网，并注意被野生动物伤害。八是如果鸭子吃稻子，放进叶菜类或草。九是为了使鸭子充分活动，给予充足的水层条件。初期看苗灌 3 厘米左右，随着稻苗的生长逐渐加深水层。十是鸭子放入水田之前，先在休息棚内管理 1 ~ 2 天。

（2）有机物覆盖除草法　日本有机稻除草技术中最广泛利用的是撒稻糠的方法。一般的有机物在水田中都有抑草作用。稻糠、粉碎的树叶、玉米秸秆、豆秆、碎玉米等有机物都有抑制杂草发芽和生长的作用，其原理是通过有机物发酵中产生的有机酸和切断土壤表面氧气来抑制杂草种子的发芽和幼芽生长。一般每 1 000 平方米撒 80 千克左右。稻糠是用造粒机造粒后撒施。在有机物覆盖中应抓住以下 5 个环节。一是根据当地土壤条件掌握有机物的撒入量。二是水田尽量耙细耙平。三是插秧后 3 ~ 4 天内种子发芽之前撒施。四是撒入后水田千万不能断水，要深灌水，加高下水口，蓄水管理。但此办法因成本较高，使用较少。

（3）人工除草　如果采用以上除草方法杂草仍没有彻底清除时要进行人工除草。有的农户推中耕除草机，这更好，但必须在杂草小的时候推。俗话也有"上农是杂草出土前除草，中农是看到草除草，下农是草大了以后除草"，意思就是早除草。人工除草的目的就是为了彻底除草。今年留一根草等于明年种了几百个甚至几万个，所以不能留草。

（八）其他管理

（1）轮作　有机水田最好与豆科作物进行轮作，但目前有机水稻基地因认证、种植等原因，还不具备轮作条件，暂时不轮作。

（2）对来自水源及周边污染源的预防和处理　有机水稻基地都选择了没有水和空气污染源，没有工业和生活污染源的地区。同时都是连片种植，常规田块污染物不侵入有机农田。为了预防常规水田污染物进入有机农田，今后逐渐把灌水渠和排水渠彻底分开。同时与相关部门联系不批准在有机农田区设立造成污染的设施，如特殊情况下要设立，必须做好排污设施，污染物不准流入有机水田。

（3）发生异常问题时的处理　在有机农田中发现异常问题时及时向上级有关部门和认证部门汇报，并正确判断问题的根源后妥善处理。遇到冰雹、暴雨、干旱等自然灾害时及时采取措施降低损失，若因自然灾害引起质量不合格作非有机食品处理。另外如果遇到特殊的一般措施抗不住的特大虫害时及时向认证机构汇报，听取意见后处理。

（九）收获

适时收获期为完熟前期。从齐穗到收割一般为 45 天左右，全穗失去绿色，上部有 1 ~ 2 片叶保持绿色，颖壳 95% 基本变黄，米粒转白，手压不变形；稻谷含水量在 19% ~ 22% 收割为宜。要做到成熟一块收割一块。手工收割后适当晾晒，及时打捆上场用轴流式脱粒机脱粒，不可曝晒。尽量扩大联合机收割面积，减少稻谷损伤。留种田在水稻齐穗后要进行田间拔杂去劣，单收单打，严防混杂。

第四章　水稻新品种介绍

第一节　水稻高产新品种

一、临稻 10 号

临沂市水稻研究所选育，2002 年通过山东省农作物品种审定委员会审定。

（1）特征特性　晚熟品种，全生育期 157 天，株高约 95 厘米，直穗，分蘖力较强，株型紧凑，剑叶宽短，上举，叶色浓绿。亩有效穗平均 22.8 万穗，穗实粒数平均 107 粒，千粒重平均 24.8 克。稻瘟病轻度或中度发生，纹枯病轻度发生抗倒性好。整精米率 65.2%、长宽比 1.7、碱消值 7.0 级、胶稠度 77 毫米、直链淀粉含量 16.5%、蛋白质含量 11.9%。六项指标达部颁优质米一级标准；糙米率 82.9%、精米率 73.9%、垩白度 1.8%，三项指标达部颁优质米二级标准，一般亩产 600 千克以上。适宜在全市库灌稻区推广利用。

（2）栽培要点　种子早处理，早育秧，防止恶苗病发生，每亩用种量 3～4 千克，亩插秧 2.2 万墩。重施底肥，轻施追肥，$N:P_2O_5:K_2O$ 为 15:8:10，中后期控制氮肥，多施钾肥。插秧后 15 天要求浅层保水施肥促分蘖。注意防治纹枯病、三化螟，于孕穗破口期，齐穗期分期喷药。

二、临稻 11 号

沂南县水稻研究所选育，2004 年通过山东省农作物品种审定委员会审定。

（1）特征特性　该品种属中晚熟常规品种，全生育期 152 天，比豫粳 6 号早熟 4 天。株高约 95 厘米。直穗型品种，穗长约 16 厘米。分蘖力较强，株型较好，生长清秀，叶片深绿，大小适中，直立性好。亩有效穗 21.8 万穗，成穗率 76.9%，穗实粒数 108.5 粒，空秕率 12.7%，千粒重 26.5 克，谷粒较大，易落粒，成熟落黄较好。糙米率 85.2%，精米率 75.9%，整精米率 68.8%，粒长 4.8 毫米，长宽比 1.7，垩白米率 29%，垩白度 3.5，透明度 1 级，碱消值 7 级，胶稠度 62 毫米，直链淀粉 18%，蛋白质 10.1%。测试的十二项指标有八项达到一级米标准，一项达到二级米标准，米质一般。中抗苗瘟，抗穗颈瘟，中抗白叶枯病。田间表现抗条纹叶枯病，稻瘟病中等发生，纹枯病轻，一般亩产 600 千克以上。适宜在全市适宜地区作中晚熟品种推广利用。

（2）栽培要点　药剂浸种防治恶苗病，稀播育壮苗，合理密植，增施磷、钾肥。据苗情中后期少施或不施氮肥，防贪青晚熟。

三、临稻16

沂南县水稻研究所选育，2009年通过山东省农作物品种审定委员会审定。

（1）特征特性 属中晚熟品种。全生育期150天，亩有效穗25.0万穗，株高101.5厘米，穗长14.0厘米，每穗总粒数102粒，结实率92.1%，千粒重27.8克。稻谷出糙率86.0%，精米率77.6%，整精米率76.1%，垩白粒率26%，垩白度2.1%，直链淀粉含量18.0%，胶稠度78毫米，米质符合三等食用粳稻标准。感穗颈瘟，抗白叶枯病。田间调查条纹叶枯病最重病穴率15.9%，病株率2.8%，一般亩产600千克以上。适宜在临沂麦茬稻推广利用。

（2）栽培要点 适宜密度为每亩基本苗80 000~100 000株，亩栽18 000~20 000穴。其他管理措施同一般大田。

四、阳光200

郯城县种子公司选育，2005年通过山东省农作物品种审定委员会审定。

（1）特征特性 该品种属中晚熟常规品种，全生育期平均154天，比对照豫粳6号早熟3天。株高95厘米，株型紧凑，生长清秀，叶色浅绿。直穗型，穗长16厘米。分蘖力较强，亩有效穗23.2万穗，成穗率75.2%，穗实粒数92.2粒，空秕率18.4%，千粒重27.3克。米粒较大，易落粒，落黄较好。糙米率85.1%，精米率77.1%，整精米率72.0%，粒长5.0毫米，长宽比1.7，垩白粒率27%，垩白度2.1%，透明度1级，碱消值7.0级，胶稠度85毫米，直链淀粉17.2%，蛋白质8.1%。测试的十二项指标有七项达到一级米标准，两项达到二级米标准，一项达到三级米标准。中抗稻瘟病，白叶枯病苗期抗病、成株期中抗，一般亩产600千克以上。适宜在全市推广种植。

（2）栽培要点 培育健壮秧苗：选用高效杀菌剂浸种3~4天，预防恶苗病。选晴好天气适时稀播，鲁南稻区一般于5月5日后播种，每亩净秧板播量30~40千克。扩行缩墩减苗：一般移栽行墩距为25厘米×14厘米，每墩3~4苗为宜，6月中旬力争栽完。均衡配方施肥：适当控制氮肥用量，增施磷钾肥，酌施锌肥。大田底肥一般每亩施1 500千克土杂肥、50千克碳氨、10千克二铵、10千克氯化钾和2千克硫酸锌，插后3天施7千克尿素作返青肥，再隔7天施8千克尿素作分蘖肥，合垄时（7月15日前后）再施5千克尿素，拔节后（8月1日前后）增施15千克高效复合肥（N：P_2O_5：K_2O = 15：15：15），隔10天再施4千克尿素。科学管理水层：在水层管理中要做到浅水插秧，深水活棵，浅水分蘖（涝洼地注意排水），够苗适度晒田，孕穗扬花阶段保持浅水，齐穗后干干湿湿，收获前10天断水。防治病虫害：水稻秧田期和移栽后注意及时防治灰飞虱，同时在水稻合垄时、始穗前、齐穗后和扬花后注意及时防治螟虫、飞虱、纹枯病、稻瘟病、稻曲病等病虫害。

五、大粮202

临沂市大粮种业有限公司选育，2010年通过国家农作物品种审定委员会审定。

（1）特征特性 该品种属粳型常规水稻，在黄淮地区种植全生育期平均153.4天，比对照9优418早熟4.5天。株高97.7厘米，穗长16.9厘米，每穗总粒数138.5粒，结实率86.6%，千粒重26.2克。抗性：稻瘟病综合抗性指数5，穗颈瘟损失率最高级5级，条纹叶枯病最高发病率2%。米质主要指标：整精米率66.1%，垩白粒率34.5%，垩白度3.1%，胶稠度83.5毫米，直链淀粉含量17.1%。一般亩产600~650千克。适宜在河南沿黄、山东南部、江苏淮北、安徽沿淮及淮北地区种植。

（2）栽培要点 黄淮麦茬稻区一般4月下旬至5月初播种；大田每亩用种量3~4千克。移栽秧龄30~35天左右移栽，亩栽2万穴，每穴3~4苗，株行距为13厘米×27厘米。亩施纯氮15千克，五氧化二磷5.0~7.5千克，氧化钾5千克，基肥、分肥、穗粒肥的比例为5：3：2；浅水插秧，深水保苗，薄水分蘖，适时烤田，以后间歇灌溉，忌断水过早。及时防病治虫，苗期、抽穗期均要特别注意稻瘟病的防治。

六、大粮203

临沂市大粮种业有限公司选育，2010年通过国家农作物品种审定委员会审定。

（1）特征特性 该品种属粳型常规水稻。在黄淮地区种植全生育期平均155.1天，比对照9优418早熟4.1天。株高103.8厘米，穗长16.8厘米，每穗总粒数145.3粒，结实率86.1%，千粒重25.8克。抗性：稻瘟病综合抗性指数4，穗颈瘟损失率最高级3级，条纹叶枯病最高发病率3.8%。米质主要指标：整精米率67.2%，垩白粒率37.5%，垩白度3.2%，胶稠度85毫米，直链淀粉含量16.4%。一般亩产600~650千克。适宜在河南沿黄、山东南部、江苏淮北、安徽沿淮及淮北地区种植。

（2）栽培技术要点 黄淮麦茬稻区一般4月底至5月初播种；大田每亩用种量3~4千克，水育秧播种量每亩25千克，旱育秧播种量每亩30千克。秧龄30~35天移栽，亩栽2万穴，每穴3~4苗，株行距为13厘米×27厘米。亩施纯氮15千克，五氧化二磷5.0~7.5千克，氧化钾5千克，基肥、分蘖肥、穗粒肥的比例是5：3：2；浅水插秧，薄水分蘖，够苗烤田，以后间歇灌溉，收割前7天断水。根据当地病虫预测预报及时防病治虫，高肥条件下抽穗期注意防治稻曲病。

七、大粮207

临沂市大粮种业有限公司选育，2012年通过国家农作物品种审定委员会审定。

（1）特征特性 粳型常规水稻品种。黄淮地区种植全生育期平均156.8天，比对照徐稻3号长0.9天。株高98.9厘米，穗长17.2厘米，每穗总粒数132.7粒，结实率87%，千粒重26.6克。抗性：稻瘟病综合抗性指数5，穗颈瘟损失率最高级5级，条纹叶枯病最高发病率4.21%，中感稻瘟病，抗条纹叶枯病。米质主要指标：整精米率70.7%，垩白米率41.5%，垩白度2.7%，胶稠度80毫米，直链淀粉含量17.2%，一般亩产600千克以上。适宜在河南沿黄、山东南部、安徽沿淮及淮北地区种植。

（2）栽培技术要点 黄淮麦茬稻区一般在4月底至5月中旬播种育秧，秧龄35天左右。插秧规格24厘米×14厘米，亩栽2.2万穴，每穴3~4粒谷苗。基肥亩施碳铵50千克、三元复合肥30千克，插后3~5天亩施返青分蘖肥尿素15千克，拔节后亩施尿素7千克。浅水插秧，深水保留3天，浅水促蘖，够苗晒田，孕穗扬花期保持浅水层，齐穗后干湿交替，收获前 7 天断水。播前药剂浸种，防治干尖线虫病和恶苗病，及时防治稻瘟病、纹枯病、稻曲病、稻飞虱、螟虫等病虫害。

（3）审定意见　该品种符合国家稻品种审定标准，通过审定。

八、阳光 600

郯城县种子公司选育，2014 年通过国家农作物品种审定委员会审定。

（1）特征特性　粳型常规水稻品种。黄淮稻区种植，全生育期 154.6 天，比对照徐稻 3 号短 1.8 天。株高 101.1 厘米，穗长 16.7 厘米，亩有效穗数 21.4 万穗，穗粒数 144.4 粒，结实率 87.2%，千粒重 23.8 克。抗性：稻瘟病综合抗性指数 4.9，穗颈瘟损失率最高级 3 级，条纹叶枯病最高发病率 4.03%，中抗稻瘟病，高抗条纹叶枯病。米质主要指标：整精米率 65.1%，长宽比 1.8，垩白米率 24%，垩白度 2.5%，胶稠度 83 毫米，直链淀粉含量 16.7%，达到国家《优质稻谷》标准 3 级，一般亩产 600 千克以上。适宜河南沿黄、山东南部、江苏淮北、安徽沿淮及淮北地区种植。

（2）栽培技术要点　①适时稀播匀播，培育壮秧；②栽插行株距 25 厘米×14 厘米，每穴 2~3 苗；③适当控制氮肥用量，增施有机肥和磷钾肥，补施微肥；早施促蘖肥，轻施保蘖肥，增施促花复合肥，酌施保花肥，喷施谷粒肥；④浅水插秧，深水活棵，浅水分蘖，够苗晒田，足水孕穗，浅水扬花，湿润壮籽，黄熟落干；⑤播前药剂浸种，防治干尖线虫病和恶苗病。注意及时防治螟虫、飞虱、纹枯病、稻瘟病等病虫害。

九、津稻 263

天津市水稻研究所选育，2011 年通过国家农作物品种审定委员会审定。

（1）特征特性　该品种属粳型常规水稻。在黄淮地区种植全生育期平均 156.9 天，比对照徐稻 3 号长 1.1 天。株高 107.6 厘米，穗长 17.1 厘米，每穗总粒数 128.6 粒，结实率 87.1%，千粒重 25.1 克。抗性：稻瘟病综合抗性指数 3.2，穗颈瘟损失率最高级 3 级，条纹叶枯病最高发病率 4.9%。中抗稻瘟病，抗条纹叶枯病。米质主要指标：整精米率 71.7%，垩白米率 18%，垩白度 1.4%，胶稠度 80 毫米，直链淀粉含量 17.2%，达到国家《优质稻谷》标准 2 级一般亩产 600 千克以上。宜在河南沿黄、山东南部、江苏淮北、安徽沿淮及淮北地区种植。

（2）栽培技术要点　①育秧：黄淮麦茬稻区一般 4 月底至 5 月中旬播种，播前用药剂浸种，防治干尖线虫病和恶苗病；②移栽：秧龄 35 天左右，栽插规格为 26.6 厘米×13.3 厘米，每穴栽 3~4 粒谷苗；③肥水管理：氮、磷、钾、锌肥配合使用，注意干湿交替，确保有效穗在 20 万左右；④病虫防治：注意及时防治稻曲病，其他病虫草害同一般常规稻。

第二节 优质稻米品种

一、越光

越光品种是日本用农林号为母本，农林一号为父本，于 1956 年育成的中粳品种，至今已有 30 年栽培历史。占日本全国栽培面积第一位。在所有粳稻性品种中，食味评价最高。该品种中熟、中秆、中肥、产量中等偏上。不抗倒伏，但有弹性，不抗稻瘟病、纹枯病。

越光在临沂稻区作麦茬夏稻移栽，适宜播期为 5 月下旬，移栽期为 6 月下旬，秧龄 30～35 天，全生育期 133 天。作麦茬稻直播栽培，适宜播期为 6 月中旬，全生育期 117 天左右。株高 85 厘米，穗长 17 厘米左右，每穗总粒数 70 粒左右，每穗实粒数 60 粒左右，千粒重 25～27 克，一般亩产稻谷 250～300 千克。

二、京引 119（山法师）

京引 119 为引进的国外品种，1985 年通过山东省农作物品种审定委员会认定，是黄淮稻区主要优质米品种之一。该品种适宜中、低产田种植，其品质较好，市场受欢迎，习惯种植地区仍可继续利用。

（1）特征特性 株型紧凑，株高 100 厘米左右。幼苗直立，叶 15～16 片，叶角较大，叶片稍披。茎秆粗 5 毫米，茎绿色，茎节数 5 节。穗半圆形，穗长 17 厘米。谷粒金黄，穗粒数 70～80 粒，粒椭圆形、白色，千粒重 26 克。精米率 70% 左右，米质较好，食味佳。在临沂属中熟粳稻品种，作麦茬夏稻栽培，全生育期 145 天左右。灌浆速度快，分蘖力中等，成穗率高。耐肥水，抗倒伏，耐旱，落黄好。一般亩产 400 千克左右，高产田单产 500 千克以上。

（2）栽培要点 秧田播种量每亩 30 千克左右，5 月 10 日前后播种，秧龄 40～45 天。合理密植，一般栽植密度 2 万穴左右，每穴 4～5 苗。要施足基肥，以施用有机肥或氮磷等复混肥为好，生育前期重施追肥。灌水宜浅、宜勤，适时落干烤田。注意防治穗颈稻瘟病、纹枯病、稻纵卷叶螟和稻飞虱等病虫害。

三、中部 67

中部 67 是山东省临沂市水稻研究所于 1988 年从日本引进。

特征特性：该品种属中晚熟品种。全生育期 150 天左右。株高 95～100 厘米。生长势强、分蘖力高，根系发达。茎秆有弹性，一般 5 个伸长节。基部节间短。株型紧凑，叶片上冲，剑叶长 25 厘米左右。光合能力强，不早衰，抽穗整齐，成穗率高，穗长 20 厘米，平均穗粒数 90 粒左右。千粒重 25 克左右。糙米率达 85% 以上，精米率 77%，蛋白质含量 10.85%，直链淀粉含量 16%，糊化度 7 级，胶稠度 72 毫米，无垩白，米色清亮，适口性好。耐肥水，抗倒伏。高抗稻瘟病，中抗白叶枯、纹枯病以及稻飞虱等。一般亩产 500 千克以上。比较适合于北方粳稻区大面积推广种植。

四、山农601

山东农业大学和临沂市水稻研究所联合选育。2009 通过山东省农作物品种审定委员会审定。

（1）特征特性　属中早熟品种。区域试验结果：全生育期 147 天，比对照香粳 9407 晚熟 2 天。亩有效穗 24.4 万穗，株高 102.3 厘米，穗长 15.7 厘米，每穗总粒数 123 粒，结实率 83.5%，千粒重 25.1 克。2006 年经农业部稻米及制品质量监督检测中心（杭州）分析：稻谷出糙率 82.4%，精米率 74.8%，整精米率 73.3%，垩白粒率 7%，垩白度 0.6%，直链淀粉含量 16.5%，胶稠度 72 毫米，米质符合一等食用粳稻标准。2006 年经中国水稻研究所抗病性鉴定：感穗颈瘟、中抗白叶枯病。一般亩产 500 千克左右。适宜在临沂库灌稻区、沿黄稻区推广利用。

（2）栽培要点　适宜密度为每亩基本苗 60 000～110 000 株，亩栽 20 000～22 000 穴。其他管理措施同一般大田。

五、临稻17

沂南县水稻研究所选育，2009 年通过山东省农作物品种审定委员会审定。

（1）特征特性　属中早熟品种。全生育期 144 天，比对照香粳 9407 早熟 1 天。亩有效穗 27.9 万穗，株高 95.5 厘米，穗长 14.2 厘米，每穗总粒数 100 粒，结实率 87.4%，千粒重 25.2 克。稻谷出糙率 83.7%，精米率 76.1%，整精米率 74.4%，垩白粒率 4%，垩白度 0.4%，直链淀粉含量 17.2%，胶稠度 86 毫米，米质符合一等食用粳稻标准。中抗穗颈瘟和白叶枯病。田间调查条纹叶枯病最重病穴率 1.5%，病株率 0.3%，一般亩产 600 千克以上。适宜在临沂库灌稻区推广。

（2）栽培要点　适宜密度为每亩基本苗 4 万～6 万株，亩栽 2 万穴。尽量使用有机肥等长效肥，收前不能断水过早，防止早衰。

第五章　水稻主要病虫害防治技术

第一节　水稻主要病害防治技术

近年来，临沂市水稻主要病虫害有水稻恶苗病、黑条矮缩病、稻瘟病、纹枯病、稻曲病、胡麻斑病、二化螟和三化螟、稻纵卷叶螟、稻飞虱等。在病虫害防治上，要坚持"预防为主，综合防治"的植保方针，从稻田生态出发，推行"农业防治压基数，科学用药控为害，保护天敌促平衡"的综合防治技术模式，突出准确测报、达标防治、健身栽培、保护天敌和科学安全用药。

一、黑条矮缩病

水稻黑条矮缩病（Rice Black – Streaked Dwarf Viral Disease）是由灰飞虱为介体传播的一种病毒病，近几年我市发病地块较多。

1. 水稻黑条矮缩病的症状识别

水稻黑条矮缩病的病状特征，在田间很易与除草剂或植物生长调节剂等使用不当引起的药害相混淆。

（1）秧苗期症状　病株颜色深绿，心叶抽生缓慢，心叶叶片短小而僵直，叶枕间距缩短，其叶鞘被包裹在下叶鞘里。植株矮小，不会抽穗。而由除草剂药害引起的是枯黄；由植物生长调节剂药害引起的是扭曲畸形。

（2）分蘖期症状　病株分蘖增多丛生，上部数个叶片的叶枕重叠，心叶破下叶叶鞘而出或从下叶枕口呈螺旋状伸出，叶片短而僵直，叶尖略有扭曲畸形。植株矮小，主茎及早生分蘖尚能抽穗，但穗头难以结实，或包穗，或穗小，似侏儒病。而处于分蘖期的药害病株，其所在叶片均质地刚直，心叶扭曲畸形，边缘白化。

（3）抽穗期症状　全株矮缩丛生，有的能抽穗，但抽穗迟而小，半包在叶鞘里，剑叶短小僵直；在中上部叶片基部可见纵向褶皱；在茎秆下部节间和节上可见蜡白色或黑褐色隆起的短条脉肿；在感病的粳糯稻茎秆上可见白蜡状突起的脉肿斑。这是当前黑条矮缩病的最突出表现症状。

2. 综合防治措施

（1）合理田间作物布局　秧田应尽量选择远离重病田，提倡集中连片育秧，降低秧苗受毒侵染概率。大田尽量做到连片种植，减少插花田和草荒田，阻断灰飞虱传毒发病。

（2）选用抗耐病良种　结合发病调查，寻找抗耐病品种，因地制宜做好选用推广工作。

（3）加强田间管理　秧田应合理平衡施肥，切不可过量使用氮肥，秧苗过嫩过绿，易招诱灰飞虱传毒发病；大田前期一旦发病，应及时拔除病株，进行分墩补栽。

（4）治虫防病，阻断病源传播　水稻苗期及时做好麦田及秧田四周杂草和荒田的灰飞虱防治，阻断媒介昆虫迁移传毒。秧苗2～7叶期是灰飞虱的主要传毒关键期，做好秧田期和大田初期防治灰飞虱是控制黑条矮缩病的关键措施。可用锐劲特（氟虫腈）、扑虱灵（噻嗪酮）、吡虫啉等对灰飞虱进行防治。最好做到统一时间，群防联治，以确保全区与有效控制。

二、条纹叶枯病

水稻条纹叶枯病是由灰飞虱为媒介传播的病毒病。

1. 为害症状

水稻条纹叶枯病俗称水稻上的癌症、非典。水稻秧苗期至分蘖期最易感病，稻株发病后心叶卷曲发软，老叶条纹状，远看似条心虫为害状，稻株矮化，形似坐棵，病株分蘖减少，发病植株不能抽穗或抽畸形穗，对产量损失较大。

2. 防治对策

综防策略：坚持"预防为主，综合防治"的植保方针，采取"切断毒源，治虫防病"的防治策略，狠治灰飞虱，控制条纹叶枯病。

3. 防治技术

（1）抓好灰飞虱防治　结合小麦穗期蚜虫防治，开展灰飞虱防治，清除田边、地头、沟旁杂草，减少初始传毒媒介。

（2）开展药剂浸种　用吡虫啉药剂浸种（吡虫啉有效成分1克/12.5千克稻种），防效可达50%以上。

（3）突出重点抓好秧苗期灰飞虱防治　小麦、油菜收割期秧田普治灰飞虱，每亩选用锐劲特30～40毫升，对水30千克均匀喷雾，移栽前3～5天再补治1次。

（4）抓住关键控制大田为害　在水稻返青分蘖期每亩用锐劲特（氟虫腈）30～40毫升，对水40千克均匀喷雾，防治大田灰飞虱。水稻分蘖期大田病株率0.5%的田块，每亩用2%菌克毒克300毫升对水40千克均匀喷雾防病，1周后再补治1次。

三、稻瘟病

稻瘟病属真菌病害，是我国南方稻作区为害最严重的水稻病害之一。与纹枯病、白叶枯病并称水稻三大病害。

1. 水稻被害状诊断

因为害时期、部位不同分为苗瘟、叶瘟、节瘟、枝梗瘟、穗颈瘟、谷粒瘟。

（1）苗瘟　发生于三叶前，由种子带菌所致。病苗基部灰黑色，上部变褐色，卷缩而死，湿度较大时病部产生大量灰黑色霉层。

（2）叶瘟　在整个生育期都能发生。分蘖至拔节期为害较重。由于气候条件和品种抗病性不同，病斑分为4种类型。①慢性型病斑：开始在叶上产生暗绿色小斑，渐扩大为梭形斑，常有延伸的褐色坏死线，病斑中央灰白色，边缘褐色，外有淡黄色晕圈，叶背有灰色霉层，病斑较多时连片形成不规则大斑，这种病斑发展较慢；②急性型病斑：在感病品种上形成暗绿色近圆形或椭圆形病斑，叶片两面都产生褐色霉层，条件不适应发病时转变为慢性型病斑；③白点型病斑：感病的嫩叶发病后，产生白色近圆形小斑，不产生孢子，气候条件有利其扩展时，可转为急性型病斑；④褐点型病斑：多在高抗品种或老叶上，产生针尖大小的褐点只产生于叶脉间，较少产孢，该病在叶舌、叶耳、叶枕等部位也可发病。

（3）节瘟　常在抽穗后发生，初在稻节上产生褐色小点，后渐绕节扩展，使病部变黑，易折断。发生早的形成枯白穗。仅在一侧发生的造成茎秆弯曲。

（4）穗颈瘟　初形成褐色小点，放展后使穗颈部变褐，也造成枯白穗。发病晚的造成秕谷。枝梗或穗轴受害造成小穗不实。

（5）谷粒瘟　产生褐色椭圆形或不规则斑，可使稻谷变黑。有的颖壳无症状，护颖受害变褐，使种子带菌。

2. 发病条件

病菌以分生孢子和菌丝体在稻草和稻谷上越冬。翌年产生分生孢子借风雨传播到稻株上，萌发侵入寄主向邻近细胞扩展发病，形成中心病株。病部形成的分生孢子，借风雨传播进行再侵染。适温高湿，有雨、雾、露存在条件下有利于发病。最适温度 26～28℃、相对湿度 90% 以上。孢子萌发需有水存在并持续 6～8 小时。阴雨连绵，日照不足或时晴时雨，或早晚有云雾或结露条件，病情扩展迅速。偏施过施氮肥有利发病。放水早或长期深灌根系发育差，抗病力弱发病重。

3. 防治时期

防治水稻苗瘟、叶瘟：主要抓住在发病初期用药；本田从分蘖期开始，如发现发病中心或叶片上有急性病斑，即应打药防治。预防穗瘟，必须抓住 3 个关键，才能取得好的防治效果。一是抓住水稻破口抽穗期施第一次药。对前期苗瘟、叶瘟发病田，易感病品种，常发病区，在齐穗期再补施第二次药。二是选准对路药剂，用足剂量。对前期苗瘟、叶瘟发病田，用 30% 克瘟散 100 毫升或 40% 稻瘟灵 100 毫升加 75% 三环唑 20 克，其他田块用 75% 三环唑 20 克预防。三是统防统治，群防群治，封锁疫情。避免你防他不防，造成稻瘟病仍然蔓延流行。

4. 防治方法

（1）因地制宜选育和合理利用抗病良种　注意品种合理配搭与适期更替，加强对病菌小种及品种抗性变化动态监测。

（2）减少菌源，实行种子消毒　用 20% 三环唑 1 000 倍液浸种 24 小时、并妥善处理病秆，尽量减少初侵染源。

（3）抓好以肥水为中心的栽培防病　提高植株抵抗力，做到施足基肥，早施追肥，中期适当控氮制苗，后期看苗补肥。用水要贯彻 "前浅、中晒、后湿润" 的原则。

（4）加强测报，及时喷药控病　苗瘟、叶瘟可防可治，而穗瘟却只能施药预防，一旦发病，就无药可治，损失不可挽回，只能望病心叹。

（5）化学防治　①三环唑：秧苗每亩用 20% 三环唑可湿性粉剂 50 克，大田每亩用

20%三环唑可湿性粉剂100克或每亩用40%三环唑可湿性粉剂40克，加水50~60千克喷雾；②稻瘟灵：每亩用40%稻瘟灵（富士1号）乳油100毫升加水50~60千克喷雾；③异稻瘟净：每亩用40%异稻瘟净乳油150~200毫升加水50~60千克喷雾；④春雷霉素（加收米）：亩用2%春雷霉素液剂75~100毫升加水50~60千克喷雾；⑤50%多菌灵浸种兼防水稻恶苗病、稻叶鞘腐败病等；⑥稳可停（60%硫黄三环唑），10克对水15千克高效防治苗瘟、叶瘟、穗颈瘟。预防稻瘟病的药剂可与防治水稻二代螟虫（俗称钻心虫）的药剂现配现用在水稻破口抽穗期施药，兼治病虫。

四、水稻纹枯病

水稻纹枯病是我国稻区的主要病害之一，属真菌病害，全国凡种植水稻的地方均能发生。目前，不论是发生面积、发生频率、造成产量损失等均居各病害之首。又称云纹病。苗期至穗期都可发病。

1. 水稻纹枯病发病症状

（1）叶鞘染病　近水面处产生暗绿色水浸状边缘模糊小斑，后渐扩大呈椭圆形或云纹形，中部呈灰绿或灰褐色，湿度低时中部呈淡黄或灰白色，中部组织破坏呈半透明状，边缘暗褐。发病严重时数个病斑融合形成大病斑，呈不规则状云纹斑，常致叶片发黄枯死。

（2）叶部症状　病斑呈云纹状，边缘褪黄，发病快时病斑呈污绿色叶片很快腐烂。

（3）茎秆受害　初为污绿色，后变灰褐色，常不能抽穗，抽穗的秕谷较多。湿度大病部长出白色网状菌丝，后汇聚成白色菌丝团并形成菌核，菌核深褐色，易脱落。高温条件下病斑上产生一层白色粉霉层。

2. 发生规律

病菌主要以菌核在土壤中越冬，也能以菌丝体在病残体上或在田间杂草等其他寄主上越冬。第二年春灌时菌核飘浮于水面与其他杂物混在一起，插秧后菌核黏附于稻株近水面的叶鞘上，条件适宜生出菌丝侵入叶鞘组织为害，气生菌丝又侵染邻近植株。早稻菌核是晚稻纹枯病的主要侵染源。菌核数量是引起发病的主要原因。每亩有6万粒以上菌核，遇适宜条件就可引发纹枯病流行。高温高湿是发病的另一主要因素，气温18~34℃都可发生，以22~28℃最适。发病相对湿度70%~96%，90%以上最适。长期深灌，偏施、迟施氮肥，水稻郁闭，徒长促进纹枯病发生和蔓延。

3. 防治方法

（1）农业防治　①彻底清除稻田周围杂草，以消灭野生寄主；②病稻草发现杂草要经过高温堆沤腐熟后，才能作肥料施用；③春耕整地灌水时，将下风头的水上漂浮浪渣打捞干净（里面带有很多菌核）并带回家晒干火烧，以减少菌源；④采用东西行向栽插，利于稻株基部接受较多的阳光和通风透气。插植规格要合理，提倡适当稀相干争大穗；⑤多施基肥，氮、磷、钾搭配施用，防止偏施氮肥，以保证稻苗稳健生长，增强抗病能力；⑥科学排灌，防止串灌，浅水勤灌，够苗适时适度晒田，以降低田间湿度，湿润壮秆，干干湿湿到成熟。

（2）化学防治　在水稻拔节至抽穗期，当拔节期病丛率达10%或孕穗期病丛率达

30%时施药防治，也可结合目前水稻第二代螟虫防治同时进行。可每亩用2.5%井冈霉素100毫升，对水50千克喷雾；或每亩用20%烯肟菌胺·戊唑醇（爱可）悬浮剂20～30毫升，对水60～75千克均匀喷雾，间隔5～7天施第二次药，可较好兼治稻曲病、鞘腐病、叶面病害。注意纹枯病发生在茎秆基部，施药水量要足，喷药要均匀，药液要达到发病部位；须按农药安全使用规程严格操作，确保人畜、环境安全，并做好农药包装等废弃物的回收处理，防止污染环境。

第二节　水稻主要虫害防治技术

一、二化螟、三化螟

二化螟是我国水稻上为害最为严重的常发性害虫之一，为害水稻，在苗期造成枯心、孕穗期造成枯孕穗，抽穗期造成白穗。

1. 为害症状

幼虫钻蛀稻株，因为害部位和水稻生育期的不同，初孵幼虫先群集叶鞘内取食内壁组织，造成枯鞘，若正值穗期可集中在穗苞中为害造成花穗；2龄后开始蛀入稻茎为害，分蘖期造成枯心，孕穗期造成枯孕穗，抽穗期造成白穗，成熟期造成虫伤株。同一卵块孵化的不同幼虫或同一幼虫的转株为害常在田间造成枯心团、白穗团。幼虫常群集为害，钻蛀孔圆形，孔外常有少量虫粪；一根稻秆中常有多头幼虫，多者可达几十上百头，受害秆内虫粪较多。

2. 发生规律

一年发生3～4代，以幼虫在稻根中越冬。常年第1、2代发生量少，第3、4代发生量增加，对连作晚稻威胁较大；发生量大的年份第2代集中小面积的单季中、晚稻及迟熟早稻。成虫多在晚间羽化，趋光性强，羽化后3～4天产卵最多，每雌产卵2～3块，每块卵1代平均39粒，2代83粒；喜选择植株较高、剑叶长而宽、茎秆粗壮、叶色浓绿的稻株产卵。卵产于叶片表面。蚁螟（初孵幼虫）多在上午孵化，之后大部分沿稻叶向下爬或吐丝下垂，从心叶、叶鞘缝隙或叶鞘外蛀入，先群集叶鞘内取食内壁组织，造成枯鞘；2龄后开始蛀入稻茎为害，造成枯鞘、枯心、白穗、花穗、虫伤株等症状。幼虫有转株为害习性，在食料不足或水稻生长受阻时，幼虫分散为害，转株频繁，为害加重。幼虫老熟后多在受害茎秆内（部分在叶鞘内侧）结薄茧化蛹，蛹期好氧量大，灌水淹没会引起大量死亡。天敌对抑制二化螟发生有较大作用。

3. 防治方法

采取"防、避、治"相结合的防治策略，以农业防治为基础，在掌握害虫发生期、发生量和发生程度的基础上合理施用化学农药。

（1）农业防治　主要采取消灭越冬虫源、灌水灭虫和避害、利用抗虫品种等措施。

（2）化学防治　仍然是当前最为重要的二化螟防治措施，为充分利用卵期天敌，应尽量避开卵孵盛期用药，一般在早、晚稻分蘖期或晚稻孕穗、抽穗期螟卵孵化高峰后5～7天，枯鞘丛率5%～8%或早稻每亩有中心为害株100株或丛害率1%～1.5%或晚稻为害团高于 100 个时用药。可每亩用 10% 甲维盐·三唑磷 60 毫升 + 5% 阿维菌素 20 毫升，对水 50 ~ 75 千克喷雾。

（3）用药要点　①防治枯心的适期：发生量一般的年份，防治 1 次的在螟卵孵化高峰前 1 ~ 2 天到孵化高峰期。发生量大的年份，防治 2 次的第一次在螟卵孵化始盛期，隔 6 ~ 7 天用第二次；②预防白穗的适期：螟卵盛孵期内已抽穗而未齐穗的，在螟卵开始盛孵时用药；尚未抽穗的，等到 5% ~ 10% 破口时用药。

二、稻纵卷叶螟

近年来，稻纵卷叶螟已成为临沂市水稻上的主要害虫，是一种远距离迁飞性害虫，稻纵卷叶螟的发生程度取决于外来虫源，由于今年南方降雨较多，稻纵卷叶螟迁入量应较去年偏高，气象条件对稻纵卷叶螟迁入、转移与繁殖非常有利，而且在 7 月底至 8 月初有一次迁入高峰。

防治方法：可用杜邦康宽悬浮剂每亩 5 ~ 10 毫升或 15% 阿维·毒乳油每亩 70 ~ 100 毫升对水 40 ~ 50 千克均匀喷雾。（25% 冷酷微乳剂 150 克/亩或 20% 阿维·氟酰胺悬浮剂 20 ~ 30 毫升/亩对水 40 千克效果亦佳）。

三、灰飞虱

灰飞虱属同翅目飞虱科昆虫。主要为害水稻，还能为害小麦、大麦、玉米等禾本科作物，取食看麦娘、游草、稗草、双穗雀稗等禾本科杂草。为害水稻时，成虫和若虫群聚在稻株下部取食为害，用刺吸式口器刺进稻株组织，吸食养分。雌虫还用产卵器刺破茎秆组织，被害稻茎，初期在表面呈现许多不规则的长条形棕褐色斑点，严重时稻茎下部变成黑褐色，易倒伏、枯死。分蘖期受害，影响稻株生长。抽穗后被害，影响灌浆，千粒重降低，瘪谷率增加，造成严重减产。灰飞虱不仅直接对作物造成为害，而且还可传播多种植物病毒病，可传播玉米粗缩病、水稻条纹叶枯病、水稻黑条矮缩病、小麦丛矮病和小麦条纹叶枯病等多种病毒病，传播病害的为害远远大于直接为害。其中，玉米粗缩病和水稻条纹叶枯病分别是玉米和水稻的灾害性的病害。玉米粗缩病病株仅有少数可结雌穗，但穗极小，因此，发病株基本无产量。水稻条纹叶枯病，发病早发病重的植株形成"假枯心"，不能抽穗，而发病较晚的病株抽穗不良或穗畸形不结实，因而对产量影响也极大。这两种病害与灰飞虱发生密度有密切关系，灰飞虱密度愈大，病害发生愈重。

1. 发生规律

灰飞虱在山东省一年发生 4 ~ 5 代。以若虫在田边杂草丛中、稻麦根茬及落叶下越冬，以背风向阳、温暖潮湿处最多。12 至翌年 2 月最冷时若虫钻入土缝泥块下不动。3 月开始活动，由越冬场所迁到已萌芽的草地和麦田。一般情况下一年有春季和秋季两次数量高峰。灰飞虱属于温带地区的害虫，耐低温能力较强，对高温适应性差。其生长发育的适宜温度在 25℃ 左右。冬季低温对越冬若虫影响不大，不会造成大量死亡，而夏季高温干旱对其发生极为不利。若春季气温偏高，夏季气温偏低，秋季和冬季气温偏高的情况下，利于灰飞虱的发生。近年来气候变暖，特别是冬季明显变暖，春、秋季气温较高，加长了繁殖期，冬季气温偏高有利于越冬，但夏季气温未明显升高，夏季死亡率降低，均利于灰飞虱发生。

2. 防治措施

（1）灰飞虱发生密度较高的地区　一是全面集中统一防治灰飞虱，早播玉米、套播玉米、夏直播玉米和稻田及秧田都要防治，以降低灰飞虱密度，防止再次传毒。一次防治密度仍然较高的要再次组织防治。防治药剂，持效性较好的有锐劲特（氟虫腈）、吡虫啉等，速效性较好的有异丙威、仲丁威、敌敌畏等。可每亩用 10% 吡虫啉 15～20克喷雾防治，同时注意田边、沟边喷药防治。捕虱灵仅对灰飞虱若虫有效，对成虫无效，不提倡使用。二是防治水稻条纹叶枯病和水稻黑条矮缩病，应采取重点消灭传毒昆虫灰飞虱，辅以喷洒抗病毒药剂的防治策略。水稻移栽前要剔除病苗弱苗，栽前栽后要普遍各进行一次防治。可每亩用 10% 吡虫啉 15～20 克喷雾防治灰飞虱。杀虫剂与病毒抑制混合使用，可每亩用 10% 吡虫啉可湿性粉剂 20 克＋病毒清或病毒克或病毒 A 或植病灵 2 号 30～50 克（毫升）对水 40 千克两种药剂混合喷雾防治，注意喷洒近稻田地边杂草。

（2）灰飞虱发生密度较低的地区　要以灰飞虱适宜发生地作为防治重点，进行全面集中统一防治灰飞虱，如大蒜、马铃薯等为前茬的玉米以及稻区的玉米和水稻要重点进行防治。发病重的玉米地块也应及早采取翻种或改种措施。

第六章　稻米品质

第一节　科学提高稻米品质

水稻是我国的主要粮食作物，种植面积和产量均居各种作物之首，占作物总面积的20%，占农产品总量的39%。在过去一个时期，稻米生产只注重产量而忽视品质。随着稻作生产的发展和人民生活水平的提高，我国的水稻生产发生了重大变革，逐渐向绿色可追溯水稻体系靠拢，从数量型效益向质量型效益转变，从高产向优质、安全转变。

一、稻米品质的概述

品质是稻米商品流通中的一项综合指标，是稻米物理及化学特性的综合反映。稻米品质要素包括碾磨品质、外观品质、蒸煮食味品质和营养品质4个方面的10项指标，即糙米率、精加工率、整精米率、粒形、垩白度、透明度、糊化温度（GT）、胶稠度（GC）、直链淀粉（AC）含量和蛋白质含量。碾磨品质是指稻谷在脱壳及碾精过程中的品质特性，通常用糙米率、精米率、整精米率这3项指标表示。外观品质是指米粒的形状、大小、颜色、光泽、垩白度、透明度等，是稻米商品价值的主要指标。蒸煮食味品质是指稻米在蒸煮及食用过程中表现出的理化特性及感官特性，如吸水性、延伸性、糊化性、柔软性、香味等，主要由GT、CC、AC含量这3项指标表示。营养品质是指稻米的营养成分，包括淀粉、脂肪、蛋白质、维生素及矿质元素含量等。我国于1986年颁布了大米的国家标准（GB 1354—1986），1999年又颁布了新的稻谷标准（GB 1350—1999），同时还制定了优质谷标准（GB/T 17891—1999）。

二、影响稻米品质的因素

稻米的品质不仅受遗传特性影响，也受环境条件及栽培技术措施影响，三者的相互作用形成了水稻的品质。

1. 品种遗传特性对稻米品质的影响

品种的遗传特性是决定稻米品质的主要因素。不同稻米品种的品质不同，其AC含量和蛋白质含量也不同，其中，整精米率、粒长、垩白度、垩白率、AC含量、GC是影响稻米品质的主要因素。AC含量主要受遗传力控制，受环境因素影响较小；蛋白质含量受遗传力影响较弱，受环境因素影响较大。

2. 环境因素对稻米品质的影响

环境因素主要是指地理生态环境和气象因素。地理生态环境主要指地理纬度、海拔、地貌特点和土壤环境等；在所有的气象因素中，温度和光照对稻米品质的影响较大。研究表明，同一品质在不同生态地区种植，品质有明显差异；同一品种在相同生态区的不同年份种植，其品质也有较大变化。

（1）海拔　随海拔高度的增高，稻米中的垩白度和胚乳粉小细胞数量降低，米质有提高的趋势。米质随海拔变化的趋势依品种的品质优劣而不同，米质越好的品种改善幅度越大。最佳海拔高度为 750～950 米，因此山区较适宜种植优质稻。

（2）土壤类型、质地与肥力　黏壤土比砂质土生产的稻米食味性好，增施农家肥的水稻食味好。

（3）温度　在水稻生长发育过程中，从抽穗到成熟期对温度最敏感，20～30℃的温度有利于形成良好米质。高温会导致灌浆速度过快，使籽粒充实不足，造成糙米率、精米率、整精米率下降，垩白面积增大。低温环境比高温环境造成的不利影响略小。一般情况下，低温寒冷、昼夜温差大地区种植的稻米中的 AC 含量低、质软、碱消值大、食味好；相反，在高温、昼夜温差小地区种植的水稻米质较差。

（4）光照　在灌浆期光照不足，会造成碳水化合物积累少，籽粒充实不良，从而导致稻米质量下降、青米多、加工品质变劣。同时，籽粒中的蛋白质和 AC 含量增加，还会引起食味下降。据研究，在齐穗后的 30 天内，若光强减弱到自然光强的 70%，则稻谷的糙米率、精米率下降 20% 左右，整精米率下降 2% 左右。日照时数与 GT、GC 呈正相关，与 AC 含量呈负相关。结实后期光照不足，稻米中的蛋白质含量和 AC 含量会相应增加，并引起食味下降。

3. 栽培因素对稻米品质的影响

（1）播种期、密度　对同一品种而言，早播能延长水稻的生育期，且稻米产量高。据研究，基本苗过多，会导致稻米的糙米率、精米率、整精米率下降，垩白粒率和垩白度增加，AC 含量和 GC 升高，蛋白质含量下降。稀植则有利于提高糙米率、精米率、整精米率、米粒透明度等指标。

（2）肥料　肥料对稻米品质的影响有两个方面：一是肥料种类，二是施肥时间。氮、磷、钾肥对稻米品质的影响顺序是氮＞磷＞钾。氮肥是影响稻米品质的重要因素。施用适宜的氮肥除可提高产量外，还可以改善稻米的外观品质、营养品质和加工品质。适当施用氮肥可提高整精米率减少垩白度，缩小垩白面积，增加蛋白质含量，促进 GC 变硬。不同的施肥方式对稻米的影响也不同，与生育期均匀施氮相比，一次性施氮能提高 AC 含量、降低蛋白质含量；分期施氮，特别是在抽穗或齐穗期追施氮肥，对提高稻米蛋白质含量和降低 AC 含量具有明显效果。适当施用有机肥，稻米的氨基酸含量增加食味品级高，口感好。稀土 V 肥对水稻品质也有一定的影响，铁、钴钒、镍能明显降低垩白粒和垩白度，提高米粒外观。

（3）灌溉　对稻米品质的影响主要体现在水稻生育后期，影响稻米的加工品质和食味品质。在水稻结实期缺水时间过长，会引起叶片早衰。灌浆水充实则稻米的垩白度增加、AC 含量降低、蛋白质含量增加，能够降低稻米的食味品质。而适当的水分供应可以提高稻米的精米率，从而提高其加工品质。

（4）收获期　适时收获不仅会提高稻米产量，还能提高稻米的品质。过早或过晚收获都会使稻米的加工品质降低。从蜡熟期起，稻米的整精米率和蛋白质含量随着收获时间的推迟而提高，并在完熟末期达到最大值，之后又呈下降趋势。AC含量随着收获时间的推迟而渐增；米粒长度则相反。此外，水稻的干燥、加工和蒸煮方法对稻米品质都有一定的影响。

三、提高稻米品质的对策

1. 加强水稻优质品种选育、改良工作

水稻品种选育研究应以优质为主，兼顾高产。在优质品种选育工作中，应注重以下方面：广泛收集水稻优异种质资源；优良品质性状和早代选择；常规育种、杂交育种和生物技术育种等多种育种方法相结合；选育适合不同生态区域种植的优质水稻品种；加强优质水稻品种推广应用工作，广泛种植优势水稻品种，逐步实现优质水稻生产区域化。

2. 提高水稻加工水平

只有采用先进的工业设备，才能真正实现标准化、规范化、市场化，从而提高稻米的糙米率、精米率、整精米率，进而提高稻米的碾磨品质。

3. 建立标准化的优质水稻栽培体系

稻米品质是遗传和环境共同作用的结果。遗传是优质高产的基础，而环境影响遗传的表达。气象因素、土壤质地、土壤水分、肥料、农药及栽培管理措施对稻米的品质和食味都有影响。因此，必须建立优质水稻栽培模式，充分发挥优质水稻品种的生产潜力和效益。

（1）优化选种　合理布局根据不同的生态区，选用不同的优质高产水稻品种，搞好优质水稻品种的提纯工作，保持优质品种的种性纯度，使其优质遗传潜力得到最大限度的发挥。

（2）适时播种　合理密植根据不同地区的气候条件和作物熟期特点，确定适宜的播种期和移栽期，保证水稻在抽穗灌浆期的气候条件处于最佳状态。根据插植密度对稻米品质的影响情况，适当稀植或实行宽行栽培，这样不但有利于提高稻米的外观品质和食味，还有利于改善田间小气候，减少病虫害的发生，提高稻米的卫生品质。移植密度随移植方式和地力状态的不同而不同。

（3）科学管水，合理施肥　水质和水层管理在一定程度上影响稻米的卫生品质和外观品质。进行优质水稻科学灌溉的首要前提是保护水质，减少水质污染。水层管理采取以浅为主，浅、湿、干相结合，交替间歇灌溉的方法。中期适当晾田，以控制无效分蘖，促进营养生长向生殖生长转换。后期干、湿、干结合，提高根系活力，保持绿叶面积，做到活秆成熟。前期要保持浅水勤灌，促进分蘖；中期主要促进烤田及根系下扎，确保植株健壮；进入幼穗分化期后，应立即复水，确保减数分裂进行和幼穗形成。从齐穗至乳熟期，田间应干湿交替，以利于开花结实及籽粒养分积累；灌浆至成熟期，可采用浅、湿、干结合的间歇灌溉方式，但不可断水过早，以防止水稻早衰。根据品种、气候、土壤的具体情况，因地制宜地平衡施用肥料。合理确定施肥总量、各元素之间配比以及各时期的比例。在施肥上，要做到平稳促进，前期施足底肥、蘖肥，以促进早返青、早分蘖；分蘖盛期要施保蘖肥，以提高成穗率；中后期施足粒肥，促大穗，提高结实率。

（4）防治结合　适时收获水稻的病虫害主要有二化螟、稻纵卷叶螟、稻飞虱、稻瘟病、纹枯病、稻曲病等。防治优质水稻病虫害时，所选农药、防治时期、用量和方法均比一般栽培严格。以生物防治为主，药剂防治为辅。在水稻生长的中后期少施农药，以减少农药在稻谷上的残留。同时，做好预测预报工作，根据田间病虫害发生规律，及时采取防治措施。适时收获可以防止稻米内部的结构发生变化，是生产优质稻米的重要环节。

第二节　提高稻米加工质量

优质稻谷的生产仅仅解决了原料的来源问题，优质稻谷不等于是优质稻米，在优质稻米的加工过程中，应不断研究、改进、提高优质稻米的加工技术和加工后处理技术，提高整精米率、降低生产成本；通过色选、抛光、着色、加香技术改善外观品质，提高商品性，增强市场竞争；通过混配技术，调节直链淀粉含量、改进营养物质的构成，提高优质稻米内在品质；采用真空充氮或其他技术包装，延长保质期。大多数大米加工企业的生产工艺流程为：原粮→清杂去石→砻谷→谷糙分离→碾米→白米分级→抛光→色选→计量分装→入库。

一、稻米收获与翻晒技术

脱粒的稻谷送到米厂后，首先要检测稻谷的含水量。对含水量在14%以下的稻谷，直接送入谷仓存放。对含水量大于14%的稻谷，送入烘干机房。根据含水量的多少，分别采取不同的干燥方法，待水分降至14%，再送入储存仓保存，以待加工。

在谷物存放期间，考虑到环境湿度、温度对稻谷的影响，工厂定期检查谷仓的湿度、温度和稻谷的含水量。根据检查结果，采取相应措施，以防稻谷腐败变质。如谷仓温度高，则送凉风进入谷仓降温，如稻谷含水量高，则送热风除湿。在复杂情况下，需采取综合措施。稻谷的含水量对大米加工的整米率影响很大，含水量太低，脱壳时，谷粒易脆断；含水量高，加工时稻米易碎。因此，要十分注意原料稻谷的含水量，对于高水分的稻谷除正常日光翻晒外，及时送入稻谷烘干设备，调整稻谷至安全储藏水分，不允许在公路上晒粮，严防稻谷被污染和破碎。优质稻谷更要防止品种的混杂，储藏时必需分仓储存。

二、稻米调质技术

稻米调质主要指稻谷脱壳后的糙米进行水分调节，目的是将糙米的水分调节至14%～16%。在此水分下的糙米最有利于糙米去皮，也即可以提高碾米的工艺效果，不仅碎米少，整精米率高，而且米色光洁、滑润，同时也可节省碾米的动力消耗；有利于提高大米的食用品质。经研究证明，大米的水分高低直接影响米饭的食味，一般大米水分在14%左右时，所煮的米饭就香软可口。方法是：采用能使水雾化的电子雾化器，将雾化的水滴喷晒在糙米上，然后将糙米流入糙米仓内，进行糙米润水调质 3～4 小时，使糙米水分调节至 14% 左右。要注意控制调节水量，并力求达到水分调节的均匀性。

三、稻米精碾技术

长期生产实践证明，采用以碾削为主、擦离为辅的混合多级碾白，可以减少碎米，提高出米率，改善米色，同时还有利于提高产量，降低电耗。头道立式米机应用较高的线速和砂辊上的金刚砂粒，对糙米进行碾削去皮，达到糙米开糙去皮目的。二机为铁辊米机，对开糙后的米粒进行碾白。三机铁辊米机对米粒进一步精碾，如适当加水还起到白米抛光的作用。末道米机配备铁辊筒喷风碾米机，机内吸风强烈，能把碾下的米糠及时排出机外，有利于提高碾米效果和减轻动力消耗。我市沂蒙丽珠和姜湖贡米稻米加工厂配备的日本佐竹稻米精碾机是优质稻米加工的理想精碾米机。

四、稻米凉米技术

这一技术有利于后续生产中裂纹粒数量、爆腰率的降低，可使增碎降低 2 个百分点，光亮度增加，米粒冷却后，强度增加，因此，冷米抛光优于热米抛光，在抛光机前增加凉米工艺，不再高温抛光，使米温接近室温，降低热效应造成的增碎。提高了大米的外观品质，减少了碎米的量。

五、稻米抛光技术

大米抛光机的主要作用是去除黏附在白米表面的糠粉，使米粒表面清洁光亮，提高成品的外观色泽。这不仅可以提高成品大米的质量和商品价值，还有利于大米的储藏，保持大米的新鲜度，提高大米的食用品质。我市稻米加工厂采用佐竹或永祥大米抛光机，采用井水多次喷雾着水抛光，使得大米晶莹透明，提高了大米等级和商业价值。抛光有一个重要的步骤就是需要加水，因此，水作为大米加工中唯一添加的外来物质，对大米的质量安全有重要的影响。我市大米加工厂采用井水，并对水质进行监控。着水量的大小直接影响抛光效果。水压过大电机易过载、水压不够，则成品米的光洁度差，达不到抛光要求。实际操作中在抛光机出料口取一把米样用手紧握一下，能形成米团，手松开，轻轻一点米团即可散开为最佳加湿量。

六、稻米色选技术

由于发热等原因，稻谷在储藏过程中会有一部分稻米变质而成为黄粒米。黄粒米含有对人体有害的成分，成品大米中含有黄粒米不仅影响大米的商品价值，也影响消费者的身体健康，应尽可能剔除。由于黄粒米与正常白米之间无一般物理特性上的差异，无法用常规清理方法将其清除，应用先进的色选机专门剔除异色粒。它采用三道分级色选，带有摄像头，利用高速 DSP 处理芯片实现 360 度高精度光电扫描成像和检测，能够很有效的识别和剔除微小体积和微小色差的异色粒大米，使监视检测异色粒含量小于 2%，提高大米的纯度和质量。

花生篇

第一章　花生田土壤改良技术

第一节　整　地

多年实践证明，山丘旱薄地要获取花生高产稳产，必须在整修水平梯田上狠下工夫，把跑水、跑土和跑肥的"三跑田"，逐步改造成保水、保土和保肥的"三保田"。20 世纪 70 年代以来，有不少山丘旱薄地区的村镇，采取"切下填上、起高填低"，"抽石换土、客土造地"，"挖沟修堰、跌水澄砂"等整地措施，把土质瘠薄的斜坡地，整成了土层深厚、上下两平、能排能灌的高产稳产农田，实现了粮油双高产。整地的技术要求是：

一、上下两平，不乱土层

为使新整农田当年创高产，在整地标准上首先要求地上和地下达到"两平"。地上平是为了减少雨后径流，防止水土流失，有利于排灌，故应根据水源和排灌方向，保持一定坡降比例，一般是梯田的纵向为 0.3% ~ 0.5%，横向为 0.1% ~ 0.2%。地下平是要求土层保持一定的厚度，不能一头厚、一头薄或一边深、一边浅。如果土层深浅不等，花生的生长就不会一致，达不到平衡增产的目的。一般土层深度要求保持在 50 厘米以上。在注意两平的同时，还要掌握生土在下，熟土在上，不乱土层的原则。即土层厚度 50 厘米以上时，先填生土，后垫熟土，使熟土层保持在 20 ~ 25 厘米为宜。或者采取"两生夹一熟"的办法，即在熟土上垫上 3 ~ 5 厘米生土，进行浅耕混合，以促进生土熟化。

二、三沟配套，能排能灌

新整农田要建成高产稳产田，除结合水利配套设施，搞好排灌系统外，还要抓好三沟配套，做到防冲防旱，能排能灌。

（1）堰下沟　根据梯田宽窄，在梯田里挖一条上宽 40 ~ 100 厘米，下宽 15 ~ 30 厘米，深 30 ~ 40 厘米与上层梯田平行的沟，并在下水头的沟口修一个水簸箕，主要用来排除渗山水和地面积水。

（2）揽腰沟　就是在花生播种后，从梯田上水头，先由外开始每隔 20 ~ 60 米垂直或斜向堰下沟，挖一条宽 30 ~ 35 厘米，深 15 ~ 20 厘米排灌两用的浅沟，沟口上方与地面平；下方高出地面，降雨时把拦截的径流水，顺到堰下沟排出，天旱灌溉时作为横向灌水沟。

（3）垄沟（畦沟）　花生单垄种或双垄种的垄沟要与地埂和埂下沟平行，雨季能将多余的雨水排向揽腰沟，旱天灌溉时，可作灌水沟。

第二节　深耕改土

一、深耕的好处

花生的根系大致随着耕层的加深扩大其伸展范围，而明显增加根的总量。浅耕时，花生根群主要分布在 20 厘米深的土层内，深耕地则可扩展至 30 厘米深的土层中。据研究，花生根系对茎叶的比重越大时单株结果数越多，如根系为 1 其茎叶比为 8 时，单株结果 8.3 个，为 6 时，单株结果 14 个，而只为 5 时，单株结果 16 个，根系比重增大时，单株结果数明显增多。播种后两个半月的花生，便在 20 厘米深处根系的吸收量最大，远比棉花和玉米深。据研究，小麦、玉米、粟和花生 4 种作物相比，深耕对花生增产特别明显，上百处对比，耕刨深 18 厘米以上比不足 14 厘米的增产 20%～40%。据山东省临沂市农科院调查，花针期 42 天无雨，深耕 30 厘米比 15 厘米因土壤沙或黏性，亩增产达 36～78 千克之多。

二、深耕增产的原因

花生田深耕，冬耕优于春耕，春耕切勿过清明，以利于冬储雨雪，消灭病虫，防止清明节后蒸发量大，容易跑墒。花生田深耕不仅当年增产，据山东省临沂市农科院调查，连续 3 年都有明显的增产效果。沙性大的花生田，土壤保水能力差，结合深耕，压入黏质土，可显著增产。黏性大通透性差的土壤，亩压沙 20 立方米左右，然后耕耙或冬压春刨，使与黏质土混合均匀，也能增产 18% 以上。深耕增产的原因：第一、加深了活土层，增强了抗旱耐涝能力。机犁耕比牛犁耕的活土层加深 15～25 厘米，改善了土壤结构，土壤容重减小，孔隙度增大，扩大了贮水范围，增强了渗水速度，有利于花生根系分生发展，从而增强了抗旱耐涝能力。第二、加速了土壤熟化，扩大了根系的营养范围。机犁深耕促进了耕层土壤微生物活化，使土层中难溶性的有机养分和矿物质养分得以释放，提高了土壤速效养分的含量，从而扩大了花生根系营养吸收范围，使根量随耕深而增加，因而花生根深叶茂，产量高。

三、深耕的技术要求

1. 深耕要不乱土层

深耕过深打乱土层，生土翻上过多，当年冻融熟化不透，达不到预期增产效果。经试验，棕壤性黄黏壤土地，深翻 40 厘米，上翻下松不乱土层的亩产荚果 268.2 千克，深耕打乱土层的亩产荚果 245.3 千克，比上翻下松不乱土层的减产 8.5%。因此，机犁深耕要在犁铧下带松土铲，以达上翻下松、不乱土层的要求。

2. 前茬深耕

麦套和夏直播花生要获得高产，应选择土层深厚、有排灌条件、肥力中等或中等以上的生荒地，并根据土质及肥力情况进行前茬深耕，对创造高产土体，协调气、水矛盾，提高麦田套种花生产量均是非常显著的。据对小垄宽幅麦套种花生试验，连续3年小麦播种前深耕30厘米，小麦累计产量972.9千克/亩，花生累计产量884.6千克/亩，较连续3年浅耕16.5厘米，增产小麦105.6千克/亩，花生74.3千克/亩，小麦、花生合计增产约11%；3年中连续2年深耕30厘米，增产小麦89.8千克/亩，增产花生73.1千克/亩，小麦和花生合计增产约10%；3年中只头1年深耕30厘米，增产小麦101.7千克/亩，花生70.7千克/亩，小麦和花生合计增产达10%，可见，连续3年深耕和2年深耕与只深耕1年的增产效果无显著差异。

第三节　轮　作

花生忌连作，连作时花生植株矮小，早落叶，结果少，荚果也小，常可减产1/3，连作三年以上时减产更大。花生连作减产的原因与病害和土壤密切相关。

一、连作为病原菌提供了有利的生活和繁殖条件

据日本研究报道，重茬三年的花生田，叶斑病加重，7月21日落叶已经达到40.8%，生荒地尚只有2.1%。连作也易加重根腐病、茎基腐病、白绢病和青枯病等的为害，据山东省临沂市农科院调查，有根腐病、茎基腐病、白绢病和青枯病的花生田，生荒地发病率7.69%，二年三作田为25.56%，连作6年的则达67.44%，花生线虫病在连作地为害加重。轮作时则不致发展成明显为害，甚至原来发生100%的田块，经三年轮作也可降至10%。轮作还可大大减轻蛴螬等地下害虫的为害。

二、土壤问题

研究表明，在正常施肥条件下，连作花生土壤有效养分出现不同程度的积累，并随着连作年限的延长而增加，各种有效养分含量的变化顺序为磷＞氮＞钙＞镁＞钾。连作还使土壤有效养分的比例发生较大的变化，特别是氮/磷、钾/磷、钾/硫、钙/镁比值明显下降，引起土壤养分失调，肥料利用率明显降低。另外，连作使根的吸收能力减弱，土壤营养供给失衡。第三，连作造成土壤中有毒物质的积累，对自身的生长有抑制作用，如有机酸、酚类等根系分泌物的累积，从而抑制作物的生长和发育。此外，长期种植某一种作物，使得农田土壤长期处于一种理化（如厌氧）条件下，也会发生有毒物质的累积。

连作减产也和导致土壤养分不平衡有关系，据报道，重茬四年的花生田，土壤有效锌为0.44毫克/千克，也低于临界值0.5毫克/千克。

第二章   种植模式

第一节   露地栽培

一、春播露地栽培

近几十年来，虽然春播地膜覆盖栽培技术得到了广泛推广应用，但因露地栽培比地膜覆盖操作简便、技术要求低、省工和投入少，在国内主要花生产区仍有一定的种植比例，春播露地栽培仍然是我国花生传统种植模式之一。

二、麦套和夏直播栽培

1. 麦套和夏直播花生的意义

我国人口多，耕地少，花生产区长期存着粮油争地、争春的矛盾，因地适宜发展麦套或夏直播花生具有重要的意义。一是土地资源得到合理利用。相对春花生而言，麦套或夏直播由一季变两季，产粮又出油，土地利用率提高了 1 倍左右，充分发挥了土地的增产增效潜力。二是解决了麦油争地的矛盾。发展麦油两熟，使粮食与油料面积都得到扩大，粮油总产都会有较大的增长，特别是缓解了食用油供求紧张矛盾，促进了国民经济的发展。三是提高了气候资源的综合利用率。实现一年两熟，大大提高了光、温、气、热资源的利用率。四是经济效益高。一麦一油，有粮有钱，这是群众对发展麦油两熟的评价。麦油两熟双高产的经济效益十分显著。五是粮油套种或夏直播是减轻重茬的有效措施。

2. 麦套及夏直播花生高产的主要矛盾

麦田套种花生，花生小麦有一段共生期，形成了一种复合的作物群体，其与周围的生态因素（包括土、肥、水、温、气）以及其他生物之间，组成了特有的农田生态系统，在作物与作物、作物与各种生态因素之间，形成了既有相互适应的一面，又有相互矛盾的一面。夏直播花生生育期短，热量资源不足是夏直播花生高产的主要矛盾。所以，在生产实践中要抓住主要矛盾，并采取适当的措施解决矛盾，才能获得麦套及夏直播花生高产。

（1）前后茬作物共生期的矛盾　麦田套种花生通常在麦收前 25 ~ 30 天播种，此时田间郁蔽，光照不足，花生与小麦争水、争肥矛盾突出，花生生长发育受到影响，容易形成"高脚苗"。一般情况下，这种影响随共生期的延长而加重。但是，采用大垄麦套覆膜花生方式，结合带壳播种，借墒早播，花生播种期在山东胶东半岛地区可提高前到

4月5日至5月5日。此时，小麦尚未起身拔节，田间温度低，光照充足，透光性好，有利于控上促下，根系生长发育旺盛，花生基部第一对侧枝健壮生长，形成壮苗，可有效地解决麦套花生"高脚苗"的问题。同时，由于播种期提前，小麦起身拔节期的肥水管理可与造墒播种花生有机地结合起来，做到肥水两用；早期覆盖地膜不仅延长了花生生育期，有利于花生生长发育，且由于温度随气、水的传导作用，可使早春小麦垄内温度相应提高，也有利于小麦的生长发育，较好地解决了两作物共生期的矛盾。普通畦田麦套和小垄宽幅麦套种花生，因不能带壳覆膜，应在保证满足花生有效积温要求的前提下，尽量缩短共生期。

（2）作物群体与个体的矛盾　麦田套种花生，减少了小麦对土地的利用面积，小麦合理密植显得尤为重要。为了保证原有密度，多采用加大播种量的办法，使播种量与普通畦田麦相同。所以，小麦群体内个体密度要比单一种植时密度大，这样就加剧了同一条带内群体与个体的矛盾，个体间争光、争肥、争水矛盾突出，个体发育不健壮，易徒长倒伏。解决的办法主要是通过选择合理的种植规格，选择株型紧凑的小麦品种，加强肥水管理和化学调控等措施。

（3）热量资源不足的矛盾　无论春播花生还是麦套及夏直播花生，从播种到出现饱果所需 >10℃ 的有效积温均为 1 355~1 385℃，因此，可将这一时期作为花生生育进程中的基本生育期，该期所需天数的多少，基本取决于热量条件。1 355℃可以作为花生基本生育期的热量指标。夏直播花生生育期短，特别是黄河和长江流域的广大花生产区，后期气温下降，热量不足，播种稍晚，管理不当，即会造成夏直播花生大幅度减产。所以，采用适当的方式，确保或增加热量资源，是解决夏直播花生高产矛盾的主要对策。

第二节　地膜覆盖栽培

一、地膜覆盖的作用

20世纪中叶，随着塑料工业的发展，尤其是农用塑料薄膜的出现，一些工业发达国家利用塑料薄膜覆盖地面，进行花生栽培并获得良好效果。我国花生地膜覆盖栽培是1979年由日本引入并在山东省进行试验推广，数年间对比平均增产36.3%，效果非常明显。地膜覆盖对于土壤保温、保墒、改善土壤理化性状和田间小气候体、延长生育期特别是提高花生产量等发挥了重要作用。具体表现以下几点。

1. 增温调温，促进了花生生育进程

地膜覆盖栽培的最大效应是改善了土壤生态环境条件，增加和保蓄了太阳对土壤的辐射热能，提高了土壤温度。据研究，春季低温期间采用地膜覆盖白天受阳光照射后，0~10厘米深的土层内可提高温度1~6℃，最高可达8℃以上。进入高温期，若无遮阴，地膜下土壤表层的温度可达50~60℃，土壤干旱时，地表温度会更高。盖膜花生全生育期5厘米总活动积温增高195.3~370℃。但在有作物遮阴时或地膜表面有土或淤泥覆盖时，土温只比露地高1~5℃。夜间由于外界冷空气的影响地膜下的土壤温度只比露地高 1～2℃。地膜覆盖的增温效应因覆盖时期、覆盖方式、天气条件及地膜种类不同而异。

另外,花生进入中期高温阶段,由于覆膜花生群体覆盖度大和地膜的不透气性,阻挡了气化热的通过,抑制了地温上升,起到调温作用。所以,由于覆膜花生具有增温调温作用,缩短了生育进程,使花生早熟、高产、稳产。

2. 保墒提墒,增强了花生的抗旱耐涝能力

由于地膜的不透气性,白天气温升高,水分蒸发到地膜内表面,晚上气温低,水蒸气凝结成小水滴附在膜面下,保持表土层湿润,起到了保墒作用。若天旱无雨,覆膜耕层水分减少时,深层水分通过毛细管向地表移动,被地膜阻隔在表层内,起到提墒的作用。另外,覆膜花生浇水、排涝方便,维持了土壤适宜水分和通透性,起到抗旱防涝作用。

3. 保持了土壤松暄,促进了根系发育和有效果针入土结实

覆膜花生前中期土层保持湿润,中后期防冲、防涝,使土壤水分消长运动规律相对稳定。薄膜承受雨点打击能力强,使花生结实土层长期保持松暄,据报道,地膜覆盖保持了土壤的良好的结构,5厘米、10厘米和15厘米处的土壤硬度,盖膜的只当露地的13.9%、56%和77.6%。增强了透气性,促进根系发达,根瘤增多,有利于果针入土和荚果发育。

4. 促进土壤微生物活化,提高速效养分含量

覆膜花生地养分不会因浇水或降雨引起流失或下渗而造成肥力下降。相反,由于膜内温度相对升高,促进了好气微生物的活化和各种酶的活性,加速了土壤营养物质分解和转化,速效态氮磷钾养分增加,尤其是速效氮比露栽成倍增加。据报道,土壤耕层内覆膜氨细菌增多8.5%～11.6%,磷细菌增多30.0%～30.2%,钾细菌增多59.7%～60.2%,固氮菌增多42.3%～58.5%,而且活性也增加,使土壤中的可以利用的养分增多。

5. 改善了田间小气候,提高了花生光合作用

覆膜花生由于地膜的光反射能力,增加了花生株行间的光照强度。据报道,覆膜由于地膜的反光作用,当自然光照92 000勒克斯时,距地面10～30厘米高处,覆膜比露地栽培增强1 000～2 000勒克斯。另外,由于地膜表面光滑,风速加快,促进 CO_2 循环,加之气温高、光照强,显著提高了光合效率。

6. 地膜覆盖增产效应

据研究,花生覆膜后,有利于一播全苗,壮苗早发,一般比不盖膜的早出苗2～5天,早成熟7～10天。从200多处试验结果表明,覆膜花生地力水平不一样,增产效果差异较大。在亩产150～250千克的地块,每亩增产75.95千克左右;亩产250～400千克的地块,每亩增产93.8千克左右;亩产400～500千克的地块,每亩增产95.3千克左右。一般壤土地增产效果好于沙壤土,沙壤土好于黏壤土,黏土好于沙土。就产量性状而言,一般单株结果多1.3个,双仁果率高4.3%,饱果率多10.3%,出米率高2.3%,每亩增产荚果75～100千克。

二、地膜的类型、规格

1. 类型

覆膜栽培所覆盖的地膜，不仅要宽度适宜，不碎裂，耐老化，透明度高，而且果针能把地膜穿透，并具有控制花生高节位无效果针入土的性能，提高饱果率。

目前，地膜的类型较多，分类标准也不一致，以吹塑工艺生产地膜的方法，多以原料的密度为标准。密度为 0.91～0.935 克/立方厘米称为低密度聚乙烯，密度为 0.94～0.97 克/立方厘米称为高密度聚乙烯，介于两者之间的为线型低密度聚乙烯。按照传统生产的方法凡压力小于 20.265×10^5 帕斯卡的为低压膜，20.265×10^5 帕斯卡以上的为中压膜，这两种膜都以高密度聚乙烯为原料。压力在 $1\,013.25 \times 10^5 \sim 3\,039.75 \times 10^5$ 帕斯卡的为高压膜，所用原料为低密度聚乙烯。现在市场上销售的超薄微膜都是用线性聚乙烯原料吹塑而成的。另外，地膜又分有色膜、带孔膜、除草膜等。

2. 规格

（1）宽度　花生地膜覆盖为全覆盖，地膜宽度以垄宽而定，如春花生起大垄种双行花生覆膜，垄宽为 850～900 毫米，花生膜宽以 850～900 毫米为宜，小花生膜宽以 800 毫米为宜。垄宽为 1 000 毫米或 2 000 毫米的地区，则选用相应宽度的地膜。

（2）厚度　地膜过厚成本高，而且果针难以穿透，厚度大于 0.018 毫米，就会影响低节位有效果针入土结实。地膜过薄，厚度小于 0.004 毫米，不仅保温保湿效果差，易破碎，而且会失去控制无效果针入土的能力。花生地膜的适宜厚度为（0.007 ±0.002）毫米。但是，现在市场上销售的厚度为（0.004 ± 0.0015）毫米的超微膜，如果原料好，吹塑质量高、成本低、增产效果好，也可选用。

（3）透光率　地膜的颜色有黑色、乳白色、银灰色、蓝色和褐色，但增温效果仍以透明膜最好，其透光率 ≥90%。一般花生地膜的透光率 ≥70% 为宜，若透光率 <50%，会显著影响太阳辐射热的透过。

（4）展铺性能　地膜应不黏卷，容易覆盖，膜与垄面贴实无褶皱。断裂伸长率纵横 ≥100%，确保覆膜栽培期间碎裂。

（5）地膜用量　花生地膜用量可采用下式计算：

地膜用量（千克/公顷）＝0.91×覆盖田面积×地膜厚度×理论覆盖度

式中：0.91——聚乙烯塑料膜的相对密度；

　　　　覆盖面积——10 000平方米/公顷；

　　　　地膜厚度——单位为毫米。

理论覆盖度＝［地膜宽度/平均行距（毫米）×2］×100%

3. 当前花生覆膜栽培常用的几种地膜

（1）高压常规膜　宽度 800～900 毫米，厚度 0.014 毫米，用量 150 千克/公顷。该膜机械物理强度大，耐老化，覆膜时不破裂。透明度 ≥80%，增温保墒效果好，能控制高节位无效果针入土，果针有效穿透率在 50% 以上。

（2）低压超薄微膜　该膜宽度 850～900 毫米，厚度 0.006 毫米，用量 60 千克/公顷。优点是强度高，用量少，对无效果针控制较好。缺点是透明度低，透光率 <60%，

增温保湿效果差，横向拉力小，易裂，展铺性差。

（3）线型超薄微膜　该膜宽度为850~900毫米，厚度0.007毫米，每捆9千克，用量为67.5千克/公顷。优点是透明度好，透光率≥80%，不易破裂。缺点是膜卷易粘连。

（4）共混超薄微膜　该膜规格及优点同上述超薄微膜，其断裂伸长率向差适中，展铺性好，增温保墒效果好，果针有效穿透率为50%，用量67.5千克/公顷。

（5）超微地膜　该膜宽度为850~900毫米，厚度0.004毫米，每捆5千克，用量为37.5千克/公顷。其物理性能和农艺性能均达标。目前，大部分采用此膜覆盖花生。

（6）除草膜　该膜是利用含有除草剂的树脂，经过吹塑或喷涂工艺加工而成的抑制杂草的地膜，除草效果一般在90%以上。使用时，将有除草剂的一面接触地面，除草剂分子从聚乙烯分子间隙或膜面上释放出来，同膜下水滴落到地面，形成一个药剂处理层，杂草接触到药剂便被杀死。用量为45千克/公顷。

（7）可控光降解地膜　该膜是将一定量的光降解母料加入聚乙烯中吹塑而成。在一定的时间内可自行分解，能减少残膜的污染。另外，还有生物降解膜、淀粉膜、草纤维膜等尚在继续研究过程中。

三、春花生地膜覆盖

我国花生地膜覆盖种植方式主要有平种覆膜种植、起垄（高畦）覆膜种植。

1. 平种（畦）覆膜种植

平种是我国北方旱薄地花生产区的一种种植方式。由于地势高燥，土壤肥力低，又无浇水条件，花生不发棵，需要密植。因此，土壤进行施肥和耕地后，直接进行播种花生、除草和覆盖地膜的种植方式。具有操作简单，省工等优点；不足之处是平畦覆膜的效果较差，对排灌、护膜和促苗生长均会带来不利的影响。

2. 起垄（高畦）覆膜种植栽培

垄种是我国花生栽培的主要种植方式。采用起垄（高畦）种植，容易扣紧封严地膜，使土壤疏松不板结，受光量大，蓄热多，有利于增高土温，同时高畦（垄）覆膜对水分运动也更有利，可促进深层土壤水分上升，供植物吸收利用，为种子萌发与幼苗生长创造了良好条件，有利于苗齐苗旺。苗期中耕可以起到同时清棵的作用，还能增强田间通风透光，雨季也可有由于地温和水分的增高，利于排涝，烂果少，管理和收获方便，也影响着土壤微生物活性及肥料分解矿化过程。据研究，垄作常比平作增产，同为穴播的垄作比平作增产16.9%~21.6%。

（1）规格起垄（畦）　地膜覆盖栽培的花生，适时规格起垄是提高覆膜质量和确保密度规格的关键，适时规格起垄要掌握好5个要点。

第一，底墒要足。起垄时，有墒抢墒，无墒造墒，墒情充足是覆膜栽培高产的关键，切不可无底墒起垄。因为尽管覆膜有保墒作用，但地干无墒可保，即使播种时浇底水，幼苗出土后也会因底墒不足而吊干死苗。播后靠天等雨，因薄膜阻隔，小雨无效；播后润墒，小水浇不透，大水漫灌，降低地温，影响壮苗；而且无墒起垄影响起垄规格和覆膜质量，因此一定要足墒起垄。无水浇条件的地区，要有墒抢墒，起垄早覆膜，保墒打孔播种。有水浇条件的地区，遇旱要适时喷灌或开沟浇水造墒，耙平耢细，起垄播种覆膜。

第二，垄（畦）高度要适当。垄的高度（垄沟底至垄面）以12厘米左右为宜，如果起垄过高，不仅垄面不能保宽，而且覆膜时垄坡下面盖不严、压不紧，膜易被风刮掉，影响增温保墒效果。同时，垄过高，易造成果针下滑，有效果针入膜内土壤结实的数量减少。起垄过低，不利于排涝，且易使多余的膜边盖死垄沟，影响水分下渗。因此机械起垄时，要调好扶垄器的高度；畜力起垄，要注意把平垄面，掌握垄高。

第三，垄（畦）面要宽。垄面的宽度因地力、品种、密度和膜宽而定。一般中等肥力种早熟花生品种，垄距为80～85厘米，垄沟宽30厘米，垄面宽50～55厘米；中、高肥力种中晚熟大花生品种，垄距为85～90厘米，垄沟宽30厘米，垄面宽55～60厘米；南方稻田覆膜花生垄距一般在80～200厘米，垄面宽50～170厘米。垄面过宽或过窄，不仅影响花生种植密度规格，而且影响花生生长发育。

高畦种植是南方的主要种植方式，北方也有部分地区采用。湖南叫"开厢"；广东、广西叫"起块"；鲁南和苏北叫"小万"。主要优点是抗旱防涝，能排能灌。一般畦宽100～150厘米，其中畦沟宽40厘米，沟深20～25厘米，挖畦沟的土垫在畦面上，使略成"龟背"形，等行种植4～6行。

第四，垄（畦）坡要陡。要改梯形坡为矩形坡，起垄后覆膜前，用小镢或小犁子把垄坡上下切齐，使垄坡接近垂直，尽量使垄截面成为矩形。这样可使地膜贴紧压实，同时也可避免梯形坡相邻两垄膜边盖死垄沟的弊端。

第五，垄（畦）面要平。起垄后，要将垄面把平压实，确保无垡块、石块等杂物。这样有利于薄膜展铺，能使膜面与垄面贴实压紧。如垄面不平而拱形垄面梯形坡，易使覆膜花生靠垄边的果针下滑坡底，不能结果，浪费养分，单株结果数减少。

第六，花生起垄栽培分为人工起垄和机械起垄。在交通不便，地块较小的地方，往往用单铧犁进行起垄。在交通方便，地块面积较大的地方，可采取四铧犁机械起垄，机械起垄生产效率高，耕作质量好。

（2）播种　根据播种的种子形态和覆盖地膜的先后顺序，花生地膜覆盖栽培播种方式可分为以下几种。

第一，先播种花生仁后覆膜方式。即在提前起好垄或刚起好垄的垄面上，按规格用镢开2条播种沟，沟深3～5厘米，按穴距规格将事先处理好的种子，并粒平放2粒种子，切不可向沟内散播，否则既影响密度规格，又因种子分散易造成开膜孔多，增加放苗困难，降低了覆膜增温保墒效果；或者用插孔器，按照播种密度在垄面上插播种孔，每个孔点播2粒花生种子。该法劳动生产率高，播种速度快，密度规格合理，播种深度一致，保温保湿效果好，出苗快，出苗整齐。基本达到覆膜规范化的要求。

播种后覆土要均匀，适当镇压垄面，然后喷施除草剂，再按要求覆盖地膜。

第二，先播种果壳覆膜方式。干旱或半干旱花生产区春季十年九旱，又无水浇条件，给花生适期播种带来困难。早春风小墒情好，土壤含水量高，覆膜保温保墒，可以较好地解决墒情与地温不同步的矛盾。果播覆膜的关键是播种前认真挑选籽仁充实饱满的荚果，晒果2～3天后，用两凉一开的温水（40℃）浸泡24小时，待果壳吸足水，籽仁吸至2/3水分时，捞出把双仁果从果腰处掰开，单仁果从果嘴捏开口，随即播种，前后室要分开播，播后覆盖地膜。

第三，先覆膜后打孔播种方式。即于播前5～7天趁墒覆膜，起到保温保湿和调节劳力的作用。播种时采取打穴、放种、封孔盖土3道工序连续作业。打穴时，可用木制打穴棒或铁制打穴器，穴径4～4.5厘米，深3～3.5厘米，并在其上横装一标尺，以控制穴深和穴距。按密度规格在膜面上打2排播种穴。在播种穴内插播或平放2粒处理过的种子，注意使种子播深保持3～3.5厘米。然后用湿土封穴按实。再在膜穴上盖厚为3～4厘米的馒头状土堆，封膜保温保湿和避光引苗。此法播种深浅一致，规格合理，能达到覆膜花生规范化要求。缺点是因打穴过多，播后保温保湿效果稍差。遇冷雨低温，土堆易结硬盖和出现烂种现象。

第四，苗后覆盖地膜方式。夏花生地膜覆盖多在花生齐苗（一般夏花生在播后4～8天）后再边盖膜边打孔破膜放苗，随后用土把膜孔压严盖实。这种方法可以有效地解决因高温引起的烧苗问题，还可以避免因墒情不足引起的种子落干现象。

（3）盖膜　花生地膜覆盖分为，人工覆盖地膜和机械覆盖地膜两种。①人工覆膜。覆膜前在贴近畦跟处开一个小沟，覆膜时将膜展平、拉紧，使薄膜与畦面贴合紧密，将膜边放到预先在畦跟处开的小沟内，用土压严实，畦面上每隔2～3米远压一溜土，防大风掀膜。最好在畦面上均匀撒1厘米左右的细土，可以让花生自行顶膜放苗，节省劳动力和具有防止高温灼伤幼苗效果；②机械化覆膜方式。在人工起垄或机械起垄、人工点种后，用覆膜机覆盖地膜的播种方式。人工播种和覆膜需要劳动力多，劳动强度也大，播种速度慢，播种质量差，达不到花生地膜覆盖标准化和规范化的要求。有条件的地方应采用机械覆盖地膜，既能提高花生播种速度，又能保证覆膜质量，是今后覆膜栽培的发展方向，该技术已在山东、河南、河北、安徽、江苏、辽宁、新疆、海南、北京、天津等省（市、区）推广应用，取得了非常理想的省工、省力、高效、高产效果。机械覆膜时，要注意调好膜卷的松紧度、除草剂的气压及其他农艺性能，确保覆膜质量。

花生地膜覆盖栽培的几点要求如下。

第一，选用高产良种。花生地膜覆盖，使花生播种期能够提早，延长有效生育期，因此，选用中晚熟大花生高产良种，就能充分利用生育期中水、肥、光、热资源条件，充分发挥优质高产的优势。覆膜栽培花生，无论是中熟或晚熟品种，均应选用株型直立、分枝中等、开花结果比较集中、荚果发育速度快、饱果率较高的品种为宜。

第二，适当提早播种。地膜覆盖使土壤处于温暖、湿润状态，对种子萌发十分有利，一般可比露地栽培早播5～10天。

第三，足墒播种。地膜覆盖能抑制蒸发，是一种以保墒为中心的抗旱措施。播种期土壤中必须有一定的含水量，种子才能萌发出土。土壤墒情差的要浇水造墒。生育前期应控水，防止幼苗徒长、根系分布浅。

第四，施足底肥。为获得早熟高产和克服地膜覆盖追肥效果不良的缺点，花生地膜覆盖施肥的特点是以基肥为主，追肥为辅。为维持土壤较高的肥力，给作物生长发育提供丰富的营养，应在整地时施足矿物营养肥料和生物有机肥。追肥可在中后期结合病虫害防治叶面喷施，进行根外追肥，这样就能保证覆膜土壤有较高的肥力，获得高产。

第五，不管采取哪种覆膜方式，最好在无风天进行，大风时停止作业。覆膜花生一般为全覆盖，即垄距与膜宽应相适宜。人工覆膜时，当垄面平整后，先由两人用小沟镢沿垄的两边开沟搂边，后由一人沿垄面和垄边沟喷除草剂，再由一人用拉膜工具拉动地膜，做到趁墒、铺平、拉紧、贴实、压严、无皱褶、无破损，最后由两人在垄两边脚踩膜边，并用镢头掩土压膜边。使之日晒膜面不鼓泡，大风劲吹刮不掉，保温保湿效果好。倘若垄面不平，膜面日晒膨胀松弛，膜边封土干燥，易被风掀起膜边。为防止地膜被风吹起，要每隔 4 ~ 5 米横压一条土带，两膜边用土压紧踩实，膜破碎处应用湿土压严。为确保除草剂的效果，要边喷除草剂边覆膜。

四、几种成功的小麦、花生双高产栽培套种方式

1. 大垄宽幅麦套种覆膜花生

在小麦收获期较晚，种植夏直播花生热量不足，土壤肥力中等偏低，小麦单产低于6 000千克/公顷的地区或地块，应采用这种方式。其具体做法是：冬小麦播种前，采用两犁（带犁铧）起垄，垄距 90 厘米，垄高 10 ~ 12 厘米，整平垄顶，在垄沟内播种两行小麦，沟内小麦小行距 20 厘米，大行距 70 厘米。翌年小麦起身期（山东大约在 4 月初），在大垄垄面上套种两行花生，垄上花生行距 25 ~ 30 厘米，然后覆盖地膜。该方式可以充分发挥小麦的边际优势，加之地膜的反光、提温、保墒作用，改善了小麦的光、热、水条件，促进了小麦的分蘖成穗率，增加了穗粒数和粒重，有利于小麦高产。但小麦每公顷产量超过 6 000 千克后，对花生有一定的影响。小麦每公顷产量宜控制在5 250 ~ 6 000 千克。由于加宽了花生的套种行距，有利于花生的通风透光，缓和了花生和小麦共生期间争光的矛盾。

2. 小垄宽幅麦套种花生

在土壤肥力较高，灌排水条件较好，热量资源较充足的地区，可采用这种方式。其具体做法是：冬小麦播种时不扶垄，每 40 厘米为一条带，用宽幅耧播种一行小麦，小麦播种沟幅宽 6 ~ 7 厘米，行距 33 ~ 34 厘米。麦收前 20 ~ 25 天结合浇小麦扬花水，在小麦行间套种一行中熟大果花生。该模式小麦基本苗与普通畦小麦丰产田相同，利于小麦高产。每公顷产量可达 6 000 ~ 7 500 千克。同时由于小麦行距比畦田麦加宽，通风透光性较好，花生套种期可适当提前，并能减轻花生"高脚苗"，从而提高花生饱果率。

3. 普通畦田麦套种花生

在土壤肥力高，热量资源比较充足，灌排水条件好的小麦高产地区，可采用这种方式。其具体做法是：冬小麦按 23 ~ 27 厘米行距等行畦田播种，麦收前 15 ~ 20 天在每行小麦行间按 26 ~ 27 厘米穴距套种中熟大果花生。该方式小麦易于创高产，一般每公顷产量可达 6 000 ~ 7 500 千克。所套花生因比夏直播花生延长了 15 ~ 20 天生育期，有效花期和产量形成期加长，加之以密度取胜，每公顷 27 万 ~ 30 万株，产量可达 6 000 千克以上。

4. 大垄宽幅麦套种花生周年覆盖栽培

在春季易干旱，土壤肥力较低的旱地，宜采用这种方式，其具体做法是：在深耕整地，一次施足肥料的基础上，从秋种开始，就按垄距 90 厘米，垄高 10 ~ 15 厘米，垄顶

呈弧形的规格，起垄喷除草剂，覆盖 90 厘米宽，0.006 ~ 0.008 毫米厚的标准地膜。沟内播两行冬小麦，行距 15 厘米。翌春在垄上打孔播种花生。麦收时小麦高留茬 20 厘米以上，麦收后平茬盖沟保墒。下一轮再种时，实行沟垄换位轮作。

实行周年覆盖栽培法，由于延长了地膜覆盖栽培时间，可以有效地保蓄降水，抑制蒸发，提高降水的利用率；提高地温，使冬春垄上 0 ~ 10 厘米地积温比对照增加约 400℃，沟内增加约 200℃，为小麦大幅度增产奠定了基础；同时可以起到防止土壤板结，增加土壤有效养分，抑制盐分上升的作用。在山东 6 处旱薄地试验：每公顷产小麦 3 249 千克、花生 3 750 千克，比春季覆膜套种栽培，小麦和花生分别增产 40.3%、26.1%，比不覆膜套种栽培，小麦和花生分别增产 60.4%、66.9%。该模式适于旱地、水浇地和盐碱地，尤其适于旱地和盐碱地栽培。

5. 夏直播覆膜栽培

（1）夏直播花生覆膜栽培增产机理　夏直播花生覆膜栽培的增产机理有四点：一是减轻了降雨对地表的直接冲击，使结果层土壤不板结，有利于根系生长和果针入土结实。二是可以显著提高夏直播花生地温，一般平均日增地温 1 ~ 3℃，全生育期 5 厘米地温累计增加 139.6℃，大致相当于 >10℃ 的有效积温 95℃，可使始花期提早 2 ~ 5 天，产量形成期延长 6 天，有效花期内花量增多，饱果指数提高 20% 以上，饱果体积增大，每千克果数减少 50 个以上。三是抗旱耐涝，由于地膜的阻隔，土壤水分扩散呈纵向上升和横向渗透相结合的状态，可起到干旱保墒，大雨径流排涝的作用。四是促进夏直播花生生长发育，由于地膜覆盖田土壤温湿度适宜，促进了花生初期营养生长，叶面积发展快，提早封垄，扩大了光合势，有利于干物质积累，在山东鲁南条件下，采用中熟大果品种露地栽培，即使 6 月 10 日播种，到 10 月初花生饱果率仅 40% 左右，采用地膜覆盖栽培，中熟大果品种的饱果率可达到 60% 以上。

（2）夏直播花生覆膜的方式和方法　夏直播花生覆膜栽培，麦收后要抓紧时间浅耕灭茬，一般用旋耕机旋耕 15 ~ 20 厘米，如时间太紧，来不及旋耕可直接起垄。采用四犁起垄，前两犁要深，耕透犁，后两犁适当浅而宽，然后耙细耙平。

夏花生播种时正处高温季节，覆盖地膜极易引起高温抑制种子发芽出苗和高温灼苗。为避免覆膜不当所引起的弊端，充分发挥地膜的有利作用，一般先按覆膜规格起垄播种，待花生顶土出苗时覆膜，同时开孔引苗压土或采用先覆膜，后打孔播种，然后在播种孔上压 4 ~ 5 厘米土堆或先播种，后覆膜，接着在膜上花生行压 4 ~ 5 厘米高的土埂等方式。这三种方式均能减轻或避免高温对发芽出苗的危害，同时，发挥覆膜的有利作用，较露地栽培增产 18.12% ~ 24.16%。

第三章 花生品种与播种技术

第一节 花生主要推广品种

一、"海花一号"

（1）品种来源 该品种是山东省海阳县高家乡黑崮技术队用临花 1 号×白沙 171 杂交选育而成。

（2）特征特性 属中熟种，生育期 140 天左右。需积温 3 300～3 500℃；株型紧凑，茎秆较矮，一般株高 40～50 厘米；叶片较小而侧立，透光性好，不易郁闭，抗倒力强。开花集中，饱果率高。据试验，在我县春播，花开期为 6 月 5 日至 7 月 20 日，比"徐州 68－4"短 10 天。饱果率夏播为 74%，比"徐州 68－4"高 24.5%，出米率高 3% 左右。耐肥水增产潜力大，但苗期弱，发苗慢。因此，应提高播种质量，加强苗期管理。

1984 年在海阳县春播 378 亩，平均亩产 347.7 千克，比"徐州 68－4"增产 24%；夏播 122 亩，平均亩产 271.5 千克，比'徐州 68－4"增产 22.4%，春播亩产最高突破 500 千克，夏播亩产最高达 350 千克，深受群众欢迎。

二、丰花1号

（1）品种来源 山东农业大学花生研究所培育而成。2001 年通过山东省审定命名（鲁农审字［2001］017 号）。以蓬莱一窝猴作母本海花一号作父本杂交。

（2）特征特性 该品种属连续开花型，疏枝，单株分枝 9 条，主茎高 46 厘米，株型直立紧凑，叶片倒卵形，叶形较小，叶色深绿。荚果普通型。果壳网纹明显，果腰中浅，果嘴明显。果大，百果重 240 克。籽仁椭圆形，种皮粉红色，内种皮橘黄色。种子休眠期长，收获期不发芽。仁大，百仁重 102 克，出米率 72.6%。结果集中，双仁果率 90% 以上，单株结果数 20～36 个，荚果整齐。熟性为中熟品种，春播 136 天左右，夏直播地膜栽培 110 天。麦行套种生育期 125～130 天。比海花 1 号早 5～7 天，比鲁花 11 早 3～5 天。

产量潜力高，增产幅度大。耐肥水，耐密植，地上生长与地下生长协调，特别抗倒伏。抗病性强，适应性广。抗叶斑病，锈病，落叶晚，耐重茬性能好。抗旱耐瘠，耐肥，耐涝。耐盐碱。收获期一般不烂果。结果性能好，大田常规密度栽培，单墩结果数最高达到 110 个。荚果充实性好，饱果率 90% 以上。每千克果数 450～550 个。高产潜力亩产 700 千克以上。高产示范田亩产达到 662 千克。

（3）品质特点 品质优良，质地香脆，有甜味，口感好。经山东进出口商品检验局检验符合大花生果仁出口要求，可加工 7/9 出口花生果。24/28 出口花生仁。

（4）栽培特点 适宜高肥地，丘陵旱地，微碱地栽培。适宜春播和夏直播盖膜，麦田套种等多种种植方式，尤其适合高产。

三、山花 9 号

（1）品种来源 审定编号：鲁农审 2009035 号。育种者：山东农业大学农学院。品种来源：常规品种。（海花 1 号/花 17）F1 种子经 60Coγ 射线 2 万伦琴辐射后系统选育。

（2）特征特性 春播生育期 127 天，主茎高 32.9 厘米，侧枝长 36.9 厘米，总分枝 8 条；单株结果 12 个，单株生产力 21 克；荚果普通型，网纹清晰，果腰较粗，果壳较硬，籽仁长椭圆形，种皮粉红色，内种皮橘黄色，百果重 207.4 克，百仁重 84.0 克，每千克果数 585 个，千克仁数 1 381 个，出米率 69.6%。抗旱及耐涝性中等。2007 年经农业部食品质量监督检验测试中心（济南）品质分析：蛋白质含量 29.4%，脂肪 50.7%，水分 5.0%，油酸 40.8%，亚油酸 39.2%，O/L 值 1.04。经山东省花生研究所抗病性鉴定：网斑病病情指数 41.8，褐斑病病情指数 14.7。

在 2006—2007 年山东省花生品种大粒组区域试验中，两年平均亩产荚果 337.3 千克、籽仁 236.6 千克，分别比对照鲁花 11 号增产 13.0% 和 12.2%，2008 年生产试验平均亩产荚果 340.5 千克、籽仁 244.0 千克，分别比对照丰花 1 号增产 10.2% 和 11.9%。

四、花育 22 号

（1）品种来源 山东省花生研究所系谱法选育的早熟出口大花生新品种。2003 年 3 月通过山东省农作物品种审定委员会审定。

（2）特征特性 该品种为早熟普通型大花生，株型直立，结果集中，生育期 130 天左右，抗病性及抗旱耐涝性中等。主茎高 35.6 厘米，侧枝长 40.0 厘米。百果重 245.9 克，百仁重 100.7 克，出米率 71.0%。脂肪含量 49.2%、蛋白质 24.3%、油酸 51.73%、亚油酸 30.25%，O/L 值为 1.71。籽仁椭圆形，种皮粉红色，内种皮金黄色，符合出口大花生标准。

在 2000—2001 年山东省花生新品种区试中，平均亩产荚果 330.1 千克，籽仁 235.4 千克，分别比对照鲁花 11 号增产 7.6% 和 4.9%，2002 年参加生产试验，平均亩产荚果 372.2 千克，籽仁 268.9 千克，分别比对照鲁花 11 号增产 8.8% 和 7.5%。

五、花育 25 号

（1）品种来源 山东省花生研究所于 1997 年用鲁花 14 号为母本，花选 1 号为父本杂交，后代采用系谱法选育而成。2007 年 4 月通过山东省农作物品种审定委员会审定定名。

（2）特征特性 该品种属早熟直立大花生，生育期 129 天左右。主茎高 46.5 厘米，株型直立，分枝数 7～8 条，叶色绿，结果集中。荚果网纹明显，近普通型，籽仁无裂纹，种皮粉红色，百果重 239 克，百仁重 98 克，千克果数 571 个，千克仁数 1 234 个，出米率 73.5%，脂肪含量 48.6%，蛋白质含量 25.2%，油酸/亚油酸比值 1.09。抗旱性强，较抗多种叶部病害和条纹病毒病，该品种后期绿叶保持时间长、不早衰。

该品种在 2004—2005 年山东省花生新品种大粒组区域试验中，平均亩产荚果 319.79 千克，籽仁 232.49 千克，分别比对照鲁花 11 号增产 7.28% 和 9.43%，2006 年参加生产试验，平均亩产荚果 327.6 千克，籽仁 240.9 千克，分别比对照鲁花 11 号增产 10.9% 和 12.2%。

六、花育 36 号

（1）品种来源　山东省花生研究所选育而成。审定编号：鲁农审 2011021 号。系花选 1 号与 95 - 3 杂交后系统选育。

（2）特征特性　属中间型大花生。荚果普通形，网纹深，果腰浅，籽仁近椭圆形，种皮粉红色，有裂纹，内种皮白色，连续开花。区域试验结果：春播生育期 127 天，主茎高 46.2 厘米，侧枝长 49.7 厘米，总分枝 9 条；单株结果 14 个，单株生产力 20.7 克，百果重 252.7 克，百仁重 107.8 克，千克果数 508 个，千克仁数 1 077 个，出米率 70.9%。

2008 年经山东省花生研究所田间抗病性调查：高感叶斑病。在 2008—2009 年全省花生品种大粒组区域试验中，两年平均亩产荚果 361.8 千克、籽仁 257.2 千克，分别比对照丰花 1 号增产 8.1% 和 10.0%；2010 年生产试验平均亩产荚果 315.2 千克、籽仁 220.7 千克，分别比对照丰花 1 号增产 8.5% 和 9.0%。

品质特点：2008 年经农业部食品质量监督检验测试中心（济南）品质分析：蛋白质含量 22.8%，脂肪 44.3%，油酸 39.1%，亚油酸 39.5%，O/L 值 1.07。

（3）栽培特点　适宜密度为每亩 9 000～10 000 穴，每穴 2 粒；其他管理措施同一般大田。

七、临花 5 号

（1）品种来源　山东省临沂市农业科学院选育而成，审定编号：鲁农审 2009038 号。辐 8707 与徐州 68 - 4 杂交后系统选育。

（2）特征特性　春播生育期 126 天，主茎高 35.5 厘米，侧枝长 37.9 厘米，总分枝 8 条；单株结果 12 个，单株生产力 22 克；荚果普通型，籽仁椭圆形，种皮粉红色，无油斑，无裂纹；百果重 198 克，百仁重 82.4 克，千克果数 641 个，千克仁数 1 402 个，出米率 71.0%。抗旱及耐涝性中等。

经山东省花生研究所抗病性鉴定：网斑病病情指数 53.6，褐斑病病情指数 7.3。在 2006—2007 年全省花生品种大粒组区域试验中，两年平均亩产荚果 316.9 千克、籽仁 229.9 千克，分别比对照鲁花 11 号增产 6.2% 和 9.1%；2008 年生产试验平均亩产荚果 322.5、籽仁 236.0 千克，分别比对照丰花 1 号增产 4.4% 和 8.3%。

（3）品质特点　2007 年经农业部食品质量监督检验测试中心（济南）品质分析：

蛋白质 26.1%，脂肪 49.9%，水分 3.9%，油酸 40.0%，亚油酸 40.14%，O/L 值 1.11。

（4）栽培特点 适宜沙质土壤或壤土。适宜密度每亩 9 000 墩左右，每墩播 2 粒。施足基肥，足墒播种，生育期间注意防治病虫草害，注意化控防倒伏。其他管理措施同一般大田。

八、豫花 9 号

（1）品种来源 河南省濮阳市农业科学研究所选育而成。1997 年通过河南省农作物品种审定委员会审定。以濮阳 513 为母本，以豫花 2 号为父本杂交后系统选育。

（2）特征特性 属早熟品种，麦田套种生育期 110 天左右。植株直立，密枝。株高 42 厘米左右。侧枝长 47 厘米。总分枝 11 条左右，结果枝 5.9 个。叶片椭圆形，绿色。交替开花。荚果普通型，大果。籽仁椭圆形，种皮粉红色。百果重 250 克，百仁重 94 克，出仁率 72%，籽仁粗脂肪含量 47.6%，粗蛋白质含量 28.8%。

较耐叶斑病、病毒病。抗旱性、耐涝性好，耐盐碱。在河南省试验结果表明，比徐州 68-4 和海花 1 号表现显著增产。一般单产 340 千克，高产田可达 470 千克以上。

（3）栽培要点 适期早播，足墒播种。种植密度，中产田以 10 000 穴为宜，高肥田可以减至 8 700 穴左右。

九、日花 1 号

（1）品种来源 日照市东港花生研究所选育，审定编号：鲁农审 2008030 号。系鲁花 3 号与花选 1 号杂交后系统选育。

（2）特征特性 春播生育期 130 天，株型紧凑，疏枝型，连续开花，主茎高 39.4 厘米，侧枝长 44.1 厘米，总分枝 10 条；单株结果 16 个，单株生产力 20 克，荚果普通型，籽仁椭圆形，种皮粉红色，百果重 253.6 克，百仁重 101.3 克，千克果数 522 个，千克仁数 1 126 个，出米率 73.2%。抗旱及耐涝性中等。

2007 年经农业部油料作物遗传改良重点开放实验室抗病性鉴定：高抗青枯病，经山东省花生研究所抗病性鉴定：网斑病病情指数 47.7，褐斑病病情指数 14.3。在 2005—2006 年全省花生品种大粒组区域试验中，两年平均亩产荚果 325.4 千克、籽仁 238.0 千克，分别比对照鲁花 11 号增产 3.0% 和 4.4%；2007 年生产试验平均亩产荚果 314.6 千克、籽仁 225.5 千克，分别比对照鲁花 11 号增产 3.1% 和 2.9%。

（3）品质特点 2005 年经农业部食品质量监督检验测试中心（济南）品质分析：蛋白质 25.6%，脂肪 50.5%，油酸 41.2%，亚油酸 37.6%。

（4）栽培要点 中上肥力沙壤土种植。施足基肥、配方施肥，覆膜种植，亩播 8 500～9 000 墩，每墩播 2 粒。高肥水条件适当化控。中后期防治花生叶斑病 2～3 次。其他管理措施同一般大田。

（5）适宜地区 在全省适宜地区作为春播大花生品种推广利用。

第二节 播种准备

一、选种

花生播种用的种子，应自收获时即注意选种，选取具有本品种特点的丰产株，再结合晒干脱（摘）果，选择成熟良好的饱满大果留种。每亩留种量约荚果 25 千克，以保证粒选时有充足的余地。剥壳后选粒皮色良好，粒大饱满的种子做种。据报道，播种粒重 0.9 克以上的种子，可较 0.5 ~ 0.6 克的增产成熟荚果 24%，播种用 0.8 ~ 0.9 克的，增产也接近 17%，并发现，在不精选的情况下，播种单粒果实的种子，因其平均粒重较大，常可产量高。但在精选情况下，同为成熟良好的而又粒重相同的种子，则有播种双粒果的种子、尤其以前粒的种子更好的趋向。据山东省调查，与不分级对比，一级种子做种增产 16.4%，二级种子增产 4.3%。

二、晒种

花生播种前进行晒种可增强种皮的透水性，加速种子的吸水过程，促进酶的活性，有利于种子内养分转化，提高种子的发芽势和发芽力，出苗整齐。种子成熟度较差和贮藏期间受潮，晒种的效果更显著。晒种在剥壳前 3 ~ 4 天进行，选择晴天天气，把花生果摊放在晒场上，厚度 6 厘米左右，连续晒 2 ~ 3 天，要经常翻动，要晒得均匀一致。严禁剥壳后暴晒花生仁，否则会引起花生种皮的破裂而影响发芽和出苗。

三、剥壳

1. 剥壳时间

据试验，花生种剥壳过早，因花生米含蛋白质和脂肪多，吸湿能力强，很容易受潮湿等外界条件的影响降低发芽势。再就是种子和空气接触，极易吸收空气中的水分，增强了呼吸作用和酶的活动能力，过早消耗了部分养料，降低了生活力。另外，早剥壳的种子容易感染病菌，也影响出苗。一般来说，花生剥壳时间在播种前 10 ~ 20 天为宜。

2. 剥壳方式

花生种子剥壳宜采用人工剥壳的方式进行，不宜采用机器剥壳。如果花生采用机器剥壳，因为果壳大小和厚度等因素不一致，花生种仁受力不同，引起花生种仁中的胚与子叶衔接处损伤，造成抵抗不良环境的能力特别是防御低温能力下降，常常引起出苗慢，花生发芽势弱和发芽率降低，遇到低温年份会导致烂种等现象。

四、拌种

1. 防治茎腐病、冠腐病、根腐病、蛴螬等病虫害防治方案

（1）方案一 用 2.5% 咯菌腈悬浮种衣剂（适乐时）40 ~ 80 毫升或 12% 甲基硫菌灵·嘧菌酯·甲霜灵悬浮种衣剂（禾姆）或 62.5% 精甲·咯菌腈悬浮种衣剂（亮盾）

20 ~ 30 毫升或 4.8% 苯醚·咯菌腈悬浮种衣剂（适麦丹）（20 ~ 40）毫升或 2.5% 灭菌唑悬浮种衣剂（扑力锰）毫升 + 70% 噻虫嗪种子可分散粉剂（锐胜）（40 ~ 60）克或 40% 氯虫·噻虫嗪水分散粒剂（福戈）+（100 ~ 150）毫升水稀释，然后均匀拌种，晾干后立即播种。

（2）方案二 用 2.5% 咯菌腈悬浮种衣剂（适乐时）（40 ~ 80）毫升或 12% 甲基硫菌灵·嘧菌酯·甲霜灵悬浮种衣剂（禾姆）或 62.5% 精甲·咯菌腈悬浮种衣剂（亮盾）20 ~ 30 毫升或 4.8% 苯醚·咯菌腈悬浮种衣剂（适麦丹）20 ~ 40 毫升或 2.5% 灭菌唑悬浮种衣剂（扑力锰）毫升 + 40% 毒死蜱微胶囊或 35% 辛硫磷微胶囊 350 ~ 500 毫升混合均匀，然后拌种。

以上包衣方法简便，对种子安全，用药量少，效果好，是保护种子和幼苗免遭病菌特别是茎腐病、根腐病菌侵染和花生地下害虫为害的最有效方法。

2. 防治花生茎腐病、根腐病、青枯病和蛴螬等病虫害防治方案

用 2.5% 咯菌腈悬浮种衣剂（适乐时）（40 ~ 80）毫升 + 70% 噻虫嗪种子可分散粉剂（锐胜）60 克或 40% 氯虫·噻虫嗪水分散粒剂（福戈）+ 500 毫升水均匀稀释，然后再与多黏类芽孢杆菌 10 亿个／克或海洋生物菌得生物菌 10 亿个／克 300 克均匀混合，然后均匀拌种，晾干后立即播种。

注意：要掌握现播种现拌种。

第三节 播种技术

一、播种期

1. 春播露地栽培播种期

北方大花生春播露地栽培连续 5 天 5 厘米处平均地温 ≥ 15℃ 为适宜播种期。北方大花生区的辽、京、冀、鲁、豫、苏北和皖北的播种适期在 4 月中旬至 5 月上旬（谷雨至立夏）为宜。

2. 春播地膜覆盖栽培

由于地膜的增温保温作用，同期 5 厘米处平均地温比露栽高 2.5℃。因此，以播前连续 5 天 5 厘米处平均地温达到 12.5℃ 时，即为覆膜花生播种适期。如河南、河北、山东和陕西的中南部覆膜花生适期播种范围，一般集中在 4 月 10 ~ 25 日。陕西北部、河北北部和辽宁省多集中在 4 月 20 ~ 30 日，最偏北地区多在 5 月 5 日前后。四川的川北在 3 月 20 ~ 30 日，黄淮、长江中游地区以 3 月下旬至 4 月初为宜，广西的桂南在 2 月 20 ~ 30 日。

3. 夏花生播种期

北方大花生区的京、冀、鲁、豫、苏北和皖北的播种适期：麦套夏直播在 5 月中旬至 6 月中旬为宜；江汉平原在 4 月中旬；苏、皖麦套花生在 5 月上旬；四川麦套花生以 4 月上、中旬（清明至谷雨）为宜；滇中和滇西一熟夏花生区，播种期在 5 月上、中旬，滇西南夏花生间作区，以及金沙江流域春夏花生交作区，以 5 月上、中旬播种

为宜。

随着麦田的扩展，春花生减少，近几年麦套花生受到重视。麦套花生，套种期应视小麦生长情况而异，以尽量在争取花生生育期的同时，减少小麦对花生幼苗遮阴的影响。日本研究，麦收时麦行间光照为自然光照60%的，麦套花生可与春播同时进行，为40%时可在麦收前40天进行套种，如仅25%，便可以在麦收前20天套种为宜。山东农业大学与临沂市农科院研究，在350千克/亩以上的小麦高产田，亩穗数在30万左右，麦行底部光照不及自然光的10%，以麦收前20天套种产量高。麦收后待5天左右，使花生苗适应露地环境，受光充分，苗较健壮时再中耕灭茬，比麦收后的当天灭茬的反而增产。

二、播种密度

花生产量是由亩穴数、每穴果数和平均果重三因素构成。花生的有效结果半径，蔓生性品种约为15厘米，立性品种大都在10厘米左右。稀植时单株结果数虽然多，但势必秕果率高，每亩总果数及千克果数都下降。如密度过大，穴果数减少，过熟果比率升高的危险性增大，其单位面积上的产量和质量也不理想。研究与实践证明：因受品种结实范围大或小、地力、播种期等影响，春播包括地膜覆盖大花生平均行距可40~50厘米，穴距15~22厘米；小花生则以行距33~39厘米，穴距15~18厘米为宜。通常立蔓大花生更适行距42~46厘米，穴距15~18厘米，如此大花生每亩8 000穴左右，小花生10 000穴左右。而麦套或夏植花生生育期短，植株较矮，要充分利用地力、光能，充分发挥群体的增产潜力，必须适当增加密度。密度一般比春播增加20%左右。

三、播种深度

花生播种深度要适宜，不能过深和过浅。播种过深出苗慢，苗弱，遇到低温年份更容易发生烂种现象。播种过浅，遇到干旱年份容易落干。农谚"干不种深，湿不种浅"，据试验，花生播种深度为4.8厘米比8~9厘米增产68%，比播种6.5厘米增产荚果12.8%，种子增产10.3%，而与播种深度3.3厘米的产量相当。

第四章　化学除草技术

花生田杂草与花生争夺养分、水分和光照等资源，影响花生的正常生长，造成花生减产和品质下降，为害严重时甚至造成毁种，因此，消灭草害是花生生产上的一大措施。花生田除草包括人工除草和化学除草，化学除草具有省工、省时、成本低等诸多优点，是现在花生生产上不可缺少的除草手段。因此，化学除草在花生生产上被广泛地应用。

第一节　化学防治方式

目前，花生田的杂草防除以化学防除为主，化学除草分土壤处理和茎叶处理两种除草方式。

一、土壤处理

花生播种后尚未出苗前针对不同的杂草类型选用不同的除草剂喷施于土表，将未出土的杂草杀死（即杀草籽）。这种除草方式可有效减轻苗期杂草的为害，为花生长大苗、壮苗打下基础。

二、茎叶处理

在花生 3~5 叶期，杂草 2~5 叶期，采取均匀喷雾茎叶，有针对性地杀死已长出的杂草。此除草方式多用于前期未封闭住而长出杂草或苗前未来得用药防除的一种补救措施。

三、选择安全化学除草剂必要性

除草剂的应用虽然减轻了劳动强度，提高了劳动效率，但喷施除草剂也给农业生产带来了一些负面影响。譬如出现药害的现象也越来越突出，抑制花生的根系发育，影响花生的营养生长，不同程度的影响花生的产量和品质等，因此，花生除草剂的非靶标效应问题已引起广泛的关注。

花生产生除草剂药害的原因比较复杂，与除草剂的品种、使用量、使用方法、使用时间、土壤的有机质含量、土壤墒情及气候环境等因素都有一定的关系。另外，土壤残留除草剂也是造成花生受药害的重要原因。

1. 不同除草剂对花生出苗的影响

（1）乙草胺对花生出苗的影响　乙草胺是美国孟山都公司发明的一种酰胺类选择

性芽前除草剂，也是我国目前农业生产上应用最广泛的一种选择性除草剂，主要通过幼芽和幼根吸收，其中单子叶禾本科杂草主要是芽鞘吸收，可用于花生、玉米、大豆和棉花等多种旱田作物，能有效防除禾本科杂草和部分阔叶类杂草，具有杀草谱广，效果突出，价格低廉，施用方便等特点，在我国的施用历史已经达20多年，是花生田的主要除草剂之一。

乙草胺对花生出苗的影响主要表现为花生根系须根少，若花生田过量使用，对花生根系为害大，根部肿大，出苗缓慢，出苗后生长势弱，植株矮小，严重影响花生的生长发育和花生的产量。因此，在美国要求加安全剂才能在有关农作物上使用。

（2）氟乐灵对花生出苗的影响　氟乐灵是二硝基苯胺类内吸选择性苗前土壤处理除草剂。氟乐灵在植物体内严重抑制细胞有丝分裂与分化，破坏核分裂，被认为是一种细胞核的毒害剂。浓度越高，对细胞有丝分裂的抑制作用越重。在生化反应上，它抑制脂类的代谢和DNA的合成，同时也影响蛋白质合成和氨基酸的组成，干扰植物激素的产生和传导，因而使植物死亡。氟乐灵通过杂草种子发芽生长穿过土层的过程中被吸收，但出苗后的茎叶不能吸收。造成植物药害的典型症状是抑制生长，根尖与胚轴组织细胞体积显著膨大。氟乐灵施入土壤后，由于挥发、光解和微生物的化学作用而逐渐分解消失，其中挥发和光分解是分解的主要因素。施到土表的药剂最初几小时内的损失最快，潮湿和高温会加速药剂的分解速度。因此，氟乐灵施入土壤后需浅耙土，防止其分解。防治杂草的持效期为3～6个月。试验结果表明，花生芽前喷施氟乐灵特别容易发生药害，造成花生苗根部肿大，不利于根系下扎；同时还会加重苗期病害发生，严重影响花生的生长。

2. 不同除草剂对花生营养生长的影响

通过对二苯醚类（乙羧氟草醚、三氟羧草醚）、芳氧苯氧基丙酸酯类（高效氟吡甲禾灵、精喹禾灵）4种茎叶除草剂和二硝基苯胺类（地乐胺、二甲戊乐灵）和酰胺类（乙草胺、异丙甲草胺）4种土壤处理除草剂共8种除草剂室内外研究表明，不同除草剂对花生株高、鲜重和干重、结瘤、叶绿素含量、黄酮类物质含量、豆血红蛋白含量、硝酸还原酶活性、谷氨酰胺合成酶活性、植株总含氮量等的影响不同。

3. 乙草胺对环境与食品安全的影响

乙草胺除了影响花生生长外，越来越多的研究证明，乙草胺对人体健康和环境的安全存在着较大威胁，乙草胺已经被美国环保局列为B－2类致癌物质。同时，流失到环境中的乙草胺和代谢物会对人类、水生生物和食草的鸟类等带来癌症、遗传病、繁殖紊乱和畸形等严重的健康问题和环境问题，欧盟决定淘汰乙草胺就是因为这个原因。

四、化学除草注意事项

花生使用除草剂要达到预期效果，必须注意以下事项。

（1）注意施药时间　要根据除草剂的杀草机理，严格掌握施药时间。花生施用土壤处理芽前除草剂，一般应在花生播种后，出苗前进行处理。

（2）地面要平整细碎　土壤封闭处理施药前一定要将地整平、整细，不能有大土坷垃，这样施药后才能形成严密封锁杂草滋生的药层。

（3）注意土壤处理施药时的土壤环境　土壤封闭处理除草剂的效果与土壤湿度关系很大，土壤湿润时，药剂易扩散，杂草萌发快而齐，除草效果好。土壤含水量低时，除草效果差。所以，当土壤墒情较差时施用除草剂，应适当加大用水量（药量不变）以提高药效。土壤质地对药效亦有一定的影响，沙质土壤对药的吸附力差，应严格掌握用药量，以免发生药害，土壤有机质含量高，对药剂有吸附作用和微生物分解作用，用药量应酌情加大。盐碱地、风沙干旱地、有机质含量较低的沙壤土、土壤特别干旱或水涝地一般不使用芽前土壤处理除草，应采取苗后除草。

（4）定量匀施　无论是茎叶喷洒还是土壤处理，都要将定量的药剂均匀地喷到整个要除草的地面上，不漏喷，不重喷，保证施药质量。

（5）保护药层，确保除草效果　花生喷洒土壤封闭除草剂后，不要到田间进行其他作业，以免破坏药层，降低除草效果。

（6）注意安全　除草剂对人、畜、禽有刺激，对鱼、虾类有毒害，施用时应规范操作，防止污染，注意安全。

第二节　花生田安全高效除草技术

一、地膜覆盖栽培化学除草技术

面对花生产品的出口危机，山东省农业厅植保总站对花生植保用药进行了一系列的试验、筛选，最终选择了95%精异丙甲胺乳油（金都尔）或72%异丙甲胺乳油作为替代产品。95%精异丙甲胺乳油或72%异丙甲胺乳油毒性低，除草和保苗效果好，符合出口欧盟或日本要求，有效地解决了花生高产优质的生产问题。

具体方法是：花生播种后覆膜前进行土壤处理。对同一种除草剂的使用量较露地春花生使用量低1/4～1/3。以禾本科杂草为主的地块，每亩可分别选用96%精异丙甲草胺乳油100～120毫升或72%异丙草胺乳油150～200毫升，每亩对水30～45千克，均匀喷洒于土表，可有效控草期在45～60天；禾本科杂草及阔叶杂草均较多的地块，可以选用防除禾本科和阔叶杂草的上述两类药剂进行混用，混用药量略低于单用药量，宜进行小区试验确定最佳混配剂量。

二、露地栽培化学除草技术

1. 春播露地栽培化学除草技术

（1）土壤处理　①以禾本科杂草为主的地块：每亩用96%精异丙甲草胺乳油100毫升或72%异丙草胺乳油150～200毫升，对水30～45千克，均匀喷洒于土表，有效控草期在45～60天；②以阔叶杂草为主的地块：可选用25%噁草酮乳油100～150毫升或24%乙氧氟草醚乳油40～50毫升或50%丙炔氟草胺可湿性粉剂6～8克或50%扑草净可湿性粉剂100～150克，对水30～45千克，均匀喷雾处理；③禾本科杂草及阔叶杂草均较多的地块：可以选用防除禾本科和阔叶杂草的上述两类药剂进行混用，混用药量略低于单用药量，宜进行小区试验确定最佳混配剂量，每亩加水45千克均匀喷洒于土表，有效控草期在45～60天；④若田间已出现杂草：每亩用150毫升20%百草枯水剂（克无踪）+相应的除草剂，对水45～60千克，均匀喷雾。

（2）茎叶处理　①防除一年生禾本科杂草：每亩可分别选用5%精喹禾灵乳油60～90毫升或150克/升精吡氟禾草灵乳油50～80毫升或108克/升高效氟吡甲禾灵乳油30～40毫升或20%烯禾啶乳剂60～120毫升或6.9%精噁唑禾草灵浓乳剂50～70毫升，杂草叶龄小时用低量，杂草叶龄大时用高量，防除多年生禾本科杂草如芦苇、狗牙根、白茅等，亦可选用上述药剂，用药剂量适当增加，每亩加水15～30千克均匀喷洒于杂草茎叶；②防除一年生阔叶杂草：每亩可分别选用21.4%三氟羧草醚水剂60～80毫升或480克/升灭草松水剂150～200毫升，或240克/升乳氟禾草灵乳油15～20毫升或20%乙羧氟草醚乳油20～30毫升（乙羧氟草醚属于触杀性除草剂，在植物体内不传导，在强光下应用时有时会出现局部药斑，但5～7天会恢复，不会影响产量），杂草叶龄小时用低量，杂草叶龄大时用高量，每亩加水15～30千克均匀喷洒于杂草茎叶；③防除香附子及莎草：每亩可选用480克/升灭草松水剂150～200毫升或240克/升甲咪唑烟酸水剂20～30毫升，每亩加水15～30千克均匀喷洒于杂草茎叶；④禾本科杂草及阔叶杂草均较多的地块：每亩可分别选用11.8%乳氟·喹禾灵乳油40～60毫升或7.5%氟草·喹禾灵乳油100～120毫升或6%乳氟·氟吡甲乳油60～80毫升，也可以选用防除禾本科和阔叶杂草的上述两类药剂进行混用，混用药量略低于单用药量，宜进行小区试验确定最佳混配剂量，每亩加水15～30千克均匀喷洒于杂草茎叶。

2.夏播露地栽培化学除草技术

选用夏花生田除草剂时，应注意药剂对后茬作物（如小麦等）的影响。

（1）土壤处理　夏播田适宜在播种后出苗前用药。对同一种除草剂的使用量较露地春花生使用量低1/4～1/3。以禾本科杂草为主的地块，每亩可分别选用72%异丙甲草胺乳油90～120毫升或96%精异丙甲草胺乳油80～100毫升。每亩加水30～45千克均匀喷洒于土表，有效控草期在45～60天；以禾本科杂草及阔叶杂草均较多的地块，可以选用防除禾本科和阔叶杂草的上述两类药剂进行混用，混用药量略低于单用药量，宜进行小区试验确定最佳混配剂量。

（2）茎叶处理　夏播花生茎叶处理选用除草剂品种及用药量同露地春播田。

三、麦套田化学除草技术

麦田套种花生化学除草分为播种带施药和麦茬带施药三种方法。

第一是将预留好的播种花生行间浇水造墒或麦收前浇足麦黄水，于5月中、下旬播种花生，播种后喷施土壤处理除草剂；第二是麦收后灭茬，除掉田间残留杂草，然后进行麦茬带喷施除草剂。除草剂用药量按花生播种带和麦茬带实际面积计算，土壤表层均匀喷雾。麦收后如不灭茬，亦可每亩用20%百草枯水剂150～200毫升与土壤处理的除草剂混用，喷头上应加防护罩，花生行间定向喷雾，避免药液喷施到已出土花生茎叶上；第三是麦田套种花生化学除草，土壤处理及茎叶处理选用除草剂品种、用药量同夏播花生田。

第五章　花生田间管理技术

第一节　清棵与开孔放苗

花生清棵蹲苗是露地栽培苗期管理的一项成功措施。就是根据花生子叶不易出土和半出土的特性，在基本齐苗时，用小锄把花生幼苗基部周围的土挖开，形成一个"小窝"，使两片子叶和胚芽露出土外，很快接受阳光，促进幼苗生长健壮而获取增产。多年来这项技术不仅在山东全面推广，而且在广东、江苏、河南、河北和辽宁等省花生产区也广泛应用。

一、清棵的作用

1. 促使子叶节分枝健壮和二次分枝早生快发

在花生出苗后及时清棵，可使子叶叶腋间的茎枝基部露出地面，提早接受阳光照射，改变花生基部湿、冷的小气候，子叶节分枝不仅早生快发，而且生长健壮，起到了蹲苗作用。据山东省花生研究所研究，清棵的幼苗，第一对侧枝着生的二次分枝比对照多 1.15 条，第二对侧枝的二次分枝多 0.66 条，第三对侧枝的二次分枝多 0.13 条，总分枝数增加 25%；主茎高 64.7 厘米，比对照矮 0.97 厘米；第一对侧枝节数多 0.89 个，节间缩短 0.4 厘米。

2. 促使有效花增多，结实集中

由于清棵蹲苗的花生茎枝生长健壮，二次分枝早生快发，使花芽分化相对早而集中，开花下针多而齐，结实率和饱果率增高。据观察，清棵的第一对侧枝出现在第三节的花芽占 56.25%，比不清棵的多 31.25%。第二对侧枝多 25%，单株总花量增加 7.4%，有效花量增加 10.2%，结实率增加 28.5%。据试验，清棵蹲苗使单株结果数增多 30.6% ~ 31.3%，比不清棵蹲苗的增产率为 12.99%。

3. 促进根系发育，增强抗旱吸肥能力

清棵可使主根深扎，侧根增多，根系发达，从而增强植株的抗旱吸肥能力。据河北省唐山市农科所在清棵后 25 天调查，清棵的主根长 14.7 厘米，侧根 78 条，比不清棵的主根长 27.8%，侧根数多 48%。河南省开封市农科所在清棵后 20 天侧定，清棵的主根长 43.5 厘米，比不清棵的长 50.95%，侧根 111.2 条，增加 28.18%，侧根总长 99.11 厘米，比不清棵的长 25.8%。

4. 减少护根草的为害

花生清棵可提前把基部周围的护根小草随扒土清除，能有效地减少生育中期草荒，也是增产的一个重要因素。

5. 减轻蚜虫的为害

花生清棵后，已将埋伏子叶节的土清除，改变了植株基部的小气候，不利于蚜虫的繁生。同时第一对侧枝基部因清棵蹲苗组织老化，不利于蚜虫刺吸为害，因此，清棵后花生的茎枝基部蚜虫显著减少。

二、清棵蹲苗技术

1. 清棵时间

适时清棵是增产的关键，清棵太早，黄芽苗太嫩弱，叶片易出现晒伤，并使表层土过干，影响幼根伸展；清棵过晚，第一对侧枝基部埋土时间长，影响早生快发，清棵的作用不大。据试验，花生齐苗后立即清棵的增产率为14%；齐苗后5天清棵的增产率为7.8%；齐苗后10天清棵的增产率为7%。由此说明，花生齐苗清棵越晚，增产效果越差。因此，清棵应在齐苗后立即进行，最好按照播种出苗顺序，齐一块，清一块，以充分发挥清棵蹲苗的增产作用。

2. 清棵深度

平作花生，在齐苗后及时大锄深锄头遍地，随即再用小手锄后退着把幼苗周围的土扒向四边，使两片子叶露出来；起垄种的可先用大锄深锄垄沟，浅刮垄背，破除垄面板结层后，再用小锄清棵。清棵的深度以子叶节露出土面为宜，浅了则子叶不露土，第一对侧枝和茎基节仍埋在土里，起不到清棵作用；深了则把子叶节以下的胚颈（下胚轴）扒出来，易造成苗株倒伏，不利于正常生育。另外还应注意两点：清棵时不要损伤和碰掉子叶，不论播种深、浅都要清棵。

三、开孔放苗和盖土引苗

地膜覆盖花生一般10天左右就能顶土出苗，做好开孔放苗工作是争取苗全苗壮和提高增产效果的关键。具体做法如下。

先播种后覆膜的花生顶土鼓膜（刚见绿叶）时，要根据当时气温回升情况开孔膜放苗。正常年份要及时开膜孔释放幼苗，切不可待幼苗全出土后放苗；遇到倒春寒年份可待齐苗后放苗，否则易闪苗；遇到高温年份要在花生顶瓦时就得及时开孔放苗，更不能出一棵放一棵，否则因膜下温度高，湿度大，开膜孔时湿热空气灼伤幼苗。据试验，在花生芽苗顶土和主茎出现两片真叶之前开孔放苗，产量最高，4片复叶放减产5.94%。午后开孔闪苗的比午前开孔闪苗的每亩减产荚果35千克，减产17.07%。开膜孔放苗方法是，先用3个手指（拇、食、中）或铁钩在苗穴上方将薄膜撕开一个小圆孔，孔径4.5～5厘米，有条件的随即在膜孔上盖上一把湿土，厚3～5厘米，轻轻按一下。这样既起到封膜孔增温保墒效果，还有避光引升子叶节出膜孔，释放第一对侧枝，起到自然清棵的作用。

花生出苗后主茎有4片真叶时，要检查侧枝出膜情况，将压在膜下的侧枝抠出来。特别是播种时未严格掌握并粒平放或并粒播种的，膜下压的侧枝较多。播种穴和膜孔对不齐，尤其是先播种后覆膜的，膜孔大小难以掌握，开大了不好封盖，开小了就妨碍侧枝全部出膜。第一对侧枝在膜下时间久了会造成减产。因此，必须将膜下侧枝抠出。同时，把膜面上压的土全部清除，净化膜面，提高光的辐射能力。

第二节　培土迎针

一、培土迎针的作用

为了提高结实率和饱果率，在花生封行和大批果针入土之前，将垄行间的土培到垄顶的外缘，达到沟清土暄，顶凹腰胖，使垄的外缘加高，以缩短高节果针入土的距离，有利于结实范围内的果针入土结实。同时为以后排灌打下基础。

二、培土迎针的方法

培土迎针应在花生单株盛花期和封垄前，及时选晴天墒情适宜的时候进行。平作花生垄行较窄，可用锄板与锄钩交接处套上草环（便于培土）的大锄，退行深锄猛拉泼土培垄，要求"穿垄不伤针，培土不压蔓"。垄种花生垄行较宽，可先用大锄深锄垄沟，浅刮垄背，然后用耘锄串沟培土。

第三节　花生病虫害综合防治技术

一、花生叶部病害安全高效防治技术

1. 不同药剂对花生叶部病害的防治

花生团棵期到饱果期的主要叶部病害是疮痂病、焦斑病、褐斑病、黑斑病和网斑病等，这些病害对花生产量影响很大，轻则减产20%以上，重者减产80%，必须科学防治。

据山东临沂市农业科学院范永强与莒南县农业局贾忠金等研究，不同药剂对花生疮痂病的防治效果有显著的差异，防治效果最好的药剂为30%苯丙·环唑乳油、10%苯醚甲环唑水分散粒剂和40%氟硅唑乳油，防治效果达到95%以上，特别是30%苯丙·环唑乳油能达到100%，而70%甲基硫菌灵可湿性粉剂和25%三唑酮可湿性粉剂对花生疮痂病防治效果很差。

不同药剂对花生褐斑病、黑斑病、网斑病的防治效果以30%苯丙·环唑乳油和10%苯醚甲环唑水分散粒剂为最好，防治效果可以达到60%以上，25%醚菌酯乳油和常规药剂70%甲基硫菌灵可湿性粉剂、25%三唑酮可湿性粉剂防治效果最低，仅仅达到13%～25%。

2. 不同药剂防治叶部病害对产量的影响

据山东临沂市农业科学院范永强与莒南县农业局贾忠金等研究，喷施不同的药剂防治花生叶部病害，一方面都能增加花生的单株结果数和饱果数，从而提高花生产量，但对饱果率影响较小；另一方面，喷施不同的药剂防治花生叶部病害，对增加花生总结果数和饱果数效应不同，以 30% 苯丙·环唑乳油和 10% 苯醚甲环唑水分散粒剂为最高。

具体方法是：花生苗期（4 叶左右）喷施 25% 醚菌酯乳油（阿米西达）1 500 倍液或阿米多彩 1 500 倍液 + EDTA 铁 1 500 倍液均匀喷雾，可以有效预防花生叶部各种病害和因花生目前大面积缺铁引起的苗子不旺的现象。

春花生在开花期、果针期和饱果期（夏花生在果针期和饱果期）分别喷施 30% 苯丙·环唑乳油 1 500 倍液或 10% 苯醚甲环唑水分散粒剂 1 500 倍液，另加中化磷酸二氢钾 500 倍液。

二、花生地上部虫害安全高效防治技术

春花生出苗后的虫害主要有蚜虫、蓟马、红蜘蛛、棉铃虫和甜菜夜蛾类等，应根据虫害发生情况及时进行防治。具体防治技术是：春花生出苗后发现有蚜虫或蓟马时，喷施 25% 吡蚜酮可湿性粉剂或 10%（25%、35%）吡虫啉可湿性粉剂或 70% 啶虫脒可湿性粉剂 5 000 倍或 5% 啶虫脒乳油 300 倍液；如果发现有红蜘蛛发生时，及时喷施 15% 哒螨灵乳油或 20% 螨醇·哒螨灵乳油或 5% 噻螨酮乳油（尼索朗）或三锉锡等；如发现田间有甜菜夜蛾时及时喷施 40% 氯虫·噻虫嗪水分散粒剂（福戈）或 20% 氯虫苯甲酰胺悬浮剂（康宽）。

第四节　灌溉与排涝

花生苗期需水少，土壤水分过多时，不利于根瘤菌的生成，也不利形成基部茎节短密的壮苗，足墒覆膜花生，苗后 2 个月不下雨，也能正常生长，苗期宜尽量避免灌溉，一般不必浇水。如果久旱不雨，遇到春旱严重，土壤水分降低到田间相对持水量 40% 上下，进而花生接近萎蔫时，即使降 10 毫米左右的小雨，因薄膜的阻隔，也不能直接渗入垄中土壤，便力争早灌溉，以免延迟开花。在开花下针期和结荚期，由于覆膜花生生长旺盛，地下水若不能满足其生长需要，再加天旱无大雨，在叶片刚刚开始泛白出现萎蔫时，应立即沟灌润垄。有条件的地方也可进行喷灌或滴灌。据试验，覆膜花生在苗期持续干旱 50~60 天，进入中期又遇干旱，浇一次水，每公顷产荚果 425.5 千克，浇二次水，每公顷产 510.2 千克，比露栽分别增产 58.5% 和 78.7%。

花生灌溉忌大水漫灌，以免地面不平处积水，影响植株正常发育，甚至烂果。应采取沟灌，可防止结果土层板结。喷灌不受地形限制，且保持土壤的良好结构，可节约用水 30%~50%，但须注意喷灌水量充足，以保证到达应有的湿润深度。如采用滴灌，又可节省水 30%~50%，但设备投资较大。露地栽培花生浇水后，要须浇后及时中耕，松土保墒，防止土壤板结和杂草丛生。

花生耐盐能力差，灌溉用的水质必须注意，据报道，低盐分水平的灌溉水中，有效交换性阳离子总量等于 4.7 毫克当量时，花生减产 50%，而中盐分水平，有效交换阳离子总量为 6.5 毫克当量时，将颗粒不收。花生生育后期多雨者，应注意排涝以防止烂果烂根。

第五节　花生化控技术

春花生株高达到 30 厘米左右，花生内源激素分泌失调，地上茎叶生长过旺，用于荚果发育的营养物质减少，容易过多的消耗光合产物，抑制荚果发育，影响花生幼果的膨大，从而减少了经济果数量，最终影响花生产量的提高。因此，根据花生田间长势和气候特点，适时合理进行化控，防止花生徒长和倒伏，促进光合产物向荚果分配，以提高经济果数量和增加百果重，对提高花生产量具有十分重要的意义。

生产中比较常用的化控剂为多效唑，但从近几年的生产实践看，多效唑一是不利于花生的正常生长和荚果发育，使果型变小，果壳增厚，若做种用，出苗延缓，生长势弱；二是施用过早，引起花生早衰，加重花生叶部病害发生，使叶片提前枯死、脱落；三是多效唑在土壤中残效期较长，对后茬作物的生长会表现出抑制作用，因此建议尽量不要选用。目前在生产中可选用如壮饱安、花生矮丰、花生果宝等化控调节剂，都是含有少量多效唑成分，经过复配加上增效剂，使用安全、残留量少、控旺效果好，应大力推广。

花生控旺应根据花生田间长势和气候状况而定。一般当花生株高达到 30 厘米左右时可以酌情喷施，喷施矮壮素不能过早或过晚，过早会导致花生群体不够，减少整体光合作用面积，影响产量；过晚很难起到控旺的作用，容易引起徒长，造成光合产物不能最大限度的向荚果中运输，起不到增产的目的。

据山东临沂市农业科学院范永强和莒南县农业局贾忠金等研究，一般花生株高 30 厘米左右时开始控旺，要求最终控制花生收获时株高 40 ~ 50 厘米；亩产荚果 600 千克以上的高产地块，花生株高 27 ~ 30 厘米时应该酌情控旺，到花生收获期株高最终应控制在 45 厘米以下，如果花生收获期株高高于 45 厘米或低于 40 厘米，都不利于花生高产。

另外，喷药宜在午后进行，6 小时内如果遇雨应重喷；喷药时加入少量有机硅或展着剂等，可增加药液展着和叶片吸收能力；喷药时要喷花生顶部生长点，一喷而过，不能重喷。

第六节　适时收获

一、花生成熟的标志

进入成熟期的花生，茎叶中的养分已经大量运入荚果，管理不好的花生中下部叶片已经陆续脱落，上部叶片的叶色转呈黄绿，而管理好的花生中上部叶片仍然浓绿，但无论如何，叶的睡眠运动已经消失，植株停止了生长。荚果成熟良好时，外壳硬化，有色泽，脉纹明显。饱满荚果的种子紧贴处的果壳内壁出现褐色斑片，俗称"金里"、"金碗"或"铁里"。如果荚果发育中遇到旱，种子成长不良，或环境情况正常而单荚果成熟度不足，不够充实饱满，则直到收获，其果壳内壁也无褐斑生成，仍为白色，而被俗称"眼里"或"银碗"。管理好并成熟适度的荚果由于子房柄上分离的强度约 1 千克，收获时不容易落果；管理不良，特别是病害防治失当或秋季遇到雨水大阴天多的年份，再加过晚收获时，不仅落果多，过熟变质，发芽腐烂也增多。成熟良好，粒大饱满的种子，干燥后皮色光泽呈固有颜色，含油量高，游离脂肪酸含量极微，油酸亚油酸比值也高，油色清淡，耐贮性好，商品及食用价值高。

二、适时收获

花生的收获要适时，收获过早，荚果不饱满，产量和含油量均低；收获过晚，早熟的饱满荚果易脱落，籽仁内脂肪也易酸败，不仅收获费工，而且降低产量和品质。尤其是有些珍珠豆型品种，种子休眠期短，成熟期如遇干旱，荚果失水，很快打破休眠，再遇雨就立即带壳发芽，因此，必须适时收获。正确判断花生收获适期除依据成熟度外，还应根据当地气候和品种熟性以及田间长相灵活掌握。特别是气温日平均气温低于15℃时，因为气温过低荚果就不能鼓粒，虽然花生饱果指数未达标，也应立即收获。

花生收获时含水量多在50%左右，植株体内养分仍有一段时间运向籽仁，据报道，在植株晒干后再脱果的，比收获后立即脱果的果壳增重16.5%，种仁增重6.8%，证明带棵晒干对增产增质仍有一定的意义。因此，我国北方花生产区收刨后有的即运到场上晒干，有在田间就地铺晒的习惯，即收刨时将3～4行花生植株合并排成一行，根果向阳，这样株体支空，通气好，干得快。晒至五六成干，摇动有响声后，茎叶向内根果向外堆成小垛，继续在田间进行垛晒，然后将半干的花生运回场上堆垛，这样不仅秸棵鲜绿，提高饲料质量，而且能增进花生棵中的养分回流，提高花生产量和品质，还便于往场上搬运，搬运时应选择早晨或阴天，以减轻搬运中荚果掉落和茎叶破碎。将晒至半干后的花生以手工摔果，或借助辅助器具震落荚果，或用脱果机脱果。

摘果后荚果含水量仍然较高，扬净茎叶杂质后还要继续晾晒1～2天，然后再堆捂两昼夜，再摊晒放风，这样反复堆晒，使含水量降低到8%～10%为止。此时，手搓种皮易掉，牙咬种子有脆声，即可安全入仓。

三、防止残膜污染

花生收获后有30%的废膜挂在果针和茎枝上。这些残膜被牲畜误食会造成牲畜的死亡，长期下去将对畜牧业的发展造成一定影响。30%的废地膜随风飘扬，刮到树上、电线上、草地上和沟渠里，造成环境污染。40%的废地膜压在耕作层内，严重破坏了土壤耕层结构，阻碍水分的输导和作物对养分的吸收，直接影响下茬作物的生长、发育，造成减产。随着覆膜栽培技术的迅速推广，地膜的用量逐年增加，聚乙烯地膜在自然界不会自行分解，如废旧地膜处理不好，势必造成白色污染，形成社会公害。为了农业生产持续增产，并给推广花生地膜覆盖栽培技术扫除障碍，必须采取有效措施，消除废旧地膜的污染。

1. 收获时拣拾地膜

覆膜花生收获前，应先把压在垄沟内的地膜拉出来，刨花生时，把垄面上的地膜连同花生一起收出来。花生收获后，可用耙或三齿钩把压在土里的部分残膜扒出拣净。另外，通过耕地和耙地把残留在地里的地膜拣出来，使耕作层和表层无残膜，减少残膜对土壤和环境的污染。挂在花生棵上的残膜，可结合摘果把残膜撕下来，减少对粗饲料的污染。

2. 搞好废地膜的回收和加工

废地膜的回收加工，必须做到四点：第一，在宣传推广花生地膜覆盖栽培技术的同时，不能只强调增加产量，提高经济效益而忽视和回避残膜污染造成的危害。要使农民树立科学态度，提高回收废地膜的自觉性。第二，建立有效的废地膜收购点，及时回收废地膜。第三，制定相应政策，利用价格因素，调动农民回收废地膜的积极性。第四，搞好废地膜的加工利用，防止二次污染。过去个别地区回收的一些废地膜有的深埋，有的烧毁，既不能彻底消除污染，又不能获得经济效益，最好的办法是进行深加工利用。如将废地膜洗净后，用塑料挤出机电热塑化挤出粗细均匀（直径为 0.3 ~ 0.4 厘米）的塑料条，冷却后用切粒机切成长 0.5 ~ 0.6 厘米的塑料再生颗粒，再由再生颗粒加工成各种塑料再生产品。

3. 加速降解地膜的研制

目前，花生覆盖的地膜几乎全是聚乙烯膜，若遗留在土壤里，因为易分解，危害极大。为了解决这一问题，中国科学院应用化学研究所、中国科学院上海有机化学研究所及山东省花生研究所等科研单位，先后试验出花生可控光降解地膜、淀粉膜、生物降解膜、天然草纤维膜、光降解和生物降解双降解膜。这些地膜尽管还存在某些缺点，但对其进一步研究开发，对于彻底解决残膜污染，进一步促进花生地膜覆盖栽培技术的发展具有重要的意义。

第六章　春花生地膜覆盖栽培亩产 750 千克高产栽培技术规程

本技术规程适应于山东省各地及相似生产条件春花生地膜覆盖栽培生产，实现亩产 750 千克以上，产品质量符合出口日本和欧盟标准。

一、改良土壤

1. 整地

山丘旱薄地要获取花生高产稳产，必须在整修水平梯田上狠下工夫，把跑水、跑土和跑肥的"三跑田"，逐步改造成保水、保土和保肥的"三保田"。采取"切下填上、起高填低"，"抽石换土、客土造地"，"挖沟修堰、跌水澄砂"等整地措施，把土质瘠薄的斜坡地，整成了土层深厚、上下两平、能排能灌的高产稳产农田。

2. 冬前深耕

花生的根系大致随着耕层的加深扩大其伸展范围，而明显增加根的总量。花生田深耕，冬耕优于春耕，春耕切勿过清明，以利于冬储雨雪，消灭病虫，防止清明节后蒸发量大、容易跑墒。浅耕时，花生根群主要分布在 20 厘米深的土层内，深耕地则可扩展至 30 厘米深的土层中。

二、土壤障碍修复与测土配方施肥技术

1. 秸秆还田技术

春花生高产高效栽培最好实行"小麦—玉米—花生"两年三收轮作，在小麦和玉米收获后要进行秸秆还田，以提高土壤有机质，改良土壤结构。

2. 底肥

（1）庄伯伯（氰氨化钙）＋太阳能土壤修复技术　近几年来，鉴于山东花生高产地区的土壤酸化和盐渍化程度不断增强，花生根结线虫发生比较普遍，个别地区发生比较严重，土壤钙素营养不足的实际情况，花生施肥时增施庄伯伯（氰氨化钙）对改良土壤酸化、增强花生抗盐渍化能力、有效抑制花生根结线虫的发生和提高土壤钙素营养等都具有显著的效果。具体方法是结合耕地或起垄亩施用 5～10 千克。

（2）增施生物有机肥　结合耕地或起垄亩施优质生物有机肥 50～100 千克。

（3）降氮控磷增钾增锌技术　结合耕地或起垄亩施用纯氮 5～7 千克，纯磷 5～8 千克，纯钾 6～8 千克，中化大颗粒硫酸锌 1 000 克，或施用相当元素含量的复合肥，最好和庄伯伯混合施用。

3. 叶面追肥

花生苗期和初花期结合喷施杀菌剂喷施 EDTA 铁 1 500 倍液，膨果期结合病害防治喷施高效氮肥（UAN 或绿植泉）100 倍液 + 中化磷酸二氢钾 500 倍液。

三、选用高产稳产良种

适宜山东省春花生地膜覆盖栽培生产的高产品种有海花一号、丰花一号等。

四、播种技术

（一）起垄（高畦）种植

采用起垄（高畦）种植，容易扣紧封严地膜，使土壤疏松不板结，受光量大，蓄热多，有利于增高土温，同时高畦（垄）覆膜对水分运动也更有利，可促进深层土壤水分上升，供植物吸收利用，为种子萌发与幼苗生长创造了良好条件，有利于苗齐苗旺。但在进行起垄（做高畦）时要规格操作，以提高确保密度规格和覆膜质量。规格起垄要掌握好以下 5 个要点。

1. 底墒要足

起垄时，有墒抢墒，无墒造墒，墒情充足是覆膜栽培高产的关键，切不可无底墒起垄。因为尽管覆膜有保墒作用，但地干无墒可保，即使播种时浇底水，幼苗出土后也会因底墒不足而吊干死苗。播后靠天等雨，因薄膜阻隔，小雨无效；播后润墒，小水浇不透，大水漫灌，降低地温，影响壮苗；而且无墒起垄影响起垄规格和覆膜质量，因此一定要足墒起垄。无水浇条件的地区，要有墒抢墒，起垄早覆膜，保墒打孔播种。有水浇条件的地区，遇旱要适时喷灌或开沟浇水造墒，耙平耧细，起垄播种覆膜。

2. 垄（畦）高度要适当

垄的高度（垄沟底至垄面）以 12 厘米左右为宜，如果起垄过高，不仅垄面不能保宽，而且覆膜时垄坡下面盖不严、压不紧，膜易被风刮掉，影响增温保墒效果。同时，垄过高，易造成果针下滑，有效果针入膜内土壤结实的数量减少。起垄过低，不利于排涝，且易使多余的膜边盖死垄沟，影响水分下渗。因此机械起垄时，要调好扶垄器的高度；畜力起垄，要注意耙平垄面，掌握垄高。

3. 垄（畦）面要宽

垄面的宽度因地力、品种、密度和膜宽而定。一般中等肥力种早熟花生品种，垄距为 80 ~ 85 厘米，垄沟宽 30 厘米，垄面宽 50 ~ 55 厘米。

4. 垄（畦）坡要陡

要改梯形坡为矩形坡，起垄后覆膜前，用小镢或小犁子把垄坡上下切齐，使垄坡接近垂直，尽量使垄截面成为矩形。这样可使地膜贴紧压实，同时也可避免梯形坡相邻两垄膜边盖死垄沟的弊端。

5. 垄（畦）面要平

起垄后，要将垄面耙平压实，确保无堡块、石块等杂物。这样有利于薄膜展铺，能使膜面与垄面贴实压紧。如垄面不平而拱形垄面梯形坡，易使覆膜花生靠垄边的果针下滑坡底，不能结果，浪费养分，单株结果数减少。

（二）种子处理

1. 带壳晒种

剥壳前将荚果在土质地面上摊 5~7 厘米厚，晒种 2~3 天，勤翻动，以提高种子活力和消灭部分病菌。

2. 人工剥壳

剥壳不宜过早，在不影响播种的前提下，尽量推迟剥壳时间，一般在播种前 1 月进行。

3. 一拌两防技术

播种前用杀菌种衣剂和杀虫种衣剂进行种子处理：70% 噻虫嗪种子可分散粉剂（锐胜）60 克或 40% 氯虫·噻虫嗪水分散粒剂（福戈）16 克 + 25 克/升悬浮种衣剂（适乐时）60 毫升，对水 100~150 毫升稀释，将稀释或混合均匀的药剂进行人工或机械拌种，使药液均匀分布在种子表面，晾干后即可播种。

（三）播种期

花生出苗期不耐低温，要求 5 厘米地温稳定在 12℃ 以上时方可进行播种，否则若遇低温，常会引起烂种和发生根腐病。因此，山东省花生播种期大体在 5 月 1 日前后，物候期为刺槐树开花初期。

（四）播种方法

1. 人工播种

在提前起好垄或刚起好垄的垄面上，按规格用镢开 2 条播种沟，沟深 3~5 厘米。按穴距规格将事先处理好的种子，平放 2 粒种子，切不可向沟内散播，否则既影响密度规格，又因种子分散易造成开膜孔多，增加放苗困难，降低了覆膜增温保墒效果；或者用插孔器，按照播种密度在垄面上插播种孔，每个孔点播 2 粒花生种子。该法劳动生产率高，播种速度快，密度规格合理，播种深度一致，保温保湿效果好，出苗快，出苗整齐。基本达到覆膜规范化的要求。

2. 提倡机械播种

选用农艺性能优良的花生联合播种机，将花生播种、施肥、起垄、喷施除草剂、覆膜和膜上压土等工序一次完成。

（五）合理密植

大花生 8 000 穴/亩左右，双粒播种或 16 000 穴/亩左右，单粒播种。

（六）地膜覆盖技术

1. 选用优质地膜

花生地膜覆盖选用常规聚乙烯地膜，宽度 90 厘米，厚度不低于 0.004 毫米，透明度≥80%。

2. 花生地膜覆盖

分为人工覆盖地膜和机械覆盖地膜两种。

（1）人工覆膜　先在播种、镇压、整平后的花生垄两沟底部开沟，然后喷施化学除草剂，将地膜平铺在花生垄面上，使地膜两边铺到预先开的沟内，用镢或小铲把土压在沟底的膜上面，踩压盖施即可。人工覆盖地膜时要注意拉紧地膜，并在垄面上适当压一些小土堆，预防大风刮起地膜。

（2）机械覆盖地膜　人工播种和覆膜需要劳动力多，劳动强度也大，播种速度慢，播种质量差，达不到花生地膜覆盖标准化和规范化的要求。机械覆膜时，要注意调好膜卷的松紧度、除草剂的气压及其他农艺性能，确保覆膜质量。

五、化学除草技术

花生播种后覆膜前进行土壤处理。每亩可分别选用96%精异丙甲草胺（金都尔）乳油100~120毫升或72%异丙草胺乳油150~200毫升，对水30~45千克，均匀喷洒于土表，可有效控草期45~60天。

六、田间管理技术

（一）苗期管理

1. 开孔放苗

花生顶土鼓膜时及时开膜引苗。开膜孔放苗方法是，先用3个手指（拇、食、中）或铁钩在苗穴上方将薄膜撕开一个小圆孔，孔径4.5~5厘米，放苗应在上午9∶00前或下午16∶00后进行。

2. 及时清棵抠枝

主茎4片真叶至开花期及时出膜下第一对侧枝，以提高第一对侧枝的生产能力，为高产打下良好的基础。

3. 花生团棵期　喷施30%苯甲·丙环唑乳油1 500倍液+25%水溶性氨基酸。

（二）中后期管理

1. 病害防治技术

一喷两防技术：防病防早衰。

（1）花生初花期（6月上旬）　喷施30%苯甲·丙环唑乳油1 500倍液+EDTA+铁1 500倍液。

（2）花针期（7月上旬）　喷施30%苯甲·丙环唑乳油1 500倍液+EDTA+铁1 500倍液。

（3）饱果初期（7月下旬）　喷施30%苯甲·丙环唑乳油1 500倍液+磷酸二氢钾500倍液。

（4）饱果中期（8月上旬）　喷施30%苯甲·丙环唑乳油1 500倍液+磷酸二氢钾500倍液+UNA（绿植泉）100倍液。

2. 虫害防治技术

（1）花生出苗后注意防治花生蚜虫和蓟马　如果发现有花生蚜虫或蓟马时，及时喷施25%吡蚜酮可湿性粉剂或10%（25%、35%）吡虫啉可湿性粉剂或70%啶虫脒可湿性粉剂5 000倍液或5%啶虫脒乳油300倍液。

（2）花生初花期注意防治红蜘蛛　如发现花生田间有红蜘蛛发生时，及时喷施15%哒螨灵乳油或20%螨醇·哒螨灵乳油或5%噻螨酮乳油（尼索朗）或三锉锡等。

（3）花生花针期注意防治棉铃虫和甜菜夜蛾等　如发现花生田间有棉铃虫或甜菜夜蛾发生时，及时喷施 40% 氯虫·噻虫嗪水分散粒剂（福戈）或 20% 氯虫苯甲酰胺悬浮剂（康宽）等。

3. 化学控旺技术

初荚期，花生长到 27～30 厘米时开始用化学控旺剂渐次控旺，防治花生旺长，最终达到收获期控制在 40～45 厘米范围内最好。

4. 水分管理

花生饱果期遇到严重干旱，叶片泛白出现萎蔫时，应小水润浇，但防止大水漫灌；如果雨水较多，应及时排水防涝。

七、适时收获

花生地下 70% 以上的荚果果壳硬化，网纹清晰，果壳内壁呈现青褐色斑块时便可以收获。收获后及时晾晒，1 周内将荚果含水量降到 8% 以下。收获时同时注意回收地膜，防止地膜对环境和饲草的污染。

甘薯篇

第一章　甘薯生产现状

第一节　甘薯生产动态

甘薯又名红薯、地瓜、白薯、番薯等，是世界上栽培较早的短日照作物，在我国已有 400 多年的种植历史，也是临沂市主要的粮食作物之一，在 20 世纪 80 年代前曾是城乡居民的主要口粮。目前，山东省临沂市常年栽种面积在 100 万亩左右，鲜薯总产量约 200 万吨，平均单产 2 300 千克/亩。随着城乡居民消费习惯的改变，甘薯生产出现了一些新的变化，对甘薯淀粉、粉丝、薯脯以及鲜食迷你甘薯和紫色甘薯的需求量日益增加，使甘薯生产由传统的单一饲料型栽培向饲料型、加工型和鲜食型等多方向发展。大力加强优质专用甘薯新品种引进筛选和先进栽培技术的示范推广，对提高经济效益、促进甘薯生产水平的提高，实现农业增效、农民增收具有重要意义。

一、国外甘薯生产动态

据联合国粮农组织（FAO）统计，世界上共有 111 个国家栽培甘薯，2000 年世界甘薯总栽培面积为 904.6 万公顷，总产为 13 675.6 万吨，平均鲜薯单产 13.9 吨/公顷，其中 97.9% 的面积集中在发展中国家。

亚洲为世界甘薯的主产区，2000 年栽培面积为 717.8 万公顷，占世界总面积的 79.3%；总产量为 12 505.8 万吨，占世界总产量的 91.4%，平均单产为 17 吨/公顷，高于世界平均水平。亚洲栽培面积较大的国家有中国、越南、印度尼西亚等。

非洲甘薯栽培面积占世界面积的 16.7%，总产为 695.7 万吨，仅占世界总产量的 5.1%。较大栽培面积的国家有乌干达、坦桑尼亚等，由于非洲的农业自然条件较差，以及严重的病毒危害等原因，每公顷产量仅达 5 吨。

世界只有 2% 的甘薯种植在工业化发达国家，如日本、韩国、美国等发达国家甘薯栽培面积已经过大幅度下降的阶段，进入 21 世纪以后，甘薯栽培面积保持相对稳定，甚至略有增加。中国甘薯生产已转向加工为主，淀粉所占比例最大，优质鲜薯食用、菜用市场正在开发利用。

二、中国甘薯生产动态

1. 中国甘薯生产现状

我国是世界上最大的甘薯种植国家，面积和产量居世界首位，种植面积 533 万 ~ 667 万公顷之间，占世界甘薯种植面积的 75% 左右，年总产量占世界总产量的 85% 左右，总产为1.5亿吨，平均鲜薯单产19吨/公顷。以淮海平原、长江流域和东南沿海各省最多，种植面积较大的有四川、河南、山东、重庆、广东、安徽等省（直辖市）。据有关部门估计，我国甘薯直接作饲料的占50%，工业加工占15%，直接食用占14%，用作种薯占6%，另有15%因储藏不当而发生霉烂。

2. 临沂市甘薯生产现状

临沂市山地、丘陵和平原各占1/3。山区、丘陵地带的土壤砂性大，适耕性好，土质优良，是甘薯、花生、黄烟等经济作物的主要产地。近几年随种植结构调整和市民消费观念的变化，甘薯作为营养保健食品和加工途径广泛的专用经济作物具有明显区域生产优势，已呈现出区域化、规模化、专用化、产业化发展的新局面。当前全市栽培甘薯近100万亩，占全省的1/4以上，临沂市沂水、平邑、临沭等县建立起了淀粉型专用甘薯产业基地，沂南、费县等地建立起了优质鲜食型甘薯标准化生产基地。基地主要开展甘薯新品种引进、示范、推广、科技培训等工作。当前引进扩大推广的淀粉型新品种是徐薯系列18号、22号、商薯19等，主要用于粉皮、粉条、扁粉等传统产品和能源、化工等高新技术产品的加工利用，加工企业主要有沂蒙老区酒业有限公司、沂蒙淀粉加工厂等；鲜食型品种有济薯5号、18号、苏薯8号、小黄瓢等，主要用于烤、蒸、煮等鲜食和加工休闲保健风味食品，加工企业主要有山东赛博特食品有限公司、临沂市七星食品公司等；茎尖菜用型新品种有蒲薯53、福7-6等，主要用来补充季节性叶菜。通过科技带动，在种植方式上逐渐摆脱了单一品种、粗放管理的生产模式，通过应用节水、平衡配方施肥、化除化控、有害生物的安全控制等规范化高效栽培技术，新品种推广示范面积已达100万亩，产量比老品种徐薯18、北京553等提高了20%，农民新增收益200余元/亩，企业年加工甘薯30万吨、增效8 000万元以上。

当前甘薯产业面临问题突出主要表现在：①品种混杂、优质专用产品水平不够高，重产量轻质量的现象依然存在；②管理粗放、种薯携带病毒传播及病虫草害严重；③深加工技术差、产业化水平低；④科技创新能力不足，具有自主知识产权的创新品种、成果较少；⑤销售体系薄弱，无相对固定销售网络，农民组织化进程慢、单体分散生产、规模小的问题仍然突出；⑥储存技术差、烂窖现象严重。

第二节　甘薯的用途和发展前景

一、甘薯的用途

甘薯营养十分丰富、齐全，并具有重要保健和防病功能。块根中含有大量淀粉、可溶性糖、多种维生素和多种氨基酸，还含有花青素、膳食纤维、β-胡萝卜素、蛋白质、脂肪、食物纤维以及钙、铁等矿物质。甘薯淀粉含量占鲜薯质量的15%~26%，高的可达30%左右。可溶性糖一般占鲜薯质量的3%左右。每100克鲜薯中含蛋白质2.3克、脂肪0.2克、粗纤维0.5克、矿质元素0.9克、胡萝卜素1.31毫克、维生素C30毫克、维生素$B_1$0.21毫克和尼克酸0.5毫克，热量531.4千焦。甘薯所含蛋白质虽不及米、面多，但其生物价比米面高，且蛋白质的氨基酸组成全面。甘薯的维生素含量丰富，维生素 B_1 和维生素 B_2 为米、面的 2 倍，维生素 E 为小麦的 9.5 倍，纤维素为米、面的 10 倍，维生素 A 和维生素 C 含量均高，而米、面为零。甘薯茎蔓也含丰富的蛋白质、胡萝卜素、维生素 B_2、维生素 C 和钙、铁元素，尤其是茎蔓的嫩尖，营养成分更丰富。在中国、日本、朝鲜、韩国及东南亚地区用作蔬菜，香港人称薯叶为"蔬菜皇后"。从甘薯茎叶中可提取浓缩叶蛋白，其营养价值并不逊于豆谷类等种子蛋白。叶蛋白除作为高蛋白资源外，还富含微量元素与钙质，其钙磷比大于 10，为食物中少见的高钙食品，是良好的钙补充剂，被营养学家们称为营养最均衡的保健食品。甘薯的医疗保健功能也非常突出，日本国立癌症研究中心公布的 20 种抗癌蔬菜"排行榜"为：甘薯、芦笋、花椰菜、卷心菜、西兰花、芹菜、甜椒、胡萝卜、金花菜、苋菜、荠菜、茎蓝、芥菜、番茄、大葱、大蒜、青瓜、大白菜等，甘薯名列榜首，而且日本通过对 26 万人的饮食调查发现，熟甘薯的抑癌率高于生甘薯。我国医学工作者曾对广西西部的百岁老人之乡进行调查发现，此地长寿老人有一个共同的特点，就是习惯每日食甘薯，甚至将其作为主食。

紫色甘薯中所含花青素对 100 多种疾病有预防和治疗作用，被誉为继水、蛋白质、脂肪、碳水化合物、维生素、矿物质之后的第七大必需营养素。花青素是目前科学界发现的防治疾病、维护人类健康最直接、最有效、最安全的自由基清除剂，能够保护人体免受自由基等有害物质的损伤，增强机体免疫力，抑制肿瘤细胞繁殖，还能增强血管弹性、促进血液循环，预防胃癌、肝癌、心血管等疾病的发生，使人健康长寿。

二、甘薯发展前景

近年来，随着市场经济的发展，甘薯以其营养丰富、用途多样、成本低等优点得到重新认识，它的产业化开发将大大促进农业和农村经济的发展。

1. 有利于种植业结构调整

甘薯具有耐旱、耐瘠、适应性广、产量高而稳定等特点，适合在旱地栽培，是压缩粮田面积后理想的替代作物。

2. 有利于农业增效、农民增收

当前生产上种植的甘薯产量高、品质优、种植效益高，可使单位产值成倍提高，成为"两高一优"农业发展的有效途径。

3. 有利于丰富农产品市场，提高人民生活水平

甘薯以其独有的营养品质顺应了人们对食品消费变化的需要。作为一种新兴食品和国际上流行的保健食品，除直接食用外，烘烤甘薯、果脯、黄酒等甘薯系列加工产品日益受到人们欢迎。

4. 有利于出口创汇

甘薯的外贸出口量很大，通过加强与食品加工部门的联系与合作，形成"企业 + 基地 + 农户"的产业化发展格局，生产出多样化的食品出口国外，可大大提高种植效益和加工效益。从普通食品到营养保健食品，从鲜食到深加工，从做饲料到工业产品等，优质特色甘薯有着广阔的市场前景。

第二章 甘薯优良品种类型简介

按照淀粉加工和食用等用途，可将甘薯品种分为7种类型：①淀粉加工型，主要是高淀粉含量的品种；②食用型，主要是通过蒸、煮、烤等直接食用的品种；③兼用型，既可加工又可食用的品种；④菜用型，主要是食用甘薯茎叶的品种；⑤色素加工型，主要是提取花青素的紫色品种；⑥水果型，含糖量高、水分大的品种，主要用于饮料加工或直接生食；⑦饲料加工型，茎蔓生长旺盛的品种。

第一节 淀粉加工型优良品种

1. 商薯9号

选育单位：河南省商丘市农林科学院。

品种来源：徐薯25×商薯103。

特征特性：淀粉型品种，萌芽性较好，中蔓，分枝数6~7个，茎蔓中等偏细；叶片心形带齿，顶叶淡紫色，成年叶绿色，叶脉紫色，茎蔓淡紫色；薯形纺锤形，红皮乳白肉，结薯较集中，薯块较整齐，单株结薯4~5个，大中薯率较高；食味较好；较耐贮；两年区试平均烘干率33.30%，比对照高3.97个百分点，淀粉率22.61%，比对照徐薯22高3.45个百分点；抗蔓割病，中抗根腐病，感茎线虫病和黑斑病。

产量表现：2012年参加国家甘薯品种北方薯区区域试验，平均鲜薯亩产2 075.3千克，比对照徐薯22减产5.57%；薯干亩产696.4千克，比对照增产7.14%；淀粉亩产473.8千克，比对照增产11.32%。2013年续试，平均鲜薯亩产1 898.3千克，比对照徐薯22增产6.02%；薯干亩产627.0千克，比对照增产20.57%；淀粉亩产424.7千克，比对照增产25.45%。2013年生产试验平均鲜薯亩产2 391.1千克，比对照徐薯22增产4.57%；薯干亩产821.0千克，比对照增产18.14%；淀粉亩产562.5千克，比对照增产21.34%。

栽培技术要点：培育壮苗，每平方米排种量10千克；适时早栽；起垄种植，亩密度不低于3 000株；亩施纯N 5千克、P_2O_5 5千克、K_2O 15千克，将肥料包埋在垄体中央；旱浇涝排，整个生育期不翻秧；注意防治甘薯病虫草害。

鉴定意见：该品种于2012—2013年参加全国农业技术推广服务中心组织的全国甘薯品种区域试验，2014年3月经全国甘薯品种鉴定委员会鉴定通过。建议在河南、江苏北部、安徽、山东、河北、陕西适宜地区种植。注意防治茎线虫病和黑斑病。

2. 冀薯65

选育单位：河北省农林科学院粮油作物研究所。

品种来源：徐 01 - 2 - 20 放任授粉。

特征特性：淀粉型品种，萌芽性较好，中长蔓，分枝数 7 个左右，茎蔓偏细；叶片心形，顶叶、成年叶和茎蔓均为绿色，叶脉淡紫色；薯块纺锤形，紫红皮淡黄肉，结薯集中，薯块较整齐，单株结薯 4 ~ 5 个，大中薯率较高；耐贮藏；两年区试平均烘干率 33.93%，比对照徐薯 22 高 5.69 个百分点，淀粉率 23.16%，比对照高 4.96 个百分点；食味一般；中抗根腐病，感茎线虫病和黑斑病。

产量表现：2010 年参加国家甘薯北方薯区区域试验，平均鲜薯亩产 1 569.2 千克，比对照徐薯 22 减产 17.91%；薯干亩产 524.6 千克，比对照减产 0.79%；淀粉亩产 356.6 千克，比对照增产 5.37%。2011 年续试，平均鲜薯亩产 1 727.7 千克，比对照徐薯 22 减产 16.37%；薯干亩产 594.2 千克，比对照减产 0.04%；淀粉亩产 407.0 千克，比对照增产 5.51%。2012 年参加生产试验，平均鲜薯亩产 2 270.4 千克，比对照徐薯 22 增产 1.49%；薯干亩产 789.5 千克，比对照增产 17.68%；淀粉亩产 538.3 千克，比对照增产 21.19%。

栽培技术要点：春季小拱棚育苗或温棚育苗，采苗圃培育壮秧；行距 60 ~ 80 厘米，垄高 20 ~ 25 厘米，密度 2 500 ~ 3 000 株/亩；一般肥力地块亩施纯氮 5 千克，P_2O_5 5 千克，K_2O 15 千克；定植时用吡虫啉或地蚜灵掺土穴施，兼治茎线虫和地下害虫；封垄前及时中耕除草，旱灌涝排，霜前及时收获。

鉴定意见：该品种于 2010—2012 年参加全国农业技术推广服务中心组织的全国甘薯品种区域试验，2013 年 3 月经全国甘薯品种鉴定委员会鉴定通过。建议在河北、山东、安徽北部、陕西关中地区、江苏北部适宜地区种植。不宜在茎线虫病重发地块种植。

3. 皖苏 178

选育单位：安徽省农业科学院作物研究所；江苏省农业科学院粮食作物研究所。

品种来源：徐薯 22 × 宁 99 - 9 - 5。

特征特性：淀粉型品种，萌芽性好，中短蔓，分枝数 7 个左右，茎蔓较粗；叶片中裂，顶叶、成年叶和茎蔓均为绿色，叶脉紫色；薯块纺锤形，淡红皮白肉，结薯集中，薯块较整齐，单株结薯 3 个左右，大中薯率高；耐贮藏；两年区试平均烘干率 34.52%，比对照徐薯 22 高 6.28 个百分点，淀粉率 23.67%，比对照高 5.47 个百分点；食味中等；室内鉴定高抗蔓割病，感根腐病、茎线虫病和黑斑病。

产量表现：2010 年参加国家甘薯北方薯区区域试验，平均鲜薯亩产 1 518.8 千克，比对照徐薯 22 减产 20.55%；薯干亩产 521.8 千克，比对照减产 1.32%；淀粉亩产 357.3 千克，比对照增产 5.59%。2011 年续试，平均鲜薯亩产 1 704.5 千克，比对照徐薯 22 减产 17.50%；薯干亩产 590.9 千克，比对照减产 0.59%；淀粉亩产 405.6 千克，比对照增产 5.15%。2012 年参加生产试验，平均鲜薯亩产 1 853.9 千克，比对照徐薯 22 减产 9.76%；薯干亩产 690.2 千克，比对照增产 9.54%；淀粉亩产 486.9 千克，比对照增产 15.69%。

栽培技术要点：育苗排种量 15 千克/平方米；宜采用薄膜覆盖育苗技术，用 50% 多菌灵 800 ~ 1 000 倍液水剂浸种后排种；垄作，施足基肥，肥料以复合肥为佳；宜做春夏薯种植，密度春薯 3 300 ~ 3 500 株/亩，夏薯 3 500 ~ 4 000 株/亩。

鉴定意见：该品种于 2010—2012 年参加全国农业技术推广服务中心组织的全国甘薯品种区域试验，2013 年 3 月经全国甘薯品种鉴定委员会鉴定通过。建议在安徽北部、江苏北部、河北中南部、陕西关中适宜地区种植。不宜在根腐病和茎线虫病重发地块种植。

4. 泉薯 9 号

选育单位：福建省泉州市农业科学研究所。

品种来源：泉薯 268 放任授粉。

特征特性：淀粉用型品种，株型半直立，萌芽性好，中蔓，分枝中等，茎蔓较粗；叶片心形带齿，顶叶绿色，叶脉紫色，茎蔓绿色；薯块长纺锤形，淡红皮淡黄肉，薯块商品性好，结薯集中，单株结薯数 4.7 个，大中薯率高；食味品质优；两年南方区试薯块平均干物率 29.24%，淀粉率 19.08%，分别比对照金山 57 高 3.22 和 2.80 个百分点；两年长江流域区试薯块平均干物率 31.84%，淀粉率 21.35%，分别比对照南薯 88 高 4.05 和 3.52 个百分点；较耐贮藏；抗茎线虫病，中抗大田薯瘟病、蔓割病（室内鉴定）和黑斑病。

产量表现：2008—2009 年参加国家甘薯南方薯区区试，两年平均鲜薯亩产 2 273.6 千克，比对照金山 57 减产 2.45%；薯干亩产 657.5 千克，比对照增产 9.36%；淀粉亩产 427.4 千克，比对照增产 14.03%。2009 年参加南方区生产试验，平均鲜薯亩产 2 696.6 千克比对照金山 57 增产 3.60%；薯干亩产 736.06 千克，比对照增产 16.75%。

2008—2009 年参加国家甘薯长江流域薯区区试，两年平均鲜薯亩产 2 031.2 千克，比对照南薯 88 减产 3.72%；薯干亩产 648.3 千克，比对照增产 10.65%；淀粉亩产 434.7 千克，比对照增产 15.65%。2010 年参加长江流域生产试验，平均鲜薯亩产 1 857.3 千克，比对照南薯 88 增产 0.65%；薯干亩产 566.7 千克，比对照增产 12.37%。

栽培技术要点：严格留种，及时剪苗或掰芽进行繁殖，培育壮苗；适时早栽，密度每亩 4 000 株左右；结合除草，早施点头肥，重施夹边肥；旱灌涝排，及时防治虫害；全生长期宜掌握在 140 天左右。

鉴定意见：该品种于 2008—2010 年参加全国农业技术推广服务中心组织的全国甘薯品种区域试验，2011 年 3 月经全国甘薯品种鉴定委员会鉴定通过。建议在南方薯区和长江流域薯区的福建（龙岩地区除外）、广西、广东中东部、江西、浙江、湖北、四川、江苏南部适宜地区种植。不宜在薯瘟病重发地块种植。

5. 苏薯 11 号

选育单位：江苏省农业科学院粮食作物研究所。

品种来源：苏薯 1 号放任授粉。

特征特性：淀粉型品种，萌芽性好，长蔓，茎绿色，叶心脏形，顶叶绿色，成熟叶绿色，叶脉紫色，叶柄绿色，基部分枝 7 ~ 8 个，单株结薯 3 ~ 4 个，薯块纺锤形，红皮白肉，结薯习性集中整齐，上薯率较高。食味干面味香，品质较好，抗根腐病。

产量表现：2004 年参加长江流域薯区全国甘薯品种区域试验，平均鲜薯亩产 2 097.7 千克，比对照南薯 88 减产 8.73%；薯干亩产 665.1 千克，比对照南薯 88 增产

7.48%。2005 年续试，平均鲜薯亩产 2 087.1 千克，比对照南薯 88 减产 7.06%；薯干亩产 622.7 千克，比对照南薯 88 增产 2.69%。两年区域试验，平均鲜薯亩产 2 092.4 千克，比对照减产 8.52%；薯干亩产 643.9 千克，比对照增产 5.11%，增产显著；两年淀粉产量为 423.08 千克，比对照增产 9%。

栽培技术要点：该品种萌芽性好，种植密度春薯每亩 3 300～3 500 株，夏薯每亩 3 500～4 000 株。应施足基肥，肥料以复合肥为佳，施用量每亩 40 千克左右。易感茎线虫病，不宜在茎线虫病区推广，注意防治黑斑病。

鉴定意见：该品种于 2004—2006 年参加全国农业技术推广服务中心组织的全国甘薯品种区域试验，2007 年 3 月经全国甘薯品种鉴定委员会鉴定通过。建议在长江流域薯区的江苏、江西、浙江、湖北种植。

第二节 食用型优良品种

1. 济薯 26

选育单位：山东省农业科学院作物研究所。

品种来源：徐 03－31－15 放任授粉。

特征特性：食用型品种，萌芽性较好，中蔓，分枝数 10 个左右，茎蔓较细；叶片心形，顶叶黄绿色带紫边，成年叶绿色，叶脉紫色，茎蔓绿色带紫斑；薯形纺锤形，红皮黄肉，结薯集中，薯块整齐，单株结薯 4 个左右，大中薯率较高；可溶性糖含量高，食味优，较耐贮；两年区试平均烘干率 25.76%，比对照徐薯 22 低 3.57 个百分点；抗蔓割病，中抗根腐病和茎线虫病，感黑斑病。

产量表现：2012 年参加国家甘薯品种北方薯区区域试验，平均鲜薯亩产 2 395.7 千克，比对照徐薯 22 增产 9.01%；薯干亩产 624.7 千克，比对照减产 3.89%。2013 年续试，平均鲜薯亩产 1 942.4 千克，比对照徐薯 22 增产 8.48%；薯干亩产 492.6 千克，比对照减产 5.27%。2013 年生产试验平均鲜薯亩产 2 317.4 千克，比对照徐薯 22 增产 14.34%；薯干亩产 595.5 千克，比对照增产 4.92%。

栽培技术要点：适时排种，培育无病壮苗；适当减少排种量；育苗时用多菌灵喷洒薯块及苗床周围，采用苗床高剪苗，繁种时应选无病地；垄作，密度 3 500～4 000 株/亩；基肥以有机肥为主，追肥注意 N、P、K 的配合使用。

鉴定意见：该品种于 2012—2013 年参加全国农业技术推广服务中心组织的全国甘薯品种区域试验，2014 年 3 月经全国甘薯品种鉴定委员会鉴定通过。建议在河北、河南、山东、陕西、江苏北部适宜地区种植。注意防治黑斑病。

2. 烟紫薯 3 号

选育单位：山东省烟台市农业科学研究院。

品种来源：烟薯 0389 集团杂交。

特征特性：食用型紫薯品种，萌芽性较好，长蔓，分枝数 8 个，茎蔓中等偏粗；叶片心形带齿，顶叶绿色，成年叶绿色，叶脉紫色，茎蔓浅紫色；薯形纺锤形，紫皮紫肉，结薯较集中，薯块整齐，单株结薯 3～4 个，大中薯率高；食味较好；较耐贮；两年区试平均烘干率 27. 87%，比对照宁紫 1 号高 0. 93 个百分点；两年平均花青素含量 13. 78 毫克/100 克鲜薯；高抗蔓割病，中抗根腐病和黑斑病，高感茎线虫病。

产量表现：2012 年参加国家甘薯品种北方特用组区域试验，平均鲜薯亩产 2 153. 2 千克，比对照宁紫薯 1 号增产 27. 57%；薯干亩产 596. 6 千克，比对照增产 36. 06%。2013 年续试，平均鲜薯亩产 1 725. 1 千克，比对照宁紫薯 1 号增产 18. 69%；薯干亩产 484. 3 千克，比对照增产 18. 72%。2013 年生产试验平均鲜薯亩产 1 435. 0 千克，比对照宁紫薯 1 号增产 17. 22%；薯干亩产 425. 3 千克，比对照增产 14. 76%。

栽培技术要点：栽植密度 3 500~4 000 株/亩；深耕及增施有机肥料，亩施土杂粪 2 000~3 000 千克，氮磷钾复合肥 25 千克，硫酸钾 20 千克；种薯与种苗均要消毒防病后再栽植；旱灌涝排，及时中耕除草，防治地下害虫。

鉴定意见：该品种于 2012—2013 年参加全国农业技术推广服务中心组织的全国甘薯品种区域试验，2014 年 3 月经全国甘薯品种鉴定委员会鉴定通过。建议在江苏北部、安徽中部、河南、河北、山东、山西、陕西、北京适宜地区作为食用型紫薯品种种植。注意防治茎线虫病。

3. 泰中 6 号

选育单位：山东省泰安市农业科学研究院、中国科学院上海生命科学研究院植物生理生态研究所。

品种来源：鲁薯 8 号放任授粉。

特征特性：食用型品种，萌芽性较差，中短蔓，分枝数 8 个左右，茎粗中等；叶片心形带齿，顶叶淡紫色，成年叶绿色，叶脉紫色，茎蔓绿色；薯块长纺锤形，淡黄皮淡红肉，结薯集中，薯块较整齐，单株结薯 3~4 个，大中薯率较高；耐贮性一般；食味较好；两年区试平均烘干率 28. 19%，比对照徐薯 22 低 0. 05 个百分点；鲜薯胡萝卜素含量 3. 39 毫克/100 克；抗黑斑病和根腐病，感茎线虫病。

产量表现：2010 年参加国家甘薯北方薯区区域试验，平均鲜薯亩产 1 747. 4 千克，比对照徐薯 22 减产 8. 59%；薯干亩产 495. 8 千克，比对照减产 6. 24%。2011 年续试，平均鲜薯亩产 1 903. 5 千克，比对照徐薯 22 减产 7. 87%；薯干亩产 533. 4 千克，比对照减产 10. 27%。2012 年参加北方区生产试验，平均鲜薯亩产 2 406. 2 千克，比对照徐薯 22 增产 8. 89%；平均薯干亩产 680. 6 千克，比对照增产 5. 49%。

栽培技术要点：育苗适当增加排种量，宜采用高温催芽、地膜覆盖技术；多菌灵浸种或浸薯苗，以防治黑斑病；春薯 3 500~4 000 株/亩，夏薯 4 000~5 000 株/亩；垄栽，施足底肥，旱灌涝排，促控结合，及时中耕除草。

鉴定意见：该品种于 2010—2012 年参加全国农业技术推广服务中心组织的全国甘薯品种区域试验，2013 年 3 月经全国甘薯品种鉴定委员会鉴定通过。建议在山东、河北中南部、江苏北部、河南东部适宜地区种植。不宜在茎线虫病重发地块种植。

4. 烟薯 25 号

选育单位：山东省烟台市农业科学研究院。

品种来源：鲁薯 8 号放任授粉。

特征特性：食用型品种，萌芽性较好，中长蔓，分枝数 5~6 个，茎蔓中等粗，叶片浅裂，顶叶紫色，叶片、叶脉和茎蔓均为绿色；薯形纺锤形，淡红皮橘红肉，结薯集中整齐，单株结薯 5 个左右，大中薯率较高；食味好，鲜薯胡萝卜素含量 3.67 毫克/100 克，干基还原糖和可溶性糖含量较高；耐贮性较好；两年区试平均烘干率 25.04%，比对照徐薯 22 低 3.20 个百分点；抗根腐病和黑斑病，感茎线虫病。

产量表现：2010 年参加国家甘薯北方薯区区域试验，平均鲜薯亩产 2 038.4 千克，比对照徐薯 22 增产 6.63%；薯干亩产 507.5 千克，比对照减产 4.03%。2011 年续试，平均鲜薯亩产 1 990.8 千克，比对照徐薯 22 减产 3.64%；薯干产量 501.5 千克，比对照减产 15.63%。2011 年参加生产试验，平均鲜薯亩产 2 382.0 千克，比对照徐薯 22 增产 8.58%；薯干亩产 640.0 千克，比对照减产 5.62%。

栽培技术要点：深耕及增施有机肥料，亩施土杂粪 2 000～3 000 千克、氮磷钾复合肥 25 千克，硫酸钾 20 千克；净作垄栽密度 3 500～4 000 株/亩；种薯与种苗均要消毒防病后再排种与栽植；旱灌涝排，及时中耕除草，防治地下害虫。

鉴定意见：该品种于 2010—2011 年参加全国农业技术推广服务中心组织的全国甘薯品种区域试验，2012 年 3 月经全国甘薯品种鉴定委员会鉴定通过。建议在北方薯区的山东、河北、陕西、安徽适宜地区种植，不宜在茎线虫病地块种植。

5. 郑薯 20

选育单位：河南省农业科学院粮食作物研究所、河南省襄城县红薯良种繁育基地。

品种来源：苏薯 8 号芽变选育而成。

特征特性：食用型品种，薯块萌芽性中等，中短蔓型，茎色绿，分枝较多，茎较粗，叶形深裂复缺刻，顶叶色绿带紫边，成叶色绿，叶脉色紫，单株结薯数 5.4 个，薯块长纺锤形，黄皮橘黄肉，中早熟，结薯集中性一般，大中薯率高，较耐贮藏，食味中等。中抗黑斑病和茎线虫病，感根腐病。

产量表现：2004 年参加北方薯区全国甘薯品种区域试验，平均鲜薯亩产 2 000.5 千克，比对照徐薯 18 增产 40.79%；薯干亩产 575.4 千克，比对照徐薯 18 增产 7.66%。2005 年续试，平均鲜薯亩产 2 576.5 千克，比对照徐薯 18 增产 37.9%；薯干亩产 566.6 千克，比对照徐薯 18 增产 11.07%。两年区域试验，平均鲜薯亩产 2 649.3 千克，比对照徐薯 18 增产 39.37%；薯干亩产 571.0，比对照徐薯 18 增产 9.33%；烘干率 21.6%。2006 年生产试验平均鲜薯亩产 2 487.4 千克，比对照增产 29.6%；薯干亩产 594.7 千克，比对照增产 11.5%。

栽培技术要点：该品种萌芽性一般，蔓短，可适当增加底肥和密度，种植密度春薯每亩 3 000～3 500 株，夏、秋薯每亩 3 500～4 000 株。成熟早，可做双季栽培。注意防治黑斑病。

鉴定意见：该品种于 2004—2006 年参加全国农业技术推广服务中心组织的全国甘薯品种区域试验，2007 年 3 月经全国甘薯品种鉴定委员会鉴定通过。建议在我国北方薯区的河南、河北、山东、北京、陕西、江苏北部和安徽中北部种植。不宜在根腐病地块种植。

6. 心香

由浙江省农业科学院作物与核技术利用研究所、勿忘农集团有限公司以金玉（浙

1257）为母本，浙薯 2 号为父本，杂交选育而成。

特征特性：食用和淀粉型品种，萌芽性一般，中短蔓，平均分枝数 7.6 个，茎粗 0.66 厘米，叶片心形，顶叶和成年叶绿色、叶脉绿色，茎绿色；薯形长纺锤形，紫红皮黄肉，结薯集中，薯干洁白平整品质好，食味好，耐贮藏。两年区试薯块平均干物率 32.71%，比对照南薯 88 高 4.61 个百分点，淀粉率 22.10%，比对照高 4.01 个百分点。2005—2006 年农业部质检测试中心（杭州）检测结果平均，薯块干物率 34.5%，淀粉率 20.0%，可溶性总糖 6.22%，粗纤维含量 6.22%。抗蔓割病，中感茎线虫病，感黑斑病。薯块大小较均匀，商品率高。综合评价食用品质好。

产量表现：2006 年参加长江流域薯区全国甘薯品种区域试验，平均鲜薯亩产 2 040.8 千克，比对照南薯 88 减产 9.29%；薯干亩产 673.7 千克，比对照增产 4.30%；淀粉亩产 462.3 千克，比对照增产 9.1%。2007 年续试，平均鲜薯亩产 2 121.6 千克，比对照南薯 88 减产 0.63%；薯干亩产 681.2 千克，比对照增产 19.18%；淀粉亩产 457.3 千克，比对照增产 25.0%。2008 年生产试验平均鲜薯亩产 2 199.9 千克，比对照南薯 88 减产 7.53%；薯干亩产 707.0 千克，比对照增产 31.88%；淀粉亩产 475.4 千克，比对照增产 40.06%。2006 年浙江省品种比较试验，平均亩产鲜薯 2 061.4 千克，比对照徐薯 18 增产 6.0%，迷你型番薯商品率较高。

栽培技术要点：早育苗，培育壮苗；适时早栽，前期促早发健壮，促薯块早形成，中期促控结合，使薯块迅速膨大；施足底肥，起垄栽植，密度每亩 4000～5000 株；旱灌涝排，及时中耕除草，防治地下害虫。90～120 天收获。适宜在浙江、江西、湖南、湖北、四川、重庆、江苏中南部种植。注意防治黑斑病、茎线虫病。

7. 苏薯 8 号

由江苏省南京市农科所以苏薯 4 号×苏薯 1 号杂交选育而成。

特征特性：短蔓半直立型，分枝较多，叶片呈复缺刻形，顶叶绿色，叶脉紫色，结薯早而集中，大薯率和商品薯率高，薯皮红色、薯肉橘红，食味一般，适宜食用及食品加工；抗旱性强；高抗茎线虫病和黑斑病，不抗根腐病。

产量表现：省区试鲜薯产量较徐薯 18 增产达 30% 以上，春夏薯高产田每亩分别可达 4 000 千克、3 000 千克以上。平均干率 21.8%。

栽培技术要点：起垄单行栽插，施包心肥；密度每亩 3 500～4 000 株。该品种适宜在江苏、河南、河北、安徽、北方无根腐病薯区作春、夏薯种植。其他早熟高产有钾 30～35 千克作基肥。适宜在重庆、四川、广东、湖南、河南、河北适宜地区作食用型紫薯品种种植。注意防治黑斑病。

8. 红香蕉

以西农 431 为母本，豫薯 10 号为父本杂交选育而成。优点：特早熟、高产、品质与产量优于苏薯 8 号，早春覆膜栽培，7～8 月上市价格高，效益好。生长 100 天，亩产高达 2 500 千克以上，春薯、夏薯高产田，分别可达 4 000 千克和 3 000 千克以上。叶小，茎蔓细弱，薯皮橙红、肉橘红色、食味较甜、细腻。

第三节　兼用型品种

1. 徐薯 28

选育单位：江苏徐州甘薯研究中心。

品种来源：徐 P616 – 23 放任授粉。

特征特性：兼用型品种，萌芽性好，中短蔓，分枝数 12 ~ 13 个，茎蔓中等偏细；叶片深裂，顶叶淡紫色，成年叶、叶脉和茎蔓均为绿色；薯块长纺锤形，红皮白肉，结薯集中，薯块整齐，单株结薯 3 ~ 4 个，大中薯率高；薯干较洁白平整，食味较好，干基可溶性糖含量较高；两年区试薯块平均烘干率 27.72%，淀粉率 17.75%，均与对照相当；耐贮性好；抗蔓割病，中抗根腐病、茎线虫病和黑斑病。

产量表现：2008 年参加国家甘薯北方薯区区域试验，平均鲜薯亩产 2 349.0 千克，比对照徐薯 18 增产 18.34%；薯干亩产 636.5 千克，比对照增产 13.89%；淀粉亩产 404.4 千克，比对照增产 12.33%。2009 年续试，平均鲜薯亩产 2 272.3 千克，比对照徐薯 18 增产 17.18%；薯干亩产 645.9 千克，比对照增产 22.13%；淀粉亩产 417.4 千克，比对照增产 23.93%。2010 年参加生产试验，平均鲜薯亩产 2 220.8 千克，比对照徐薯 18 增产 17.79%；薯干亩产 629.8 千克，比对照增产 22.92%；淀粉亩产 406.6 千克，比对照增产 24.81%。

栽培技术要点：早育苗，培育壮苗，萌芽性好，每平方米排种 18 ~ 20 千克；适时早栽，前期促早发健壮，促薯块早形成，中期促控结合，使薯块迅速膨大；施足底肥，增施钾肥，起垄栽植，密度每亩 3 300 ~ 3 500 株；旱灌涝排，及时中耕除草，防治地下害虫。

鉴定意见：该品种于 2008—2010 年参加全国农业技术推广服务中心组织的全国甘薯品种区域试验，2011 年 3 月经全国甘薯品种鉴定委员会鉴定通过。建议在北方薯区的江苏北部、安徽、河南南部、河北、陕西关中地区、北京、山东东部适宜地区种植。不宜在根腐病重发地块种植。

2. 徐薯 26

选育单位：江苏徐州甘薯研究中心。

品种来源：徐 781 放任授粉。

特征特性：兼用型品种，萌芽性较好，中长蔓，分枝数 6 个左右，茎较粗，叶片心形带齿，顶叶淡绿，叶色绿，叶脉淡紫色，茎绿色；薯形下膨纺锤形，紫红皮白肉，结薯较集中，薯块大小较整齐，较耐贮，单株结薯 3 个左右，大中薯率高，薯干较洁白平整，食味较好；两年区试薯块平均干物率 29.36%，比对照徐薯 18 高 1.03 个百分点，淀粉率 19.19%，比对照高 0.92 个百分点。抗根腐病和蔓割病，中抗茎线虫病和黑斑病，综合评价抗病性较好。

产量表现：2006 年参加北方薯区全国甘薯品种区域试验，平均鲜薯亩产 2 145.3 千克，比对照徐薯 18 增产 7.02%；薯干亩产 637.7 千克，比对照增产 10.48%；淀粉亩产 418.6 千克，比对照增产 11.89%。2007 年续试，平均鲜薯亩产 1 935.2 千克，比对照徐薯 18 增产 2.89%；薯干亩产 560.4 千克，比对照增产 7.07%；淀粉亩产 364.5 千克，比对照增产 8.61%。2008 年生产试验平均鲜薯亩产 2 154.7 千克，比对照徐薯 18 增产 10.91%；薯干亩产 654.2 千克，比对照增产 19.02%；淀粉亩产 432.1 千克，比对照增产 21.84%。

栽培技术要点：早育苗，及时剪苗，培育壮苗；适时早栽，增加栽插入土节数，前期促早发健壮，中后期控制旺长；施足底肥，适当增施磷钾肥，起垄栽植，密度每亩 3 300～3 500 株；防涝和防治地下害虫。注意综合防治甘薯茎线虫病。

鉴定意见：该品种于 2006—2008 年参加全国农业技术推广服务中心组织的全国甘薯品种区域试验，2009 年 3 月经全国甘薯品种鉴定委员会鉴定通过。建议在北方薯区的山东、河北、河南、陕西、江苏北部、安徽中北部种植。

3. 齐宁 13 号

选育单位：山东省济宁市农业科学研究院、中国农业大学。

品种来源：徐薯 18 × P616 - 23。

特征特性：兼用型品种，萌芽性较好，长蔓，平均分枝数 6 个，茎较粗，叶片心形，顶叶淡绿，叶色、叶脉色、茎色均为绿色；薯形长纺锤形，红皮淡黄肉，结薯集中，单株结薯 3 个左右，大中薯率高，食味中等，较耐贮藏。两年区试薯块平均干物率 28.06%，比对照徐薯 18 低 0.27 个百分点，淀粉率 18.06%，比对照低 0.21 个百分点。高抗蔓割病，抗茎线虫病，中抗根腐病，感黑斑病，综合评价抗病性较好。

产量表现：2006 年参加北方薯区全国甘薯品种区域试验，平均鲜薯亩产 2 224.7 千克，较对照徐薯 18 增产 11.0%；薯干亩产 649.5 千克，较对照徐薯 18 增产 12.5%；淀粉亩产 423.8 千克，较对照徐薯 18 增产 13.28%。2007 年续试，平均鲜薯亩产 1 961.6 千克，较对照徐薯 18 增产 4.29%；薯干亩产 525.1 千克，较对照徐薯 18 增产 0.33%；淀粉亩产 332.1 千克，较对照徐薯 18 减产 1.04%。2008 年生产试验，平均鲜薯产量 2 238.2 千克/亩，比对照增产 16.62%；薯干亩产 587.7 千克/亩，比对照增产 7.67%；淀粉亩产 368.9 千克/亩，比对照增产 4.57%。

栽培技术要点：早育苗，培育壮苗，用多菌灵浸种或浸薯苗，防治黑斑病；适时早栽，前期促早发健壮，促薯块早形成，中期促控结合，使薯块迅速膨大；施足底肥，起垄栽植，密度每亩 3 000～4 000 株；早灌涝排，及时中耕除草，防治地下害虫。

鉴定意见：该品种于 2006—2007 年参加全国农业技术推广服务中心组织的全国甘薯品种区域试验，2009 年 3 月经全国甘薯品种鉴定委员会鉴定通过。建议在山东、河南、安徽、河北、北京、陕西种植。注意防治黑斑病。

4. 商薯 6 号

选育单位：河南省商丘市农林科学研究所。

品种来源：绵粉 1 号放任授粉。

特征特性：兼用型品种，萌芽性较好，中短蔓，分枝数 8.6 个，茎较粗，叶片浅裂，顶叶褐色，叶色绿，主脉紫色，茎色绿带紫，大田生长有自然开花现象；薯形下膨纺锤形，紫红皮淡黄肉，结薯较集中，薯块大小较整齐，较耐贮，单株结薯 3.6 个，大中薯率较高，薯干较洁白平整，食味好。两年区试薯块平均干物率 29.93%，比对照徐薯18高1.6个百分点，淀粉率19.68%，比对照高1.41个百分点。中抗根腐病、感茎线虫病和黑斑病，高抗蔓割病。

产量表现：2006年参加北方薯区全国甘薯品种区域试验，平均鲜薯亩产2 034.2千克，比对照徐薯18减产1.47%；薯干亩产618.3千克，比对照增产7.10%；淀粉亩产408.6千克，比对照增产9.23%。2007年续试，平均鲜薯亩产1 825.3千克，比对照徐薯18减产2.96%；薯干亩产536.9千克，比对照增产2.59%；淀粉亩产351.0千克，比对照增产4.60%。2008年生产试验平均鲜薯亩产2 727.8千克，比对照徐薯18增产16.08%；薯干亩产791.6千克，比对照增产23.25%；淀粉亩产515.2千克，比对照增产25.87%。

栽培技术要点：适时育苗，培育壮苗。深耕，施农家肥料每亩2~3立方米，结合土壤耕作进行土壤处理防治地下害虫；扶垄单行栽插。结合扶垄，施包心肥，每亩碳铵15千克，磷肥5千克，硫酸钾25千克；密度每亩3 500~4 000株；直栽，旱灌涝排，及时中耕除草不翻秧；用敌百虫或低毒农药防治田间虫害。

鉴定意见：该品种于2006—2008年参加全国农业技术推广服务中心组织的全国甘薯品种区域试验，2009年3月经全国甘薯品种鉴定委员会鉴定通过。建议在河南、安徽中北部、江苏北部、山东西南部种植。注意防治黑斑病，不宜在茎线虫病田块种植。

5. 皖苏61

选育单位：安徽省农业科学院作物研究所、江苏省农业科学院粮食作物所。

品种来源：宁97-9-1×遗306。

特征特性：该品种为兼用型品种，萌芽性较好，大田长势稳健，中长蔓，分枝数7.0个，茎粗，叶片大，叶形复缺刻，顶叶绿色，叶色深绿，叶脉紫色，茎色绿带紫，株型奇特，叶片上冲，高光效株型是其突出特点。薯形纺锤形，红皮黄肉，结薯较集中，薯块大小较整齐，单株结薯3.8个，大中薯率较高，薯块干率26.46%，比对照徐薯18低1.87个百分点，淀粉率16.67%，较对照低1.66个百分点。食味中等，较耐贮。中抗根腐病和茎线虫病，抗到高抗薯瘟病，感黑斑病。该品种鲜薯和薯干产量较高，适应性较广，抗旱耐渍性强，耐肥瘠，可做兼用型品种使用。

产量表现：2006年参加北方大区区试，平均鲜薯亩产2 214.7千克，比对照徐薯18增产10.48%；薯干亩产590.0千克，比对照增产2.20%。2007年续试，平均鲜薯亩产2 108.6千克，较对照增产12.11%；薯干亩产554.0千克，比对照增产5.85%。2006—2007年两年鲜薯平均亩产2 161.7千克，较对照徐薯平均增产11.26%；薯干平均亩产572.0千克，比对照增产4.02%；淀粉平均亩产360.3千克，比对照增产1.53%。2008年北方大区生产试验平均鲜薯亩产2 471.0千克，较对照徐薯增产20.33%；薯干亩产663.2千克，较对照增产9.86%；淀粉亩产419.9千克，较对照增产6.40%。

栽培技术要点：育苗排种宜稀，齐苗后经炼苗及时剪苗，培育早、足、壮苗；选择中等肥力地块种植；栽插密度春薯3 000~3 400株/亩，夏薯3 300~3 800株/亩；多菌灵浸种、浸苗结合高剪苗；不宜在重茎线虫病地块种植。

鉴定意见：该品种于2006—2008年参加全国农业技术推广服务中心组织的全国甘薯品种区域试验，2009年3月经全国甘薯品种鉴定委员会鉴定通过。建议在河南、山东、安徽中北部、河北中南部种植。注意防治黑斑病。

第四节　菜用型品种

1. 莆薯 53

选育单位：福建省莆田市农科所于 2009 年以莆薯 3 号为母本放任授粉的杂交后代中选育而成。

特征特性：该品种短蔓半直立、分枝多，叶形深复缺刻，顶叶、叶脉、叶柄和茎均为绿色，茎粗中等，薯块下膨纺锤形，薯皮粉红色，薯肉浅黄色，薯块萌芽性好，出苗早而多，结薯集中，单株结薯 3～4 个，上薯率高，薯块烘干率 25%～28%，出粉率 10%～13%。茎尖生长迅速，食味优良，鲜嫩茎叶维生素 C 含量 31.28 毫克/100 克，维生素 B10.09 毫克/100 克，β-胡萝卜素 2.13 毫克/100 克，以干样计粗蛋白含量 19.5%，磷 0.46%，钙 0.45%，铁 31.75 毫克/100 克。2006—2007 年参加国家甘薯叶菜型新品种区试抗病性鉴定结果：2006 年感根腐病、黑斑病，2007 年中抗根腐病，高抗茎线虫病，抗病综合评价表现一般。

产量与品质表现：2006—2007 年国家甘薯叶菜型新品种区试结果：2006 年茎尖平均产量 2 058.33 千克/亩，比对照福薯 7-6 平均增产 8.4%，达极显著水平，居 6 个参试品种第一位；2007 年茎尖平均产量 1 800.82 千克/亩，比对照平均增产 10.55%，达极显著水平，居 6 个参试品种第 1 位。两年平均茎尖亩产 1 929.58 千克，比福薯 7-6 增产 9.4%。该品种茎尖产量高，稳定性好，适于所有参试点种植。食味鉴定综合评分：2006 年食味评分 3.68（对照福薯 7-6 为 3.73），2007 年食味评分 3.59（对照福薯 7-6 为 3.69），两年都接近于对照。2008 年度国家甘薯叶菜型品种生产试验结果：3 个试点茎尖平均产量为 3 113.9 千克/亩，比对照福薯 7-6 增产 21.6%，食味鉴定综合评分 2 个点优于对照，1 个点低于对照。综合评价品种茎尖生产快、产量高，食味表现较好，可作为叶菜型品种推广。

栽培技术要点：选用无病虫害中薯进行育苗，该品种萌芽性好，出苗多，适当控制播种量；出苗后及时移栽假植，培育壮苗，生产用苗 5～7 叶/段，每株剪二段，选用假植后的壮苗作为大田生产用苗。蔬菜专用一般采取平畦种植，每亩种植 1.5 万～2 万株。增施基肥，返苗后打顶追施速效氮肥以促进分枝，春、夏种植要及时采摘，每次采摘后，及时修剪并补肥，并且浇水保湿，秋、冬季种植应加盖薄膜保温。薯菜两用种植宜采用垄畦密植，亩种植 5 000～6 000 株，早期足肥保湿，增加茎叶产量，后期调控水肥，促进块根膨大。

2. 宁菜薯 3 号

选育单位：江苏丘陵地区南京农科所。

品种来源：福薯 18 混合授粉。

特征特性：茎叶菜用型品种，萌芽性好，短蔓；顶叶浅复缺刻，顶叶、成年叶、叶基、茎蔓均为绿色；薯块纺锤形，薯皮白色或淡土黄色，薯肉淡黄色，茎尖无或偶有茸毛；烫后颜色翠绿至绿色，略有香味，一般无苦涩味，食味较好；高抗蔓割病，中抗根腐病，高感茎线虫病、高感薯瘟病Ⅱ型，中感薯瘟病Ⅰ型。

产量表现：2012—2013 年参加国家甘薯菜用型品种区域试验，平均茎尖亩鲜产
2 507.2千克，比对照福薯 7 - 6 增产 16.74%。2013 年参加生产试验，平均茎尖亩鲜产
2 317.5千克，比对照增产 19%。

栽培技术要点：适宜在排灌水良好、肥力中上的田块栽培；平畦种植行距 20
厘米×20 厘米，密度每亩 1 万株左右，垄畦留种用密度每亩 4 000 株左右；整畦前施用
2 000千克/亩腐熟有机肥作基肥，无有机肥时，撒施 N∶P∶K = 15∶15∶15 含硫复合
肥 50 千克/亩。薯苗栽插成活后打顶，每隔 8 ~ 14 天采收一次。采收宜在早晨进行。主
茎或主要分枝长度达到 15 ~ 25 厘米即可采收，保留基部 1 ~ 2 个茎节，剪取上部整枝。
食用前将基部 3 ~ 5 厘米纤维化老茎摘除，保留基部叶片、叶柄及嫩尖待用。薯菜两用
种植应留主蔓，且酌情控制采摘量。

鉴定意见：该品种于 2012—2013 年参加全国农业技术推广服务中心组织的全国甘
薯品种区域试验，2014 年 3 月经全国甘薯品种鉴定委员会鉴定通过。建议在山东、河
南、湖北、江苏、浙江、四川、重庆、福建、广东和海南等作叶菜用甘薯种植，不宜在
茎线虫病和薯瘟病地块种植。

3. 薯绿 1 号

选育单位：江苏徐淮地区徐州农业科学研究所、浙江省农业科学院作物与核技术利
用研究所。

品种来源：台农 71 × 广菜薯 2 号。

特征特性：叶菜型品种，萌芽性好，株型半直立，分枝多；叶片心带齿，顶叶黄绿
色，叶基色和茎色均为绿色；薯块纺锤形，白皮白肉；茎尖无茸毛，烫后颜色翠绿至绿
色，无苦涩味，微甜，有滑腻感；食味好；高抗茎线虫病，抗蔓割病，感根腐病。

产量表现：2010 年参加国家甘薯菜用型品种区域试验，平均茎尖亩鲜产 1 792.9千
克，比对照福薯 7 - 6 减产 4.76%。2011 年续试，平均茎尖亩鲜产 2 003.9千克，比对
照减产 3.40%。2012 年参加生产试验，平均茎尖亩鲜产 1 774.5千克，比对照增
产 11.25%。

栽培技术要点：选择肥力较好、排灌方便、土层深厚、疏松通气、富含有机质的土
壤；采用畦栽，株行距 20 厘米×20 厘米，扦插密度 1.3 万株/亩为宜；植株成活后要
及时摘除顶芽，以利于腋芽生长促分枝；以有机肥作基肥，保持土壤湿度 80% ~ 90%，
春秋季以大棚栽种为主；每次采摘后，要施肥并灌水。

鉴定意见：该品种于 2010—2012 年参加全国农业技术推广服务中心组织的全国甘
薯品种区域试验，2013 年 3 月经全国甘薯品种鉴定委员会鉴定通过。建议在江苏、山
东、河南、浙江、四川、广东、福建适宜地区作叶菜用品种种植。

4. 川菜薯 211

选育单位：四川省农业科学院作物研究所。

品种来源：广薯菜 2 号放任授粉。

特征特性：叶菜型品种，株型半直立，分枝中等；叶片心形带齿，顶叶、茎色、叶
基色为绿色；薯形纺锤形，薯皮浅红色，薯肉白色；茎尖无茸毛，烫后颜色翠绿至绿

色，略有香味，无苦涩味，无甜味，有轻度滑腻感；食味优；高抗蔓割病，感根腐病，高感茎线虫病。

产量表现：2010 年参加国家甘薯菜用型品种区域试验，平均茎尖亩鲜产 1 561.6 千克，比对照福薯 7-6 减产 17.05%。2011 年续试，平均茎尖亩鲜产 1 894.4 千克，比对照福薯 7-6 减产 8.67%。2012 年参加生产试验，平均茎尖亩鲜产 1 560.2 千克，比对照增产 2.07%。

栽培技术要点：适当减少排种量，最好采用高温催芽、地膜覆盖技术，用多菌灵浸种或浸薯苗，防治黑斑病；平畦种植，行距 20 厘米×10 厘米，密度 1.5 万株/亩左右，薯苗栽插成活后打顶促进分枝，嫩茎蔓长 15 厘米左右可以采收，一般间隔 5~7 天即可采收一次，每条分枝采摘时应留有 1~2 个节，采后加强肥水管理；种薯繁殖，垄作种植，密度 4 000 株/亩左右，不采茎叶。

鉴定意见：该品种于 2010—2012 年参加全国农业技术推广服务中心组织的全国甘薯品种区域试验，2013 年 3 月经全国甘薯品种鉴定委员会鉴定通过。建议在四川、湖北、福建、海南、河南适宜地区作为叶菜用品种种植。

第五节　色素型品种

1. 济黑 1 号

花青素含量平均达 90~126 毫克/100 克鲜薯，比日本品种 Ayamurasaki（又叫绫紫，俗称紫薯王）色素含量平均达 90~126 毫克/100 克鲜薯，平均高 15%~20%，在高花青素含量和保健食用型甘薯品种选育方面取得新的突破。该品系顶叶、叶片均为绿色，苗期带褐边；叶脉绿色；叶片心形，中长蔓、粗细中等，蔓色绿；地上部生长势中等；分枝数中等，属匍匐型；薯块下膨纺锤形，薯皮黑紫色，薯肉呈均匀的黑紫色；萌芽性中等；耐旱、耐瘠，适应性广；抗根腐病、黑斑病，感茎线虫病，耐贮性好；结薯早而集中，中期膨大快，后劲大；烘干率 36%~40%，口感好，鲜薯蒸煮后粉而糯，有玫瑰清香，风味独特，薯皮较绫紫光滑，加工时比绫紫易脱皮，适合企业提取色素、加工紫薯全粉及保健鲜食用甘薯种植。膨大期比绫紫提前 20~30 天，春薯一般亩产 1 500~2 000 千克，夏薯 1 200~1 500 千克。该品系抗根腐病和黑斑病，适宜透气性好的丘陵、平原旱地种植。

2. 徐紫薯 3 号

选育单位：江苏徐州甘薯研究中心。

品种来源：绫紫×徐薯 18 杂交育成。

特征特性：高花青素高淀型品种，萌芽性好，中短蔓，分枝数 7~8 个，茎蔓中等偏细；叶片中裂，顶叶紫色，成年叶深绿色，叶脉紫色，茎蔓绿色带紫；薯形长纺锤形，紫皮紫肉，结薯集中薯块整齐，单株结薯 4 个左右，大中薯率一般；烘干率高，干基粗蛋白含量较高，食味中等；耐贮；两年区试薯块平均烘干率 34.99%，较常规对照烘干率高 7.58 个百分点；两年平均花青素含量 34.33 毫克/100 克鲜薯；抗茎线虫病和黑斑病，中抗根腐病和蔓割病。

产量表现：2008 年参加国家甘薯特用组品种区域试验，平均鲜薯亩产 1 627.7 千克，比常规对照减产 19.57%；薯干亩产 565.9 千克，比常规对照增产 0.66%。2009 年续试，平均鲜薯亩产 1 619.0 千克，比常规对照减产 22.65%；薯干亩产 570.5 千克，比常规对照增产 0.76%。2010 年参加生产试验，平均鲜薯亩产 1 686.8 千克，比对照徐薯 18 减产 10.53%；薯干亩产 594.2 千克，比对照增产 15.97%；淀粉亩产 409.5 千克，比对照增产 24.28%。

栽培技术要点：早育苗，培育壮苗，萌芽性好，每平方米排种 18 ~ 20 千克；适时早栽，前期促早发健壮，促薯块早形成，中期促控结合，使薯块迅速膨大；施足底肥，增施钾肥，起垄栽植，密度每亩 3 000 ~ 3 500 株；旱灌涝排，及时中耕除草，防治地下害虫。适宜在江苏北部、山东、河南、湖南、海南、广东地区作高花青素专用品种种植。不宜在根腐病和蔓割病重发地块种植。

3. 烟紫薯 1 号

选育单位：烟台市农业科学研究院。

品种来源：烟紫薯 80 放任授粉杂交选育而成。

特征特性：多抗紫肉食用型。顶叶淡绿色，叶戟形，叶绿色，叶脉深紫色。蔓长中等，茎绿带紫色，分枝数 5.8 个。单株结薯数 3 个，大中薯率 80% 左右，薯形中膨筒形，薯皮紫色，薯肉紫色，色泽均匀，花青素含量 31.90 毫克/100 克（鲜基）。干物率为 28.5%，熟食味中等。抗黑斑病、茎线虫病、根腐病。

产量表现：2002—2003 年参加长江流域薯区甘薯品种区域试验。两年平均鲜薯亩产 1 483.5 千克，比对照减产 8.4%，薯干亩产 428.3 千克，比对照减产 9.1%。生产试验，鲜薯每亩平均产 2 108.63 千克，比徐薯 18 增产 15.3%，薯干亩产 642.5 千克，比徐薯 18 增产 12.2%。

栽培技术要点：一般每亩宜种植 4 000 株左右。种薯与种苗要消毒防病。在山东、福建、河南、江苏、湖南、广西、广东作紫肉食用型甘薯品种种植。

4. 济薯 18

选育单位：山东省农业科学院作物研究所。

品种来源：徐薯 18 放任授粉。

特征特性：紫肉食用型品种。茎紫色，叶戟形，顶叶、成熟叶绿色；蔓中长，分枝较多，地上部生长势强；薯块中上部膨纺锤形，薯皮紫色，薯肉紫色，萌芽性较好，芽粗壮整齐。薯块膨大早，单株结薯数 3 ~ 4 个，大中薯率 75%。中抗根腐病、茎线虫病和黑斑病；耐旱、耐瘠性好，耐肥、耐湿性稍差。干物率 26.8%，淀粉含量 15.1%，蛋白质含量 1.0%，硒元素含量 5.36×10^{-3} 克，食味中等。

产量表现：2002—2003 年参加国家甘薯品种北方组区试。2002 年鲜薯亩产 2 020 千克，比对照品种徐薯 18 增产 7.2%；薯干亩产 551 千克，比对照品种徐薯 18 增产 3.9%。2003 年续试，鲜薯亩产 1 591 千克，比对照品种徐薯 18 增产 4.3%；薯干亩产 426 千克，比对照品种徐薯 18 增产 3.7%。2002—2003 年两年平均鲜薯亩产 1 791 千克，比对照品种徐薯 18 增产 5.8%；薯干亩产 484 千克；比对照品种徐薯 18 增产 3.8%。2002—2003 年参加国家甘薯品种特用组区试，鲜薯亩产 1 829 千克，比对照品种徐薯 18

增产 13.0%；薯干亩产 510 千克，比对照品种徐薯 18 增产 8.3%。2003 年参加国家甘薯品种北方组生产试验，鲜薯亩产 1 896 千克，比对照品种徐薯 18 增产 9.0%；薯干亩产 480 千克，比对照品种徐薯 18 增产 10.1%。

栽培技术要点：春薯密度 3 500 株/亩左右，夏薯亩密度 4 000 株/亩。

国家甘薯品种鉴定意见：经审核，该品种符合国家甘薯品种鉴定标准，通过鉴定。适宜在河北、安徽、山东、河南漯河、广东、福建、湖南夏薯区种植。该品种耐湿性较差，不宜在潮湿地区种植。

第六节 水果型品种

1. 豫薯 10 号

选育单位：河南省商丘市农业科学研究所。

品种来源：红旗 4 号 × 商丘 19 - 5 杂交选育而成。

特征特性：①抗"三病"：高抗茎线虫病、根腐病，中抗黑斑病。②特高产：春薯平均每亩产量 7 000 千克；夏薯 4 000 千克。参加河南省连续 3 年区域试验，平均比徐薯 18 增产 115.28%。为迄今国内外鲜薯单产之最。③结薯早，增长快：如 7 月 20 日以前栽种，在长城以南地区每亩产量仍可达 3 000 千克，仍可获得较高的产量。据测定，豫薯 10 号根系的吸收活力比徐薯 18 高 44.6%，光合速率比徐薯 18 高 211.5% ~ 225%。收获指数比徐薯 18 高 115%。④可做菜：该品种红皮红肉，虽熟食味欠佳，但由于含水多、生食脆、味较淡，薯块可作菜用，薯丝可炒、可焯后凉拌，亦可切块做火锅菜用。可作早上市或晚栽救灾及采用品种。

栽培技术要点：由于豫薯 10 号蔓短，适宜密植，春薯密度 3 500 ~ 4 000 株/亩，秋薯 4 000 ~ 4 500 株/亩。

2. 鄂薯 3 号

选育单位：系湖北省农科院原粮作所。

特征特性：表现高产、优质、抗病、耐渍、耐旱，营养丰富，鲜食脆嫩，甘甜爽口，该品种出苗、产苗量中等，苗期和大田生长势均强，中蔓型，主蔓长 150 厘米，单株结薯 3.8 个。耐渍、耐旱性强，生长后劲足，不早衰。顶叶和叶均浅绿色。叶形浅复缺刻，茎绿带紫色，叶脉紫色，叶柄基部浓紫色。薯形长纺锤形，薯皮深红色，薯肉乳白色。薯块烘干率 24.2%，淀粉含量 16.2%，蛋白质含量 4.34%，可溶性糖含量 5.64%，每百克鲜薯含维生素 C21.0 毫克。抗性表现：该品种高抗根腐病，中抗黑斑病，对软腐病有一定的抗性。

栽培技术要点：鄂薯 3 号适应性强，抗旱耐渍，全年无霜期 150 天的地区都能种植。栽培要点。3 月上旬大棚酿热温床育苗。5 月上中旬适时移栽，株行距为 60 厘米 × 22 厘米，亩栽 4 000 ~ 4 500 株。鄂薯 3 号收获后要存放 20 ~ 30 天使淀粉分解转化为糖。存放期间，室内温度保持在 13℃ 左右，相对湿度为 85% ~ 90%。

第三章　甘薯高产栽培技术

第一节　引种注意事项

甘薯选用什么品种好，要看市场需求、作什么用，同时还要考虑当地栽培生态条件，特别是土壤病害等条件。总的目标是选用抗灾、抗病、优质、高产、高效的甘薯脱毒品种。引种时，特别注意以下5点。

（1）严禁从疫病区引种　北方甘薯主要病害是茎线虫病、根腐病和黑斑病，南方比较严重的传播性病虫害包括蔓割病、薯瘟病、蚁蟓等。

（2）要弄清品种和种薯（苗）的真实性　要经实地考察看品种茎叶、薯块各特征特性与该品种是否相符？还要弄清3个问题：一看品种是否经省、国家审定或鉴定、或认定（新品种、外引种例外，开始可到国家甘薯育种科研部门少量引种试验，如经多年、多点、验证后确实好，再大面积应用）；二看有无国家法定部门的品质分析结果；三看是否有国家甘薯科研部门的抗病鉴定结果，弄清抗什么病与不抗什么病。如以上都不清楚，可向国家甘薯育种科研部门咨询。不可盲目大量购种，以防给生产带来巨大损失。可少量引种在不同病地观察其抗病性及丰产性，对表现优良者，再扩大应用。

（3）种薯生产用种　选择甘薯脱毒原种，甘薯脱毒科研单位、脱毒中心原种基地及甘薯脱毒繁育专业原种场且无任何病虫害的单位去引种。利用三五年以上的无病生茬地生产1级脱毒良种。

（4）加工原料及商品薯生产用种　到甘薯脱毒繁育场地且无任何病虫害的单位，选择1级脱毒良种或2级脱毒良种，脱毒1级良种是用脱毒原种繁育的1代脱毒良种，比多年未经更新过的自繁退化种薯增产10%～20%。

（5）要注意品种的适应性　甘薯品种对土质、栽培方式、气候等因素有特殊适应性，可在示范试验的基础上扩大种植，不要盲目引进，特别是远距离引种更要充分了解适应性。

第二节　丘陵旱薄地甘薯增产规范栽培技术

沂蒙山区的丘陵旱薄地是山东种植春甘薯的主要基地，常年栽培面积有13.5万公顷，由于丘陵地存在着无灌溉条件、土层浅薄、肥力差、耕作管理粗放等缺点，平均单产一般只有2 000千克/亩。为促进甘薯种植业与加工产业化的发展，近几年通过旱地开发，总结出了"选用良种、培育壮苗、深沟大垄、合理密度、均衡施肥、增施有机肥、抓好三期管理、化除化控"等一整套规范化高产栽培技术,使甘薯平均产量达到了3 000千克/亩,比当地老品种增产1 000千克/亩,新增收益600元/亩,取得了较好的经济效益,探索出了旱作农业实现中产变高产的又好又快发展之路。

一、选用高产抗逆新品种,以种节水

在品种的选择上要选用抗旱耐瘠、根系发达、生活力强、增产潜力大的抗逆性强的新品种,如徐薯22、苏薯8号、烟紫薯3号、济薯21等,这些品种能较好地弥补旱薄地水分不足、养分匮乏的缺点,达到以种节水的目的,一般比其他老品种常规栽培增产10%以上。

二、搞好种薯处理,培育健苗

培育壮苗是获得高产的基础。可于3月下旬选用塑料拱棚覆盖酿热温床的双增温方法进行育苗,苗床宽度一般为1.50米左右,长度可根据需要而定。床土挖深40厘米左右,挖出的部分床土放在四周,加高床沿,底面整平后,铺上一层15~20厘米厚的酿热物如牛马粪、作物秸秆等,在苗床两头可多铺些酿热物,以便缩小苗床四周与床中间的温度差,利于出苗整齐。酿热物铺平后喷洒适量的水,以利分解、酿热,其上再填5~10厘米厚的细土,然后排种,每平方米一般排20千克左右,薯块稀植平放,大小薯分开,分清头尾,做到上齐下不齐,薯块间距1~2厘米,可使苗子生长均匀、粗壮、无大小之分。排好后分两次盖粪土,第一次先盖甘薯似露非露,每平方米用20千克左右的多菌灵药液(1:500)灌泼,浇透为宜,然后再盖一层3~5厘米的细土,高于薯块1~2厘米即可。苗床建好了,前5~7天进行高温催芽,温度保持在36℃左右,以后降温至28~30℃、相对湿度保持在60%~80%,15~23天快速出苗、齐苗,苗高5~7厘米时转入低温炼苗,温度控制在20~25℃,成苗后揭开薄膜让苗了在自然环境下生长成壮苗。

三、精耕细作,深沟大垄

整地时要深耕细作,加深活土层,打破犁底层,耙透耙细,无明显坷垃,整平地面,起深沟大垄,一般垄距90~95厘米、垄高30~32厘米,能保温抗寒、减少水分散失,增加抗旱保墒效果好,提高保肥水能力和增加光合空间,给甘薯创造良好生长环境,增强前期茎叶抗旱早发快发、中后期耐涝不早衰效果,利于干物质向块根转换与积累,取得深垄结大薯的高产效果。

四、均衡配套施肥

根据不同地力,合理施肥的原则要掌握多施有机肥、沼肥,巧施氮肥,配施磷肥,增施钾肥;肥料选用上以农家肥为主,化肥为辅;施肥方式上以基肥为主,追肥为辅,达到前期土壤养分含量足、中期不过量、后期不脱肥。试验表明,高产田(3 000~4 000千克/亩)氮、磷、钾比例一般为1:1.2:2.0,即需用纯氮7.5~9.0千克、纯磷8~15千克、纯钾13~18千克。中肥力地块最佳施肥水平为每亩有机肥3 000千克或沼肥 1 500 千克、硫酸钾复合肥 40 千克；施肥方法是有机肥或沼肥及 70% 的化肥用作基肥，在起垄时用包陷法集中施于垄中，剩余 30% 的化肥于团棵期作追肥用；甘薯生长中后期为避免茎叶脱肥早衰，可用 0.3% 磷酸二氢钾溶液喷洒茎叶 1～2 次，补充营养，以促进块根膨大和增产。

五、科学用药，预防线虫为害

为预防线虫为害，宜在窝中同时施予药剂，可用 1.8% 阿维菌素 2 500 倍液浇灌，也可用 5% 米乐尔颗粒剂 3.5 千克/亩或 5% 茎线灵颗粒剂 1.5 千克/亩拌土撒施。

六、提高栽插质量与合理密植

春甘薯在我市于 5 月上旬开始移栽田间，此期一般是高温干旱季节，土壤墒情差，管理的关键是提高栽插质量、确保全苗。栽插时选长约 6 节、粗细一致、无病的顶头苗，剪去基部，埋 2 叶节平放法呈 "L" 形栽插，外露 4 节直立，栽深 3～5 厘米，浇足活棵水，精细培土，保证成活率。群体适中是取得高产的保证，据试验，徐薯 22 等品种春栽株距一般在 30～33 厘米，密度为 3 500～3 800 株/亩。

七、抓好前、中、后三期管理

1. 前期管理

主攻方向是保全苗，促早发，为形成旺盛的群体奠基基础。栽插 3 天左右要查苗、补苗，保证苗全苗壮；遇旱时应抓紧浇水缓苗，以利扎根成活；在甘薯活棵后，分别于 5 月下旬至 7 月上旬进行 3 次中耕、培土，深度适宜，做到头遍浅、二遍深、三遍不伤根；通过中耕划锄，既能疏松土壤，清除杂草，还可蓄墒保墒，达到以管保水之目的，为幼苗提供充足的水分、养分，促进秧苗发育，利于早结薯、结大薯。

2. 中期管理

主攻方向是促控结合、协调地上和部地下部的矛盾。完善田间排水渠道，遇涝及时疏通垄沟，排除积水，预防涝害；注意防治食叶害虫的为害，可选用 2.5% 天王星乳油或 1.8% 爱福丁乳油 3 000 倍液交替喷雾，保证茎叶正常；发现茎叶有旺长的势头要及时化除、化控，防止秧蔓徒长和草荒危害，可应用 15% 多效唑 50～70 克或缩节胺 10 克对水 75 千克喷洒叶部来控上促下，一般 7 月下旬雨季来临后第一次喷施，以后每隔 10～15 天喷一次，连喷 3～4 次。

3. 后期管理

主攻方向是保叶促根促增重。到了后期，茎叶一般有脱肥表现，可通过叶面追肥方式补充茎叶生长所需养分，以延长茎叶生长活力，促进干物质向块根转化。方法是用叶面肥或 0.3% 磷酸二氢钾水溶液 75 千克/亩喷洒茎叶，隔 7～10 天喷 1 次，连喷 2～3 次，一般增产效果达 15% 以上。如遇秋旱，叶面喷施 500 倍液的旱地龙，可有效控制植株水分叶面蒸腾和散失，提高根系生长活力，增强抵御季节性干旱的能力。旱情严重时要适时浇水，以延长叶片功能期，增加块根膨大速度。

八、适时收获

甘薯收早了会降低产量和出粉率，收晚了也会受到冻害，降低品质。10月中下旬日平均气温达到15℃、地上茎叶衰老枯黄时，可组织收获，气温降到10℃前要收完，保证丰产丰收。

第三节　甘薯无公害高产种植技术

一、育苗选苗

1. 品种要纯

甘薯生产应尽量采用同一品种和种苗质量一致，当不同品种或优劣种苗混栽时，极易导致减产，这是目前甘薯低产劣质的主因之一。由于甘薯不同品种间和优劣种苗间存在较大差异，有的前期生长旺盛，有的前期生长迟缓，有的品种耐肥，有的品种耐瘠，还有的品种蔓较长，有的品种蔓较短，那么，混栽后部分植株获得优势，营养生长过盛，从而影响了另一部分弱势植株的生长，另外，有些优势植株的茎叶旺长，反而会导致薯块产量低于正常水平。一般情况下，就算两个高产品种混栽也会降低产量。

2. 选用良种

目前国内甘薯品种较多，应根据当地土壤条件和种植目的选用优良新品种。用于保健、鲜食的可以选用京薯6号、济18号、苏薯8号、心香等；用于干粉加工的可以选用出干率高的徐薯25、27、商薯19等；土壤肥力高的可选用增产潜力大的济18号、徐紫1号、徐薯27等。

3. 早育壮苗

培育既早又粗壮的不定根，是使幼苗成活快、结薯早而多、产量高的基础。

准备苗床。山东地区一般在春分至清明季节晴天时下种育苗，选择背风向阳，地势高燥，土壤通透性好，富含有机质，管理方便的砂质土或砂壤土做苗床。苗床宽1.2米，深20~30厘米。亩施腐熟人粪尿10~15担，经土壤吸透吸干后进行排薯。

排好种薯。温度达到15℃左右时，将甘薯种子排放在苗床上，一般每平方米用种薯18千克左右，背朝上，头部略高，尾部着泥，头尾方向一致，再亩用腐熟栏肥10~15担，均匀盖在种薯上面，上覆1.5~2厘米细土压实。

苗床管理。苗床管理主要抓好保温、保湿、通风等措施，以温度为主。出苗前，晚上要盖草帘，保持床温25~35℃。出苗后温度控制在20~25℃，要防止高温灼苗，如膜内温度超过30℃，要及时通风散热，防止烧苗。寒潮来临时要做好保温工作。种薯出苗前一般不浇水，以利高温催芽、防病和出苗。如苗床过干，可用喷雾器在苗床上喷清水。出苗后要注意苗床湿度，当苗床发白时要及时浇水，湿润床土和浇洒稀人粪尿，以促进薯苗生长。当薯苗长至6~7叶时，揭膜炼苗，当苗高于30厘米以上时，及时采苗插植。采苗前5~7天，适当降温炼苗培育壮苗。壮苗标准：百株苗重500~700克，苗高20~25厘米，5~7个节，茎粗，节间短，叶片肥厚，顶3叶齐平，剪口浆汁浓，无病虫害。

二、深耕起垄，科学施肥

1. 深耕

选择土壤肥沃、土质疏松、透气性好的砂壤土种植，春薯应在秋冬季节深耕冻垡，深耕能加深活土层，疏松熟化土壤，增强土壤养分分解，提高土壤肥力，增加土壤蓄水能力，改善土壤透气性，有利于茎叶生长和根系向深层发展，从而提高甘薯产量。一般深耕 30 厘米比浅耕 10 厘米增产 20% 左右。宜在晴天深耕，切忌在土壤黏湿时耕作，以免造成泥土紧实。深翻要结合施有机肥，增加土壤有机质，以改善土壤理化性质，有利于提高土壤肥力。

2. 起垄

甘薯主要是在春季起垄种植，垄作优点是，比平作栽培增加地表面积，增大受光面积，增加土体与大气的交界面，昼夜温差大，且有利于田间降湿排水。在起垄时要尽量保持垄距一致，如宽窄不匀会造成邻近的植株间获得的营养不同，造成优势植株过分营养生长，而弱势植株可能得不到充分的阳光及养分，生长不匀影响产量。起垄方式有多种，其中大、小垄方式为大垄垄距 90~100 厘米，垄高 30~40 厘米小垄垄距 67 厘米，垄高 25~30 厘米。起垄要求垄端行直，高垄深沟，垄型饱满，垄面平整。

3. 施肥

总的施肥原则是平衡施肥，促控并重，掌握前期攻肥促苗旺，中期控苗不徒长，后期保尾防早衰，具体施肥原则是以有机肥为主，化肥为辅，以基肥为主，追肥为辅，追肥又以前期为主，后期为辅。一般来说，由于甘薯多种在砂壤土或瘦地，所以，要注重早施重施，并多施有机肥和草木灰等。基肥一般施农家肥 2 000 千克/亩、磷酸二铵 30 千克/亩、硫酸钾 35 千克/亩，结合起垄时施入沟内。追肥主要在甘薯生长后期因根系吸收养分的能力变弱且追肥不方便，进行根外追肥，用 0.5 千克尿素或 0.2 千克磷酸二氢钾对水 100 千克喷雾，每 7 天喷 1 次，连续 2~3 次。

三、适时栽插，合理密植

1. 栽插时间

春薯在当地终霜期过后即可争取适期早栽，一般在 4 月下旬栽插，夏薯要求前茬收获后及时栽插。

2. 栽插方法

选用顶头苗、淘汰弱小苗，防止大苗欺小苗，采用"L"形水平栽插法。栽插时先挖窝，后浇水，再栽苗覆土。注意浇水时不要溅到秧苗外露叶片上，有利于提高成活率。

3. 栽插密度

合理密植，可提早封垄以增强覆盖，减少水分蒸发，提高土壤含水量，从而提高甘薯产量。一般实行单行栽植，株距 25~30 厘米，春薯栽植 3 500~4 000 株/亩、夏薯栽植 4 000~4 500 株/亩。

4. 地膜覆盖

地膜覆盖栽培有利于提高地温，减少杂草为害，防止蔓茎伸长后消耗土壤养分和水分，达到增产增收的目的。地膜覆盖的地块起垄后要求垄面平整，盖膜时做到平、紧、实、严，盖膜后每隔3～4米压一道土带，以防大风揭摸。盖膜的方法是：先栽插后覆膜，然后将膜口封严，以减少水分蒸发。

四、田间管理

1. 前期管理

重点是查苗补苗，防止缺株断垄，及时用大苗、大蔓补栽，保证密度。扦插后10～15天进行第一次中耕，在肥水条件较好，长势旺的地块将薯苗摘顶，以促进茎基部分枝，以利多结薯、结大薯。

2. 中期管理

注意除草：在中后期一般小草生长受到抑制，主要受高秆杂草危害，要及时拔除。杂草太多不但和甘薯争养分，遮挡影响甘薯光合作用，藤蔓间通风透气差，呼吸加剧，养分积累少，产量严重降低，杂草多还会影响收获机械化。

一般不要翻蔓：翻蔓会严重打乱甘薯生长秩序，在翻动过程中容易折断藤蔓，容易造成减产。同时翻蔓还会消耗大量工时，增加种植成本。一般个别藤蔓接地生根不会影响产量，适当的提蔓就可以了。

适当控制生长：中后期藤蔓生长已经成形，如果太旺盛将会影响养分向地下部转移，进而影响块根产量，此时很难控制，可适当喷施缩节胺等调节剂控制，但不会起到根本性作用。理想的藤蔓结构是大部分分枝直立或半直立，尽量减少接地藤蔓比例，提高冠层高度，保证有良好透气，从上部观察能看到5%的地面。

合理追肥：如果藤蔓生长缓慢，能看到10%以上地面，叶片小，在收获前40～60天可用复合肥稀释浇根部，肥料用量每亩折合磷酸二铵3～5千克，硫酸钾2千克，注意稀释倍数要高，防止烧根。如遇茎叶徒长，可用15%多效唑喷施，控制地上部徒长，以利薯块膨大。巧施裂缝肥，促进薯块膨大。一般是在待垄面开裂时施裂缝肥，以氮肥和钾肥为主，每亩用量为尿素5千克和硫酸钾10千克。在不同时期施用追肥，可利用雨后撒施，其施用量要根据土壤、基肥用量及茎叶长势，分别在苗期、茎叶旺长期、薯块膨大期用尿素加钾肥施用。

注意拔除病株：近年来甘薯病害传播很快，造成严重减产，在中期要注意拔除具有明显症状的植株，如茎基部开裂、植株发黄、叶片表现异样颜色、藤蔓皱缩等，减少病害传播风险。

3. 后期管理

重点是看苗补施根外追根，防止早衰。甘薯中后期如遇连续阴雨天气，地上部茎叶旺长，应采用提蔓方法。折断茎节上发生的不定根，控制地上部生长，以利块根膨大。切忌用翻蔓的方法，人为造成不必要的减产，并适当延迟收获。

五、病虫害防治

1. 薯黑斑病

在甘薯育苗，大田生长和藏贮期均有为害，病斑多在伤口上发生，呈现黑色至褐色、圆形或不规则形，中央稍凹陷。病薯变苦，不能食用。一般采用 50% 多菌灵可湿性粉剂 1 000 倍液浸种 10 分钟，亦可用 50% 多菌灵 500 ～ 700 倍液浸苗 2 ～ 3 分钟，效果良好。

2. 软腐病

主要发生在贮藏期薯块上，软腐病菌首先从伤口侵入内部发展，破坏细胞的中介层，呈现软烂、多水、农民称"水烂"，受害薯肉呈现淡黄白色，并发出芳香酒味。防治方法可用 50% ～ 70% 甲基硫菌灵可湿性粉剂 500 ～ 700 倍液浸薯块 1 ～ 2 次，效果良好。

3. 甘薯根腐病

又称甘薯烂根病，根系染病形成黑褐色斑，后变成黑色腐烂，叶片染病呈现萎蔫状，枯黄、脱落，薯块染病，呈褐色至黑褐色病斑形成畸形薯，防治方法可采用 50% 甲基硫菌灵可湿性粉剂 700 ～ 1 000 倍液喷雾 2 次，效果良好。

4. 甘薯虫害

成虫啃食甘薯幼芽、茎蔓和叶柄皮层并咬食块根呈小孔，严重时影响产量。防治方法：前期可用农地乐或用氯氟氰菊酯（功夫）的混合液喷薯头，直到滴水，让溶液流进薯头，喷苗效果良好。

六、收获与安全贮藏

一般正常收获期在 9 月下旬至 10 月下旬，留种用甘薯应在 10 月 20 日前收获，避免霜冻。保持适宜的窖温和 85% ～ 90% 的相对湿度是贮藏好甘薯的关键。湿度大，病菌繁殖快，病害蔓延迅速；湿度小，薯块水分丧失过多，影响薯块品质及发芽能力。

1. 贮藏期的窖温

甘薯窖温度管理可分前、中、后三期进行。

（1）前期　入窖 20 ～ 30 天。有加温设备的大屋窖、小屋窖、大窖窖以及棚窖均可采用高温处理，以防止黑斑病及软腐病的危害。高温处理分 3 个阶段，即升温、保温、降温。在升温阶段，从加温到薯堆温度达到 35℃需 1 ～ 2 天。加温要猛，温度上升要快，待气温上升到 36℃时停止，使温度逐渐达到上下一致，最后使温度稳定在 35 ～ 37℃。加温期每隔 1 小时测量 1 次薯窖各部位的温度。保温阶段，在 35 ～ 37℃内保持 4 昼夜。降温阶段，降温要快，1 ～ 2 天窖温降至 15℃，以后进入常温管理。无加温设备的，窖温保持在 12 ～ 15℃。

（2）中期　入窖 1 个月至次年立春。窖温应保持在 10 ～ 13℃。以保温为主。

（3）后期　立春以后，此时气温逐渐回升，但窖温仍应维持在 10 ～ 13℃。晴暖天可通风换气。每个薯窖中安放温度计且温度计校正的最大误差不能超过 1℃。

2. 薯窖湿度的调节

甘薯窖湿度应保持在相对湿度 85% ~ 90%。湿度过低则薯块失水快而降低新鲜度，薯皮干燥色暗。可采用窖内洒水、挂湿草苫等措施缓解。

第四节　直播甘薯高产栽培技术

甘薯直播栽培即直接用瓜块播种的方法。其栽培技术主要如下。

选种：选取夏甘薯作种。亩用种 40 ~ 50 千克，每个甘薯 100 ~ 150 克。

切块：150 克、100 克、50 克左右甘薯种，可切 12 块、8 块、4 块，最小的甘薯可切成两块。十字形纵分四长块条，再横切两刀，成为 12 块，横切时，长度分配是上、中、下部之比为 3∶3∶4，下部切块应大些，其余类推。切的块应上下部分开，分别浸种，便于田间栽时识别头尾。切块要直立，芽眼面向上，横放栽植。

浸种：先将保护剂充分摇匀，取 100 毫升对清水 50 千克搅匀，放入甘薯块 40 ~ 50 千克，浸泡 10 分钟，捞出晾干即可播种。浸种未种完甘薯块切忌人畜食用。

整地施肥：山岭薄地、砂地要施足有机肥。深耕 20 厘米起垄，垄距 80 厘米，每亩施过磷酸钙 50 千克，硫酸钾 10 千克，草木灰 50 ~ 100 千克。起好垄后喷施乙草胺除草剂。

播种与封膜：播种期比传统期提前 20 天，即清明前后播种。亩栽 2 600 ~ 2 800 株。按亩株数挖穴，浇透水切块芽眼面南向上放置，入土 1 厘米深，按上齐下不齐要求覆土 2 厘米。种完一垄后立即封膜保温、保墒。

破膜：一般播后 25 天左右全苗，苗高 1 厘米左右应破膜放出小苗，再在破膜处用土掩实。

清棵：在苗高 20 厘米时，将切块四周土扒开，使切块 2/3 裸露于垄外。

揭膜：5 月底或 6 月上旬及时揭膜、划锄。其他管理与一般栽培相同。

特色经济作物篇

第一章 小杂粮种植技术

第一节 绿豆高产栽培技术

绿豆适应性广，抗逆性强，耐旱、耐瘠、耐荫蔽，生育期短，播种适期长，并有固氮养地能力，在农业种植结构调整和优质、高产、高效农业发展中具有其他作物不可替代的重要作用。其关键技术措施如下。

一、精细整地

绿豆是双子叶植物，幼苗顶土能力较弱，土壤疏松，蓄水保墒，对保证其出苗整齐十分重要。播种前应浅犁细耙，并结合整地每亩施农家肥 3 000 千克，磷肥 30 千克，碳铵 15 千克。

二、适期播种

以 5 月 10 日到 6 月 20 日最佳，6 月 20 日以后晚播一天减产 1.5%。绿豆的播种方法有条播、穴播和撒播。单作以条播为主，间作、套种和零星种植多是穴播，荒沙荒滩或作绿肥以撒播较多。播深以 3 ~ 4 厘米为宜。一般条播每亩用种 1.5 ~ 2.0 千克，撒播 4 ~ 5 千克，间作套种视绿豆实际种植面积而定。

三、选用良种

良种是绿豆获得高产的重要前提。一般中上等肥力地块可使用中绿 1 号、中绿 2 号、潍绿 7 号、潍绿 8 号等品种，土壤肥力较低的地块选用潍绿 1 号。另外，绿豆种子成熟不一致，其饱满度和发芽能力不同，并有 5% ~ 10% 的硬实率。为了提高种子发芽率，在播种前应进行种子晾晒和清选。有条件的地区可进行种子包衣处理。

四、合理密植

绿豆种植密度可根据品种特性、土壤肥力和耕作制度而定。行距 40 ~ 50 厘米，株距 10 ~ 16 厘米。目前，生产上应用的中绿 1 号、中绿 2 号等绿豆品种，植株直立、株型紧凑，适于密植。一般中、高产地块 9 000 ~ 10 000 株/亩，在干旱或土壤肥力较差的情况下，可增加到 13 000 株/亩以上。

五、田间管理

1. 及时间苗、定苗，进行中耕除草

为使幼苗分布均匀，个体发育良好，应在第一片复叶展开后间苗，并结合间苗进行第 1 次浅锄；在第二片复叶展开后定苗，并进行第 2 次中耕。到分枝期进行第三次深中耕，并进行封根培土，中耕应进行到封垄为止，每次中耕都要除净杂草。按既定的密度要求，去弱苗、病苗、小苗、杂苗，留壮苗、大苗，实行单株留苗。采用起垄种植或开花前培土是绿豆高产的重要措施。

2. 巧施追肥

夏播绿豆为了抢时早播，生产上往往采取铁茬播种，因播前不施基肥，而导致减产。试验证明：中等肥力地块，在分枝期（第四片复叶展开后），每亩追施尿素 5 千克，比叶面喷肥效果好。此期追肥可促进大量花芽分化，形成的荚多，籽粒饱满，产量高。开花以后进行叶面喷肥，对延长后期叶片功能期和开花结荚时间有一定的效果，但是对促进第一批花荚形成作用不大。在高产地块，氮素水平较高，应轻施或不施苗肥，重施蕾花肥，并在收摘前后进行叶面喷肥。

3. 适期灌水与排涝

绿豆耐旱主要表现在苗期，三叶期以后需水量逐渐增加，现蕾期为绿豆的需水临界期，花荚期达到需水高峰。在有条件的地区可在开花前灌一次，以促单株荚数及单荚粒数；结荚期再灌水一次，以增加粒重并延长开花时间。水源紧张时，应集中在盛花期灌水一次。在没有灌溉条件的地区，可适当调节播种期，使绿豆花荚期赶在雨季。绿豆怕水淹，若雨水较多应及时排涝。

4. 适时防治病虫害

夏播绿豆常发生的病虫害是叶斑病和豆野螟，一般可使绿豆减产 20% ~ 30% 以上。可用 40% 乐果乳化剂 1 000 倍液或 90% 晶体敌百虫 800 ~ 1 000 倍液，加多菌灵胶悬剂 800 倍液或 50% 硫悬剂 400 倍液，于现蕾前后开始喷洒。一般在现蕾和盛花期各施药一次，就能达到良好的防治效果。

六、绿豆可以与多种作物间套种

1. 绿豆与玉米间套种

在春玉米种植区，采用 1.3 ~ 1.4 米带田，2∶2 栽培组合。4 月下旬先种两行绿豆，小行距 40 ~ 50 厘米，株距 13 厘米，密度 1 ~ 1.2 万株/亩。一般 5 月上旬播种玉米，小行距 40 ~ 50 厘米，株距 25 厘米，密度 4 000 株/亩。在夏玉米种植区，采用 1.5 ~ 1.8 米带田，2∶2 或 2∶3 栽培组合。麦收前 15 天在畦埂上种两行玉米，株距 30 厘米，密度 2 500 ~ 3 000 株/亩。麦收后抢墒播种 2 ~ 4 行绿豆，株距 10 ~ 15 厘米。麦收后直播玉米和绿豆，采用 2∶1 种植形式效果较好，即玉米大、小行种植，在宽行内种 1 行绿豆。

2. 绿豆与棉花间套种

棉花采用大小行种植，宽行 80 ~ 100 厘米，窄行 50 厘米。4 月 20 日前后，棉花播

种时在宽行中间种一行绿豆，行距 10 ~ 15 厘米，密度 5 000 株/亩左右。

3. 绿豆与甘薯间套种

在甘薯小行距种植的地块，隔两沟套种一行绿豆；对大行距种植甘薯地块，隔一沟套种一行绿豆。绿豆的播种时间以甘薯封垄前绿豆能成熟为最佳。绿豆条播，株距 10 ~ 15 厘米，单株留苗；点播穴距 30 ~ 50 厘米，每穴 2 ~ 3 株。

4. 绿豆与黄烟间套种

若黄烟采取 1 米宽等行距种植，于 4 月中下旬每隔两行黄烟种一行绿豆，株距 10 ~ 15 厘米，绿豆在 7 月上中旬收获。7 月中旬，第一批黄烟开采后，在另一行间种一行绿豆。8 月下旬，黄烟采收结束，绿豆开花结荚。若黄烟采取大小行种植，宽行 1.3 米，窄行 70 厘米，4 月中旬在宽行内种两行绿豆，7 月上旬黄烟开始封垄，绿豆成熟。

七、及时收获与贮藏

绿豆成熟参差不齐，绿豆有分期开花、成熟和第一批荚采摘后继续开花、结荚习性，农家品种又有炸荚落粒现象，应适时收摘。一般植株上有 60% ~ 70% 的荚成熟后，开始采摘，以后每隔 6 ~ 8 天收摘一次效果最好。大面积种植情况下常需一次收获，则应以绿豆全部荚果的 2/3 变成褐黑色为适时收获标志。在高温条件下，成熟荚果易开裂，应在早晨露水未干或傍晚时收获。

第二节 谷子优质高产高效栽培技术

谷子是喜温、喜光照的短日照作物，耐旱耐瘠薄，抗逆性强，特别适宜在干旱、半干旱地区种植。我市谷子以夏季栽培为主，也有少量春季种植。其栽培技术如下。

一、选择适宜的地块、茬口

选地整地是谷子生产的基础。应选择地势高燥、排水良好，土层深厚，结构良好，质地松软，肥力较高，有机质含量 1.6% 以上的地块；以壤土、砂质壤土为宜。要避开污染源，在农药残留量低，生态环境良好的地区种植；谷子连作病害严重，杂草多，因此，忌重茬。最好种在前茬为豆类、甘薯、麦类、玉米、高粱、棉花、烟草等茬口的地块。

二、精细整地

前茬作物收获后，及时深翻，耕深 20 厘米以上，施肥深度 15 ~ 20 厘米效果为佳。早春耙糖保墒，播前浅耕，耙细整平，使土壤疏松，达到上虚下实。秋季深耕可以熟化土壤，改良土壤结构，增强保水能力，加深耕层，利于谷子根系下扎，使植株生长健壮，从而提高产量。没有经过秋冬耕作或未施肥的旱地谷田，春季要及早耕作，以土壤化冻后立即耕耙最好，耕深应浅于秋耕。春季整地要做好耙糖、浅犁、镇压保墒工作，以保证谷子发芽出苗所需的水分。

三、选用优质品种

选用优良品种是谷子丰产的内因。要根据谷子品种特征特性、适宜地块和气候条件及生产用途，全面衡量，综合考虑。目前适宜我市山丘地区夏谷栽培的品种主要有鲁谷10号、济谷12号、济谷13号、济谷15号、济谷16号、济谷17号、济谷18号等。其中济谷12号、济谷13号营养品质好，适口性强；济谷15号、济谷16号抗拿扑净除草剂，通过苗期喷施拿扑净可有效防除谷田禾本科杂草。济谷17号为灰米谷子，济谷18号为黄米糯性谷子，在2013年国家夏谷区试种产量排名第一。

四、种子处理

首先是精选种子，通过筛选或水选，将秕谷或杂质剔除，留下饱满、整齐一致的种子供播种用。其次是晾晒浸种，播种前将种子晒2~3天，用水浸种24小时，以促进种子内部的新陈代谢作用、增强胚的生活力、消灭种子上的病菌，提高种子发芽力。还可进行拌种闷种，即用50%多菌灵可湿性粉剂，按种子重量的0.3%拌种，防治谷子白发病、黑穗病。用种子重量的0.3%辛硫磷闷种可防治地下害虫。

五、播期、播量及播深

适期播种是培育壮苗的关键，春谷播期在4月下旬至5月上中旬。夏谷播期均在夏收后的6月中下旬。

播量应根据种子质量、墒情、播种方法来定，以一次保全苗、幼苗分布均匀为原则，一般每亩用种0.5~1千克。谷子播种深度以3~5厘米左右为宜，播后镇压使种子紧贴土壤，以利种子吸水发芽。播种方法应采用条播，行距30~45厘米。

六、密度

谷子栽培密度与当地的气候条件、土壤与肥水状况、种植方式及所用的品种密切相关。一般山岭地春谷每亩留苗3.5万~4.5万株；平原旱地夏谷每亩留苗4万~5万株。

七、施肥技术

谷子栽培中施肥技术对产量有直接的影响，应把握好基肥、种肥、追肥3个施肥环节：

1. 基肥

高产谷田一般以每亩施腐熟的农家肥5 000~7 500千克为宜，中产谷田1 500~4 000千克为宜或每亩施用优质有机肥1 500~2 000千克、尿素15~20千克、过磷酸钙40~60千克、硫酸钾5~10千克。基肥秋施应在前茬作物收获后结合深耕施用，有利于蓄水保墒并提高养分的有效性；基肥春施要结合早春耕翻，同样具有显著的增产作用；播种前结合耕作整地施用基肥，是在秋季和早春无条件施肥的情况下的补救措施。基肥常用匀铺地面结合耕翻的撒施法、施入犁沟的条施法和结合秋深耕春浅耕的分层施肥方法。

2. 种肥

在播种时施于种子附近，主要是复合肥和氮肥，施肥后应浅耧地以防烧芽。因谷子苗期对养分要求很少，种肥用量不宜过多，每亩以硫酸二铵 2.5 千克、尿素 1 千克、复合肥 3～5 千克为宜，农家肥也应适量。

3. 追肥

谷子拔节到孕穗抽穗时期，是生长发育最旺盛的阶段，应结合培土和浇水，每亩追施尿素 15 千克，以满足谷子生长发育的需要。

八、田间管理技术

科学管理是谷子产量与品质的重要保证。必须采取抢时紧管半个月，做到 2 次间苗 2 次清棵，中耕划锄 3 遍。

1. 苗期管理

以及早疏苗、晚定苗、查苗补种、保全苗为原则。一般是在 4～5 片叶时先疏一次苗，留苗量是计划数的 3 倍左右，6～7 叶时再根据密度定苗。留苗要在间苗的基础上进行，采取小墩密植、平行留墩、三角留苗，对生长过旺的谷子，在 3～5 叶时压青蹲苗、控制水肥或深中耕，促进根系发育，提高谷子抗倒伏能力。

2. 灌溉与排水

谷子一生对水分要求的一般规律可概括为早期宜旱、中期宜湿、后期怕涝。播前灌水有利于全苗，苗期不灌水，拔节期灌水能促进植株增长和细穗分化，孕穗、抽穗期灌水有利于抽穗的幼穗发育，灌浆期灌水有利于籽粒形成。谷子生长后期怕涝，在谷田应设排水沟渠，避免地表积水。

3. 中耕与除草

中耕可以松土，促根下扎，同时防止杂草滋生，达到养根壮棵控秆的目的。旱地中耕以保墒为主，一般 3～4 次。苗期多锄，灭草保墒，促根生长下扎；拔节期深锄拉透，断老根，促新根，一般深度 15 厘米以上。孕穗期中耕结合培土，促进气生根生长，增加吸收能力，防止后期倒伏。化学除草，减少用工，播种后用谷田专用除草剂 44% 的谷友（原谷草灵）每亩 80 克对水 50 千克均匀喷雾土表，可有效防除双子叶杂草，控制单子叶杂草，防止草荒。抗除草剂的品种可使用配套除草剂。

4. 后期管理

谷子抽穗开花期，既怕旱又怕涝，应注意防旱保持地面湿润，缺水严重时要适量浇水，大雨过后注意排涝，生育后期应控制氮肥施用，防止茎叶疯长和贪青晚熟，同时谨防谷子倒伏。倒伏后及时扶起，避免互相挤压和遮阴，减少秕谷，提高千粒重。

九、病害的防治

临沂市谷子主要病害为白发病、黑穗病、红叶病，其防治原则为预防为主，综合防治，以农业、生物防治为主，化学防治为辅。其防治方法为选用抗病品种，选留无病种子，拔除病株、烧毁或深埋，春谷应适当晚播，使用瑞毒霉、拌种双、甲基异硫磷等农药对种子进行拌种、闷种。

十、收获时期

谷子蜡熟末期或完熟初期应及时收获，此时谷子下部叶变黄，上部叶黄绿色，茎秆略带韧性，谷粒坚硬，种子含水量约20%左右。谷子收获过早，籽粒不饱满，谷粒含水量高，出谷率低，产量和品质下降；收获过迟，纤维素分解，茎秆干枯，穗码干脆，落粒严重。如遇雨则生芽、使品质下降。谷子脱粒后应及时晾晒，干燥保存。

第二章　主要中草药栽培管理技术

第一节　金银花栽培管理技术

一、金银花的用途

金银花，又名金花、银花、双花、对花，因其"凌冬不凋"，又称忍冬花。属于忍冬科忍冬属，多年生半常绿缠绕藤本小灌木。以花蕾（金银花）和茎、叶入药，花初开时白色，后转金黄色，故有"金银花"之称。

金银花是我国确定的名贵中药材之一，也是沂蒙山区传统地道中药材。金银花其性寒、味甘，其有效成分为绿原酸、异绿原酸，具有清热解毒、广谱抗菌、消炎、通经活络之功效。主治风热感冒、咽喉肿痛、肺炎、痈疽疔毒、喉痹、丹毒、温病发热等症，是防治"非典"的特效药。人们熟知的"银翘解毒丸"、"双黄连口服液"等都是以金银花为主要原料制成的。目前，以金银花和茎、叶为主要原料开发的系列产品有：金银花保健茶、忍冬酒、忍冬可乐、银麦干啤、金银花汽水、金银花露、金银花晶、健儿清解液、金银花糖果以及含有金银花成分的中华牙膏、高露洁牙膏、忍冬花牙膏、金银花面膜等几十个品种，备受消费者青睐。此外，金银花还可用作饲料和饲料添加剂、防治畜禽疾病、制造植物药等，可谓用途广泛。

二、金银花的生态特性

金银花喜温暖湿润气候，生于背风向阳处，隆冬不凋，一年四季只要有一定温湿度均能发芽。春栽当年就能开花。一般5月下旬开头茬花，而后隔月采一茬。一般一年可采3~4茬，头茬花产量高，约占70%。金银花根系发达、枝条繁茂、叶片密集，再生力强，耐寒、耐旱、耐瘠，抗逆性强，适应性广。无论山区、平原、黏壤、沙土、微酸、偏碱都能顽强生长，是退耕还林绿化荒山、防风固沙、保持水土、改良盐碱地的先锋植物。在山区种植，除采花收益外，还具有绿化荒山、保持水土、改良土壤、调节气候、美化环境等巨大作用。因此，各地多将其在荒山、地边地堰、盐碱地、房前、屋后及城镇空地栽植。在沂蒙山区，数百年来一直用其绿化荒山和保护田埂地堰。金银花还可用于城市绿化和环境美化、制作盆景，供人观赏。

三、种植金银花的效益

金银花易培育栽植，投资少、易管理、见效快，经济效益显著。栽植当年即能开花，第二年即可见效，第三年进入盛花期，生命长达40多年。一般四年生密植园年可亩产干花120~150千克，亩收入可达3 000元以上，高者达5 000元以上。在金银花主产区，已成为当地农民增加收入的主要来源。

四、金银花种植技术

1. 品种选择

选择品质优、花蕾大、结花早、花蕾集中、花多而含苞时间长、丰产性好的鸡爪花、大毛花等品种。

2. 扦插育苗

金银花再生能力强，易发根，成活率高，日平均气温5℃以上即可进行，以7月下旬至8月上旬最好。插条要选择1~2年生，健壮、充实、无病虫为害的枝条，截成30厘米长，使断面呈斜形，摘去下部叶片。

育苗地要选择土层深厚、土质疏松、灌排条件良好、土壤肥沃的砂质壤土。亩施腐熟有机肥3 000千克，碳酸氢铵100千克，深耕30厘米以上，整平耙细，整成1. 2米宽的平畦。在整平耙细的苗床上，按行距20厘米，开沟深20厘米，每隔3厘米斜插入一根插条，地上部露出15厘米，覆土压实，浇一次透水。要加强苗床管理，视土壤墒情，墒情不足时，浇水补墒，保持土壤湿润。雨后要及时排涝，保持田间无积水。封垅前要及时除草，保持田间无杂草。新芽长到10厘米高时，亩追硫酸钾复合肥15千克。新枝30厘米长时，要打顶促发侧枝。

3. 定植

高产栽培要选择土层深厚、土壤肥沃、排灌条件好的砂质壤土，深翻30厘米以上，整平耙细。按行距1.5米、墩距1米，挖长、宽、深各40厘米的定植穴，每穴施腐熟的有机肥5千克，硫酸钾复合肥100克，与底土拌匀。于春季3月下旬或秋后11月上旬定植。选择生长健壮、根系发达、无病虫为害的壮苗，每穴4~5株，呈扇形摆好，填土压实，浇透定植水，待水渗下后，封墩培土。

4. 田间管理

（1）中耕除草：金银花栽植后要经常除草松土，使植株周围无杂草滋生，一般每年要中耕除草2~3次。

（2）施肥浇水：要以有机肥为主，化肥为辅，11月份至翌年3月份，金银花休眠期，在花墩周围开宽、深各20厘米的环状施肥沟，每墩施腐熟有机肥5~8千克。金银花抗旱能力强，一般不用浇水，如遇特大干旱，施肥后可浇水一次。

（3）整形修剪：修剪分冬剪和夏剪，冬剪在落叶后至翌年发芽前进行，夏剪在每茬花采收后的5月下旬、7月中旬、8月下旬进行。修剪时要先上部后下部，先里边后外边，先大枝后小枝。结花母枝要截短，旺长枝要留4~5节，中庸枝留2~3节。对1~3年生的幼龄花墩重点培养一、二、三级骨干枝，一般每株选留一级骨干枝1条，二级骨干枝3条，三级骨干枝10~12条。对成龄花墩主要选留健壮的结花母枝，一般每条3级骨干枝上留4~5条结花母枝，每墩花留100~120个结花母枝。

（4）病虫害防治

中华忍冬圆尾蚜：①可用烟草秸秆加辣椒熬制液喷雾防治；②采收前1个月用2.5%溴氰菊酯3 000倍液、50%辟蚜雾可湿性粉剂2 000～3 000倍液或10%吡虫啉可湿性粉剂2 000～3 000倍液喷雾。

金银花尺蠖：①冬季清墩时清除越冬虫卵，剪除老枝、枯枝；②用10%溴氰菊酯3 000倍液或90%敌百虫800～1 000倍液喷雾防治。

白粉病：①合理修剪，改善通风条件，清除病叶。②用25%三唑酮1 500倍液或50%甲基硫菌灵1 000倍液防治。

忍冬褐斑病：①结合修剪，清除病叶。②加强管理，增施有机肥，雨后及时排涝。③用1∶1.5∶300波尔多液防治。

5. 采收与晾晒

（1）采收：适宜的采收时期是在花蕾尚未开放之前，花针上部膨大呈白色时，俗称"大白针期"，此时采收产量最高，品质最佳。以每天上午集中采摘为宜，下午采花要注意摊晒，防止过夜变黑。

（2）晾晒：要当天采收，当天晒干。晾晒时将鲜花薄摊在晒席上，厚度以似露非露为宜，阳光很强时可晒厚些，以免晒黑花针。花针未达八成干时不能翻动，否则变黑，质量下降。为了提高产品质量，有条件的地方，提倡采用烘干干燥法。建适当大小的烘房，内置多个蜂窝煤炉或建五管二回式烘炉，室内分层搭架，架层8～10层，层间距20厘米，底层离火道40厘米。每层放金银花筐子6～8个，筐长1.5～1.6米，宽50～60厘米，每筐上花3千克左右。席上铺花厚度3～6厘米。控制温度，初烘温度30～35℃，烘2小时后可升至40℃左右。鲜花排出水气，打开门窗排气，经5～10小时后室内保持45～50℃，待烘10小时左右，水分大部分排出，再把温度升至55℃，使花迅速干燥。一般12～20小时可全部烘干。烘干时不能翻动，否则易变黑，未干时不能停烘，以免发热变质。

第二节　桔梗栽培管理技术

一、桔梗的用途

桔梗，别名木铃铛、苦桔梗、包袱花、灯笼棵、铃铛花，为桔梗科桔梗属多年生草本植物，以根入药，朝鲜人把它叫做"道拉基"。桔梗的主要有效成分是皂甙。近代药理和临床医学研究表明，桔梗具有祛痰、镇咳、抗炎、降血压、降血糖、减肥、抗肿瘤、提高人体免疫力等功能。桔梗的食用价值也很高，桔梗的嫩苗、根均为可供食用的蔬菜，其淀粉、蛋白质、维生素含量较高，含有16种以上的氨基酸，包括人体所必需的8种氨基酸。桔梗的嫩苗、根还可以加工成罐头、果脯、什锦袋菜、保健饮料等。也是朝鲜族及国外制作酱菜的原料之一，用途广泛，市场需求量大。桔梗还具有很高的观赏价值。桔梗的花期很长，花着生于茎的顶端，花冠为钟形，花呈蓝紫色、蓝色、白色等，特别是花蕾待放时，膨大如球，别有风趣，十分适宜于布置花坛和用于插花。

二、桔梗的种植效益

桔梗属药食两用植物，是大宗常用中药材，市场需求量较大。近几年出口量也逐步加大，特别是2002年，韩日足球世界杯赛以来，鲜桔梗出口量巨大，许多产区干桔梗供不应求，"非典"期间，更让桔梗显示了它的身价，几天之中，就涨到了干货每千克50~60元，鲜货每千克5.6元。当时，我市蒙阴县种植桔梗的农民每亩产值曾达到了5 000~8 000元，高者达10 000元以上。

桔梗一般亩产干货300~350千克，目前，市场价大约每千克9~10元，亩产值一般在2 700~3 500元。每亩需投入苗子费用300元左右，肥料、农药等200元左右，每亩纯效益在2 000元以上。

三、桔梗的特征特性

桔梗为桔梗科多年生草本植物。原野生于山坡及草丛中，喜温暖潮湿的环境，耐寒力也强，适应性广。株高0.3~1米，茎直立，上部稍分枝，全株有白色乳汁。根肉肥大，长圆锥形，外皮黄褐色或灰褐色。种子千粒重0.93~1.4克，花期7~9月，果期8~10月。桔梗是深根性植物，播种当年主根可达15厘米以上，第二年长达50厘米。二年生桔梗每株开花5~15朵，结实数70%，用种子繁殖。也可用组织培养来加速良种繁殖。

桔梗对土壤要求不严，一般土壤均能种植，以壤土、砂质壤土为宜。忌积水，土壤水分过多，根部易腐烂。桔梗怕风害，在多风地区种植要注意防止风害，避免倒伏。

四、桔梗种植技术

1. 品种选用

据了解，目前我国人工选育的桔梗品种很少，主要采用农家品种。桔梗有蓝花、紫花和白花桔梗几种。我市种植的主要是紫色桔梗。

2. 选地整地

桔梗为直根系深根性植物，喜凉爽湿润环境。宜选择地势高燥、土层深厚、疏松肥沃、排水良好的砂壤土栽培，黏土及低洼盐碱地不宜种植。前茬作物以豆科、禾本科作物为好。施足基肥，亩施土杂肥2 000~3 000千克，硫酸钾25千克、磷酸二铵10千克、三元素复合肥15千克，深耕30~40厘米，整平、耙细、作畦。畦宽1.2~1.5米，平畦或高畦，高畦畦高15厘米，畦长不限，作业道宽20~30厘米。

3. 种子处理

选择2年生桔梗所产的充实饱满、发芽率高达90%以上的种子。播前将种子放在50℃温水中，搅动至凉后，再浸泡8~12小时，稍晾后可直接播种，也可用湿布包上，放在25%~30℃的地方，盖湿麻袋催芽，每天早晚用温水冲滤一次，约4~5天，待种子萌动时，即可播种。也可用0.3%~0.5%高锰酸钾溶液浸泡12小时后播种。

4. 播种方法

桔梗可直播或育苗移栽，山东省潍坊市近几年多以育苗移栽为主。春、夏、秋、冬均可播种。直播以 10 月下旬至 11 月上旬播种为好，育苗移栽以夏播为好，节约半季土地，产量高、效益好。

（1）直播　秋播于 10 月下旬至 11 月上旬，在整好的畦上按 20~25 厘米开沟，沟深 2 厘米，将种子拌 3 倍细土（沙）均匀撒于沟内，覆土 1~1.5 厘米，耢平轻压。播量每亩 1 千克。上冻前浇一次封冻水。春播于 3 月中旬至 4 月中旬进行，种植方法同秋播，播后浇水，出苗前保持土壤湿润，可覆盖麦穰或稻草保湿，以利出苗，10~15 天出苗。

（2）育苗移栽　育苗移栽一年四季均可进行。近几年采用夏播秋植新技术，即麦收后立即将麦茬耙掉，施足基肥，深耕耙细，整平做畦，畦宽 1.2~1.5 米。亩播量 5~7.5 千克。种子拌 3~5 倍细土（沙）均匀撒入畦面，覆土或细沙 1~1.5 厘米，再覆盖 2~3 厘米厚的麦穰。经常保持畦面湿润，10~15 天出齐苗后，于傍晚逐步搂出麦穰练苗。7 月中旬至 8 月下旬视苗情追肥 1~2 次，每亩追磷酸二铵和尿素各 10 千克。遇严重干旱应浇水，遇涝要及时排水，以免烂根。培育壮苗，当根上端粗 0.3~0.5 厘米，长 20~35 厘米时，即可移栽。秋后（11 月中旬前后）至翌春发芽前，深刨起苗不断根。开沟 10~15 厘米深，按行距 25~30 厘米，株距 5~6 厘米移栽，亩植 4.5 万~5.5 万棵，按大、中、小分级，抹去侧根，分别移栽，斜栽于沟内，上齐下不齐，根要掘直，顶芽以上覆土 3~5 厘米。墒情不足时，栽后应及时浇水。

5. 田间管理

（1）间苗定苗　直播田苗高 2 厘米时适当疏苗，苗高 3~4 厘米时按株距 6~10 厘米定苗。缺苗断垄处要补苗，带土移栽易于成活。

（2）中耕除草　桔梗前期生长缓慢，杂草较多，应及时中耕除草。特别是育苗移栽田，定植浇水后，在土壤墒情适宜时，应立即浅松土一次，以免地干裂透风，造成死苗。生长期间注意中耕除草，保持地内疏松无杂草。

（3）肥水管理　桔梗系喜肥植物，在生长期间宜多追肥。特别在 6~9 月是桔梗生长旺季，应在 6 月下旬和 7 月中下旬视植株生长情况适时追肥。肥料以人畜粪尿为主，配施少量磷肥和尿素（禁用碳酸氢铵）。一般亩施稀人粪尿、畜粪 1 000~1 500 千克或磷酸二铵和尿素各 10~15 千克。开沟施肥、覆土埋严、施后浇水、或借墒追肥。无论直播或育苗移栽，遇严重干旱时都应适当浇水，雨季注意排水，防止积水烂根。

（4）抹芽、打顶、除花　移栽或二年生桔梗易发生多头生长现象，造成根权多，影响产量和质量。故应在春季桔梗萌发后将多余枝芽抹去，每棵留主芽 1~2 个。对二年生留种植株应在苗高 15~20 厘米时进行打顶，以增加果实的种子数和种子饱满度，提高种子产量。而一年生或二年生非留种用植株要全部除花摘蕾，以减少养分消耗，促进根的生长，提高根的产量。也可在盛花期喷 0.075%~0.1% 乙烯利，除花效果较好。二年生桔梗植株高达 60~90 厘米，在开花前易倒伏。防倒措施：当植株高度 15~20 厘米时进行打顶；前期少施氮肥，控制茎秆生长；在 4~5 月喷施 500 倍液矮壮素，可使茎秆增粗，减少倒伏。

（5）病虫害防治　桔梗病害主要有轮纹病、斑枯病、炭疽病、枯萎病、根腐病等，这些病害在我市一般发生较轻。如有发生，可在发病初期用 1∶1∶100 波尔多液或 50% 多菌灵、代森锰锌、福美甲胂或 50% 甲基硫菌灵等常规杀菌剂常量喷雾防治。虫害主要有蝼蛄、地老虎、蚜虫、红蜘蛛等，防治方法与其他大田农作物相同。

（6）留良种　9～10月，蒴果变黄时带果柄摘下，放通风干燥的室内后熟2～3天，然后晒干脱粒。桔梗种子必须及时采收，否则蒴果开裂，种子易散落。

6. 采收加工

桔梗直播的当年可收获，但产量较低，最好在第二年或移栽当年的秋季，约10月中旬，当茎叶枯黄时即可采挖，割去茎叶、芦头，分级鲜售。或洗净后趁鲜用竹片或玻璃片刮净外皮，晒干（烘干）待售。

第三节　黄芪栽培管理技术

一、黄芪的用途

黄芪又名绵黄芪、白皮芪，是名贵中药材，为多年生豆科植物，以根入药。其有效成分黄芪皂甙、黄酮类化合物、胆碱、甜菜碱和多种氨基酸等。味甘，性微温，有补气固表、利水消肿、脱毒、生肌的功能，主治体虚自汗、久泻脱肛、子宫脱垂、慢性肾炎、脑血栓、疮口久不愈合等症，并用于预防感冒。

黄芪根茎用10倍水浸液，对马铃薯晚疫有抑制作用。黄芪还有保持水土、绿化荒山的作用。

二、种植效益

黄芪适应性广，易栽培，产量高，效益好。一般可亩产鲜货650～750千克（干货亩产250～350千克），市场价每千克3.5～4元（干货每千克8～10元），亩产值2 500～3 000元。每亩需投入种子360元左右，化肥、农药等费用200元左右，每亩纯效益2 000元以上。

三、特征特性

黄芪为豆科多年生草本植物。茎直立，上部有分枝。奇数羽状复叶互生，小叶12～18对；叶片广椭圆形或椭圆形，下面被柔毛；托叶披针形。总状花序腋生；花萼钟状，密被短柔毛，具5萼齿；花冠黄色，旗瓣长圆状倒卵形，翼瓣及龙骨瓣均有长爪；雄蕊10枚，二体；子房无柄。荚果膜质，半卵圆形，无毛。花期6～7月，果期7～9月。生于向阳草地及山坡。根圆柱形，有的有分枝，上端较粗，略扭曲，长30～90厘米，直径0.7～3.5厘米。表面淡棕黄色至淡棕褐色，有不规则纵皱纹及横长皮孔，栓皮易剥落而露出黄白色皮部，有的可见网状纤维束。质坚韧，断面强纤维性。气微，味微甜，有豆腥味。

四、黄芪生产技术

1. 选地整地

黄芪为直根系深根性植物，根系深长。喜冷凉高燥、光照充足，忌水涝和土壤黏重板结。故应选背风向阳、地势高燥、土层深厚、质地疏松、透气性良好、排水渗水性好、地下水位低的砂壤土地块。在秋末冬初或早春整地，深翻40厘米以上。耕地前每亩施入优质土杂肥2 500~3 000千克、过磷酸钙25~30千克或复合肥30~40千克、磷酸二铵15~20千克。耙细整平，作1.2~1.5米宽的畦，畦面中间稍高，也可做成行距40~50厘米的小高垄或行距60厘米的大高垄。

2. 选种播种

(1) 选种 品种可选用文黄11号、16号等。8~9月时，选择2~3年生品种特征明显、高矮适中、无病虫的健壮植株为种株。种子过于成熟产生硬实，发芽率很低，故应在荚果变黄、种子变褐色时，分批采摘，晒干脱粒。除去杂质、瘪粒和虫蛀粒，将饱满良种存放在干燥、通风处备用。

(2) 种子处理 饱满硬实种子的发芽率很低，为提高发芽率，需对黄芪种子进行处理，机械破皮，用碾米机快速磨一遍，将种皮划破。或用温水浸种，将种子用50℃的温水浸泡8~12小时，捞出装入布袋内催芽后播种。通过上述方法处理后的种子一般发芽率均可达到90%以上。生产上也可利用不十分成熟的种子，发芽率比较高。

(3) 播种 黄芪可直播或育苗移栽，以直播为好。春、夏、秋均可播种，以春播为好。春播在3月中、下旬，地温稳定在5~8℃时即可播种。穴播按行距33厘米、穴距27厘米挖浅穴；条播按行距25~30厘米左右开3厘米深浅沟，种子拌适量细沙（土），均匀撒于沟内，覆土1~1.5厘米，稍加镇压，播种量每亩1.5~2千克。

3. 田间管理

(1) 中耕除草 黄芪播种后出苗前可进行化学除草，每亩喷氟乐灵0.2千克或都尔0.2千克或拉索0.1~0.15千克，对水均匀喷洒。苗高4~5厘米时，即可中耕，苗期中耕应浅，以免伤根死苗，封行前适时中耕除草，一般中耕2~3次。

(2) 间苗定苗 苗高10厘米左右时定苗，条播的株距10~15厘米，穴播的每穴留苗2~4株，如缺苗过多，应及时补栽补种，以补种为宜。每亩基本苗2万~2.5万株。以后视土壤的板结和杂草长势，进行中耕除草。

(3) 追肥 一般追肥2~3次。第一次在苗高3~5厘米时，浇稀薄的粪水，每亩用人粪尿50千克冲水浇，促进幼苗生长。第二次在苗高20~30厘米时，每亩用猪粪尿1 000千克冲水浇，或每亩沟施尿素8~15千克。第三次在苗高60厘米时，如叶色黄可沟施适量的尿素、饼肥和过磷酸钙，否则免去第三次追肥。

(4) 排灌 黄芪一般不浇水，但播种后和返青期如遇连续干旱无雨，应及时灌水，以促种子萌发出苗和春季早发。平原地区种植黄芪，最好起垄种植，以降低地下水位和田间湿度。梅雨及秋雨季节往往湿度过大，黄芪烂根死苗严重，因此，必须在梅雨前的6月初应将田间排水沟渠深挖理通，保证雨水及时快速排除。

(5) 打顶 为控制植株的生长高度，减少地上养分消耗，促进根系生长，于7月底以前，株高50厘米时进行打顶，可以增产。

4. 病虫害防治

(1) 白粉病 从苗期到成株均可发病，一般为害叶片和荚果。防治方法：收获后清洁园田，集中烧毁；实行轮作，忌与豆科等易感作物连作；合理密植，增施磷、钾肥，提高抗病力；发病初期喷洒 20% 三唑酮 1 500 倍液或 50% 甲基硫菌灵 800~1 000 倍液等药液喷雾防治。

（2）紫纹羽病　因发病后根部变成红褐色，也叫"红根病"。防治方法：消除病残组织，集中烧毁；实行轮作，与禾本科作物轮作；发现病株及时连根带土移出田间，防止菌核、菌索散落土中；用 50% 多菌灵 400~600 倍液加 50% 甲基硫菌灵 800~1 000 倍液灌根。

（3）根腐病　植株叶片变黄枯萎，茎基到主根均变为红褐色干腐，侧根很少或已腐烂。防治方法：控制土壤湿度，防止地面积水；适当轮作，实行条播；发病初期，用 50% 甲基硫菌灵或 50% 多菌灵 800~1 000 倍液或石灰水 100 倍液浇灌。

（4）立枯病　幼苗出土后在近地面茎部出现褐黑环腐缢缩。防治方法：合理轮作 2~3 年；土壤消毒，可用 50% 多菌灵在播种和栽苗前处理土壤，每亩 1~1.5 千克；适期播种，促进幼苗快速生长和成活；春季多雨应及时疏沟理墒，避免土壤过湿；发现病株及时拔除，并喷洒 50% 甲基硫菌灵 800~1 000 倍液等药液防治，以控制其蔓延。

（5）豆荚螟　6 月下旬至 9 月下旬发生。防治方法：在花期用 90% 敌百虫 1 000 倍液或 40% 乐果 800~1 500 倍液或 50% 杀螟硫磷 1 000 倍液等药液，每隔 7 天用药 1 次，直至种子成熟。

（6）豆荚蝇　幼虫从嫩梢逐渐向下蛀入茎秆中为害，致使顶部嫩梢逐渐枯萎，植株遇风即断。防治方法：6~7 月喷 90% 敌百虫 1 000 倍液或 25% 亚胺硫磷乳油 800 倍液等药液，隔 7 天喷 1 次，连喷 3~4 次。

（7）蚜虫　可用 40% 乐果 800~1 500 倍液或 10% 吡虫啉 2 000~3 000 倍液等药液防治。

5. 采收与加工

黄芪一般在播后 2~3 年采收，我市多为当年播种当年收获。采收时间以 9 月最好，这个时期是黄芪皂甙含量的峰值。收获时要深挖，防止挖断主根或碰破外皮。

黄芪根部挖出后，去净泥土，趁鲜切去根茎（芦头），剪去须根，即行暴晒，待晒六七成干时，将根理直，扎成小把，再晒至全干。以根条干粗长，质坚而绵，味甜，粉性足者为佳品。

第四节　丹参栽培管理技术

一、概述

丹参俗名活血根，为唇形科多年生草本植物。以干燥的肉质根入药，具有扩张血管和增进冠状动脉血流量的功效，是世界公认的治了心脑血管病的首选药物。近年来随着出口量的增加、新用途的开发，社会需求量不断增长。人工种植的丹参以皮红、根条粗长、产量高等特点，深受药商的欢迎。生产上通过密植、覆膜、打薹等措施，使亩产量突破 800 千克大关，效益十分可观。

二、选地整地

丹参性喜温暖、湿润、阳光充足的环境，能自然越冬，苗期不耐高温和干旱，生长后期耐旱能力较强。丹参根深，可达 50 厘米以上，人工种植应选土层深厚、排灌水方便、地势高燥、肥力中等地块种植，符合上述条件的大田、丘陵、山地均可。过砂、过黏、涝洼地不宜种植，不宜连作。

地选好后，结合耕地每亩施入农家肥 1 500 ~ 2 500 千克，过磷酸钙 50 千克作基肥。深耕 35 厘米以上，整平耙细，做 65 厘米（线绳距，下同） 10 ~ 12 厘米高的垄备用。平且可做 110 厘米宽，地块四周要有通畅的排水沟。

三、栽种

春天 3 ~ 4 月，在做好的高垄上挖两行深 7 ~ 9 厘米的穴，使呈"品"字形，穴心距 23 ~ 27 厘米。将种栽大头朝上，每穴直立栽入粗种栽一段（细种栽 2 ~ 3 段），浇透水。待水渗完后覆土，覆土以埋住大头 3 ~ 4 厘米深为宜。然后覆膜保温，出苗后及时打孔放苗。栽种时需注意：①种栽不可倒置，否则不出苗；②栽种后经常查看墒情，及时浇水保苗；③打孔放苗要及时，否则极易造成"烤芽"、"烂芽"形成缺苗断垄现象，严重影响产量。

四、田间管理

齐苗后，经常中耕灭荒。中耕前期宜深，后期宜浅，封行后不再中耕。

苗高 10 ~ 15 厘米时，每亩穴施尿素 20 千克，施后浇水；同期每亩喷施 5 ~ 8 毫升"喷施宝"，于晴天的傍晚均匀喷施叶面，喷后 12 小时遇雨要重喷。封行前，每亩穴施磷酸二铵 25 千克，硫酸钾 5 千克。8 月初根条开始膨大时，每亩再喷施 8 ~ 10 毫升"喷施宝"。

丹参最忌积水，雨季要严防积水、渍水；干旱季节，叶片萎蔫时，及时浇水抗旱。自 4 月，丹参陆续抽薹开花，要分期分批剪除，以利根部生长。

五、病虫害防治

丹参的病虫害有叶斑病。初期在叶片上出现散在的黄褐斑，后逐渐融合成片，叶片枯死。发病初期用 50% 多菌灵 500 倍液，于晴天的早晨均匀喷湿叶面，每 5 天一次，共 3 次。喷后 20 小时遇雨要重喷。虫害有蛴螬、地老虎、金针虫等，可按常规方法防治。

六、收获加工

丹参栽后于当年 11 月霜降后收获。将参根完整挖出，抖净泥土暴晒，当晒至半干时，用手将参根捏顺，扎成小把，堆放 2 ~ 4 天，使其"发汗"，再摊开晒至全干，去须修芦，即可入药。丹参以根条粗壮，无须根、泥沙、杂质、霉变，无不足 7 厘米长的碎节，外皮紫红者为佳。

种子篇

第一章　种子与种子质量

第一节　种子基础知识

一、农作物种子涵义

种子是植物个体发育的一个阶段，从受精后种子的形成开始，到成熟后的休眠、萌发，是一个微妙的、独特的生命历程，它既是上一代的结束，又是下一代的开始。

在植物学上，种子是指从胚珠发育而成的繁殖器官，包括种皮、胚、胚乳 3 个主要部分。从农业生产的角度来说，其涵义要比植物学上的概念广泛，是指一切可以被用作播种材料的植物器官，不管它是植物体的哪一部分，也不管它在形态构造上是简单还是复杂，只要能繁殖后代的都统称为种子。习惯上，农业工作者所讲的种子多是指农生产上的种子概念。《中华人民共和国种子法》对种子的含义在第二条第二款作出了明确的界定，即"本法所称种子，是指农作物和林木的种植材料或者繁殖材料，包括籽粒、果实和根、茎、苗、芽、叶等。"

二、品种的概念

品种是指经过人工选育或者发现并经过开发改良，形态特征和生物学特性一致，遗传性状相对稳定的植物群体。植物新品种应具备新颖性、特异性、一致性和稳定性并有适当命名的植物品种。

新颖性，是指申请品种权的植物新品种在申请日前该品种繁殖材料未被销售，或者经育种者许可，在中国境内销售该品种繁殖材料未超过 1 年；在中国境外销售藤本植物、林木、果树和观赏树木品种繁殖材料未超过 6 年，销售其他植物品种繁殖材料未超过 4 年。

特异性，是指申请品种权的植物新品种应当明显区别于在递交申请以前已知的植物品种。

一致性，是指申请品种权的植物新品种经过繁殖，除可以预见的变异外，其相关的特征或者特性一致。

稳定性，是指申请品种权的植物新品种经过反复繁殖后或者在特定繁殖周期结束时，其相关的特征或者特性保持不变。

植物新品种应当具备适当的名称，并与相同或者相近的植物属或者种中已知品种的名称相区别。该名称经注册登记后即为该植物新品种的通用名称。

三、假、劣种子的认定

根据《种子法》第四十六条第二款的规定，参照最高人民法院、最高人民检察院《关于办理生产、销售伪劣商品刑事案件具体应用法律若干问题的解释》（法释〔2001〕10 号）的司法解释，并考虑常用术语的使用习惯，对假、劣种子的具体情形进行界定。

1. 假种子包括以下 5 种情形

（1）以非种子冒充种子的 以非种子冒充种子在实践中数量不多。但危害甚大。小麦、大豆等常规种子可能表现不明显，但是对于杂交种子，例如用粮食冒充种子，危害极大，后代严重分离，减产一般都可能达到 50%，对于白菜、番茄等蔬菜作物，则可能造成商品性极差，甚至根本没有市场。

（2）以此种种子冒充他种种子的 这一情形主要是利用种子形态的相似性进行冒充，如芸薹属的种子，同属内的不同种从形态上很难区分。

（3）种子类别与标签标注不符的 这里的种子类别主要强调种子繁殖的世代不同。如大田用种标为原种。

（4）品种与标签标注不符的 由于各品种的特征特性、适用范围、栽培要点都不一样，品种不真实会给种子使用者造成错误引导，种植了不适宜的品种、采用了不恰当的栽培管理技术，会造成大量减产。品种标注不真实包括故意的行为，如用过去已经失去销路的老品种标注为市场上看好的新品种，或者用其他滞销的品种标注为畅销的品种等，也包括可能是过失标注的情形。

（5）产地与标签标注不符的 如将产于河北省的种子标注为甘肃。

假种子是"以假充真"行为的结果，其本质是以不具有某种农业栽培使用价值冒充或不真实承诺具有该种农业栽培使用价值的种子的行为。这种不真实可能是故意的（冒充），也有可能是过失的（承诺不真实），但由于其最终的行为结果是一致的，都统一认定为假种子。

2. 劣种子包括以下 5 种情形

（1）质量低于国家规定的种用标准的 这里的"国家规定的种用标准"是指"技术规范性要求"（即强制性标准），而不是推荐性标准的要求。如我国国家标准规定玉米种子发芽率为 85%，如果种子标签标注发芽率为 84%，则可判为劣种子。

（2）质量低于标签标注指标的 如果种子标签标注发芽率为 95%，而种子实际发芽率为 85%。则可判为劣种子。

（3）因变质不能作种子使用的 由于阴雨、温度偏高等条件下保存而致使种子霉烂、发芽率降低等，不能作为种用的。这项规则主要是强调不应"失去应用的使用价值"，这表明我国实施的种子标签真实制度，与国外的标签真实制度有点不同，即对于尚未制定国家种用标准的，其承诺的质量指标必须符合可以作种用。

（4）杂草种子的比率超过规定的 这里的"杂草种子"主要是指限制性的杂草种子。"规定的"是指所能允许含量，一般表示为不超过：XX 粒/千克。如规定小麦种子，每千克野燕麦不得超过 5 粒。

（5）带有国家规定检疫性有害生物的 如小麦种子中含有毒麦或者假高粱种子，

因为毒麦或者假高粱种子被列入全国植物检疫对象。

四、良种在农业生产中的作用

良种是具有优良特性的种子，良种在农业增产中占有十分重要的位置，要想获得农业生产的好收成，必须选用适宜的优良品种。良种又必须配合适当的栽培管理技术，也就是人们常说的良种良法配套，才可使良种的优良性状发挥出来，从而获得增产增收。由此说，良种技术在农业生产中具有十分重要的意义。有资料表明，目前，良种在我国农业生产中的贡献率已达53%以上，随着现代科学技术的不断进步和发展，良种对农业生产的贡献将会越来越大。

1. 增加生产量

良种的突出特点是增加产量。不同作物的良种增产幅度差异较大，小麦、玉米、水稻、花生、大豆等作物良种一般增产在5%～15%，脱毒马铃薯良种增产可达30%以上。目前世界上大多数国家在增加农作物生产量上主要是靠提高单产，而提高单产的有效途径又是靠更新良种。

2. 增强抗逆性

农作物对不利于自身生长发育的外界不良因素表现抵抗或耐受的能力，统称为抗逆性。农作物良种的抗逆性一般是有限度的，且品种之间的抗耐程度存在一定差异。因此，人们在选育品种过程中有针对性地选择利用这一特性，从而保证了作物在推广种植过程中减少损失，使其更加趋于稳产。

3. 提高产品质量

随着我国人民生活水平的不断提高和市场化、国际贸易化的要求，优质农产品倍受欢迎。推广种植高产优质的农作物品种是提高农产品质量的有效途径。目前我国推广种植的一些高产优质品种，取得了良好的经济效益和社会效益。如高赖氨酸玉米杂交种"中单206"、"新玉6号"、"鲁单203"、"北农大101"等，单位面积产量与普通玉米品种相当，但玉米籽粒中赖氨酸含量是普通玉米的2倍。高产优质小麦品种"济南17"、"烟农19"、"济麦20"、"8901"等，单位面积产量高于或相当普通小麦品种，但品质优，适合加工高档食品。南方省份推广种植的双低（低芥酸、低硫苷）油菜新品种秦优7号、苏油1号、中油杂6号等，产量高于以往种植的油菜品种，且含油量高，芥酸、硫苷含量符合国家双低油菜标准。生产上通过嫁接改良果品质量的已较普遍，如嫁接改良的红富士苹果、冬枣、大樱桃等。我国选育及引进种植的彩色甘薯、五彩辣椒、小粒型鲜食番茄、各种甜、糯、爆裂型玉米、彩色棉花等，不仅改善了品质，而且满足了国内外市场化的需求。

4. 扩大种植范围

我国幅员辽阔，自然环境和气候条件各异，各类农作物及其品种也有一定的适应区域。选育和改良品种，扩大良种适应范围，提高复种指数，增加种植面积，对于提高社会效益和经济效益都具有十分重要的意义。在主要农作物方面，我国育成了生育期短的早熟小麦、早熟玉米、早熟水稻、早熟花生等，较好地满足了黄淮地区小麦-玉米或水稻、花生一年两熟的需要。在南方地区，应用了双季稻熟期衔接的品种，结合采用水旱轮作熟期相宜的作物和品种，改进了粮、经作物和饲料作物的种植结构，有效地提高了单位面积产量。我国育成的高蛋白、高油脂的大豆新品种"东农36"，比当今已知世界上最早熟的品种"快枫"还早熟 5～19 天，使我国大豆生产区又向北推移了 100 多公里。在蔬菜品种方面，适合黄淮区初夏种植的"抗热菠菜"、"夏阳白菜"，以及从开花到成熟仅 30 天的早熟西瓜京欣 1 号、郑杂 5 号等，不仅调整了种植季节，也适合保护地栽培、间作套种，扩大了种植范围和区域。

第二节　种子质量标准

种子质量标准内容包括质量特性、质量特性值。2001 年农业部部令《农作物种子标签管理办法》第八条规定了种子的最基本质量特性，即品种纯度、净度、发芽率、水分等 4 个特性；质量特性值通常是给出质量特性的极限值，如规定玉米种子发芽率不得低于 85%，净度不得低于 99.0%。

根据《中华人民共和国种子法》第四十六条和第五十一条规定，生产、销售、进口的种子必须符合我国种用标准。这里所指的"国家规定的种用标准"是指强制性标准，不包括推荐性标准。强制性国家标准制定的目的主要有两方面，是国家或地方对重要的销售种子明确规定最低的种用标准，也就是确定其进入流通的最低资格；二是种子生产商可以依此作为确定其种子进入营销系统的必要条件之一。

我国已颁布了一系列强制性种子标准，其中一些主要作物种子的最低质量要求以列表方式罗列如下。

粮食作物种子质量标准——禾谷类（GB 4404.1—2008）

表 1　水稻种子质量应符合表 1 要求　　　　　　　　　单位：%

作物名称	种子类别		纯度不低于	净度不低于	发芽率不低于	水分不高于
水稻	常规种	原种	99.9	98.0	85	13.0（籼）14.5（粳）
		大田用种	99.0			
	不育系保持系恢复系	原种	99.9	98.0	80	13.0
		大田用种	99.5			
	杂交种	大田用种	96.0	98.0	80	13.0（籼）14.5（粳）

a 长城以北和高寒地区的种子水分允许高于 13%，但不能高于 16%。若在长城以南（高寒地区除外）销售，水分不能高于 13%；

b 稻杂交种质量指标适用于三系和两系稻杂交种子

表2　玉米种子质量应符合表2要求　　　　　　　单位：%

作物名称	种子类别		纯度不低于	净度不低于	发芽率不低于	水分不高于
玉米	常规种	原种	99.9	99.0	85	13.0
		大田用种	97.0			
	自交种	原种	99.9	99.0	80	13.0
		大田用种	99.0			
	单交种	大田用种	96.0	99.0	85	13.0
	双交	大田用种	95.0			
	三交种	大田用种	95.0			

　　a 长城以北和高寒地区的种子水分允许高于13%，但不能高于16%。若在长城以南（高寒地区除外）销售，水分不能高于13%

表3　小麦和大麦种子质量应符合表3要求　　　　　　　单位：%

作物名称	种子类别		纯度不低于	净度不低于	发芽率不低于	水分不高于
小麦	常规种	原种	99.9	99.0	85.0	13.0
		大田用种	99.0			
大麦	常规种	原种	99.9	99.0	85.0	13.0
		大田用种	99.0			

表4　高粱种子质量应符合表4要求　　　　　　　单位：%

作物名称	种子类别		纯度不低于	净度不低于	发芽率不低于	水分不高于
高粱	常规种	原种	99.9	98.0	75	13.0
		大田用种	98.0			
	不育系保持系恢复系	原种	99.9	98.0	70	13.0
		大田用种	99.0			
	杂交种	大田用种	93.0	98.0	80	13.0

　　a 长城以北和高寒地区的种子水分允许高于13%，但不能高于16%。若在长城以南（高寒地区除外）销售，水分不能高于13%

表5　粟和黍种子质量应符合表5要求　　　　　　　单位：%

作物名称	种子类别		纯度不低于	净度不低于	发芽率不低于	水分不高于
粟、黍	常规种	原种	99.8	98.0	85	13.0
		大田用种	98.0	98.0	85	13.0

　　注：在农业生产中，粟俗称谷子，黍俗称糜子

经济作物种子质量标准——纤维类 （GB 4407.1—2008）

表1　棉花种子（包括转基因种子）质量应符合表1的最低要求　　　　单位:%

作物名称	种子类型	种子类别	品种纯度不低于	净度（净种子）不低于	发芽率不低于	水分不高于
棉花常规种	棉花毛籽	原种	99.0	97.0	70	12.0
		大田用种	95.0			
	棉花光籽	原种	99.0	99.0	80	12.0
		大田用种	95.0			
	棉花薄膜包衣籽	原种	99.0	99.0	80	12.0
		大田用种	95.0			
棉花杂交种亲本	棉花毛籽		99.0	97.0	70	12.0
	棉花光籽		99.0	99.0	80	12.0
	棉花薄膜包衣籽		99.0	99.0	50	12.0
棉花杂交一代种	棉花毛籽		95.0	97.0	70	12.0
	棉花光籽		95.0	99.0	80	12.0
	棉花薄膜包衣籽		95.0	99.0	80	12.0

表2　黄麻、红麻和亚麻种子质量应符合表2的最低要求　　　　单位:%

作物种类	种子类别	纯度不低于	净度（净种子）不低于	发芽率不低于	水分不高于
圆果黄麻	原种	99.0	98.0	80	12.0
	大田用种	96.0			
长果黄麻	原种	99.5	98.0	85	12.0
	大田用种	96.0			
红麻	原种	99.0	98.0	75	12.0
	大田用种	97.0			
亚麻	原种	99.0	98.0	85	9.0
	大田用种	97.0			

经济作物种子质量标准——油料类（GB 4407.2－2008）

表1　油菜种子质量应符合表1要求　　　　单位:%

作物名称	种子类别	品种纯度不低于	净度不低于	发芽率不低于	水分不高于
油菜常规种	原种	99.0	98.0	85	9.0
	良种	95.0			

作物名称	种子类别	品种纯度不低于	净度不低于	发芽率不低于	水分不高于
油菜亲本	原种	99.0	98.0	80	9.0
	良种	98.0			
油菜杂交种	大田用种	85.0	98.0	80	9.0

表2　向日葵种子质量应符合表2要求　　　　　单位:%

作物名称	种子类别	品种纯度不低于	净度不低于	发芽率不低于	水分不高于
向日葵常规种	原种	99.0	98.0	85	9.0
	大田用种	96.0			
向日葵亲本	原种	99.0	98.0	90	9.0
	大田用种	98.0			
向日葵杂交种	大田用种	96.0	98.0	90	9.0

表3　花生、芝麻种子质量应符合表3要求　　　　（单位:%）

作物名称	种子类别	品种纯度不低于	净度不低于	发芽率不低于	水分不高于
花生	原种	99.0	99.0	80	10.0
	大田用种	96.0			
芝麻	原种	99.0	97.0	85	9.0
	大田用种	97.0			

2011 年新发布农作物种子质量标准

（2012 年 1 月 1 日实施）

1. GB 4404. 2—2010 粮食作物种子豆类

作物种类	种子类别	品种纯度/% 不低于	净度/% 不低于	发芽率/% 不低于	水分/% 不高于
大豆	原种	99.9	99.0	85.0	12.0
	大田用种	98.0			
蚕豆	原种	99.9		90.0	
	大田用种	97.0			
赤豆 （红小豆）	原种	99.0		85.0	13.0
	大田用种	96.0			
绿豆	原种	99.0			
	大田用种	96.0			

注：长城以北和高寒地区的大豆种子水分允许高于 12.0%，但不能高于 13.5%；
　　长城以南的大豆种子（高寒地区除外）水分不得高于 12.0%

2. GB 4404. 3—2010 粮食作物种子荞麦

作物种类	种子类别	品种纯度/% 不低于	净度/% 不低于	发芽率/% 不低于	水分/% 不高于
苦荞麦	原种	99.0	98.0	85.0	13.5
苦荞麦	大田用种	96.0	98.0	85.0	13.5
甜荞麦	原种	95.0	98.0	85.0	13.5
甜荞麦	大田用种	90.0	98.0	85.0	13.5

3. GB 4404. 4—2010 粮食作物种子燕麦

作物种类	种子类别	品种纯度/% 不低于	净度/% 不低于	发芽率/% 不低于	水分/% 不高于
燕麦	原种	99.0	98.0	85.0	13.0
燕麦	大田用种	97.0	98.0	85.0	13.0

4. GB 16715. 1—2010 瓜菜作物种子瓜类

作物种类	种子类别		品种纯度/% 不低于	净度/% 不低于	发芽率/% 不低于	水分/% 不高于
西瓜	亲本	原种	99.7		90	8.0
西瓜	亲本	大田用种	99.0		90	8.0
西瓜	二倍体杂交种	大田用种	95.0		90	8.0
西瓜	二倍体杂交种	大田用种	95.0		75	8.0
甜瓜	常规种	原种	98.0		90	8.0
甜瓜	常规种	大田用种	95.0		85	8.0
甜瓜	亲本	原种	99.7		90	8.0
甜瓜	亲本	大田用种	99.0		90	8.0
甜瓜	杂交种	大田用种	95.0		85	8.0
哈密瓜	常规种	原种	98.0	99.0	90	7.0
哈密瓜	常规种	大田用种	90.0		85	7.0
哈密瓜	亲本	大田用种	99.0		90	7.0
哈密瓜	杂交种	大田用种	95.0		90	7.0
冬瓜	原种		98.0		70	9.0
冬瓜	大田用种		96.0		60	9.0
黄瓜	常规种	原种	98.0		90	8.0
黄瓜	常规种	大田用种	95.0		90	8.0
黄瓜	亲本	原种	99.9		90	8.0
黄瓜	亲本	大田用种	99.0		85	8.0
黄瓜	杂交种	大田用种	95.0		90	8.0

（续表）

5. GB 16715. 2—2010 瓜菜作物种子白菜类

作物种类	种子类别		品种纯度/% 不低于	净度/% 不低于	发芽率/% 不低于	水分/% 不高于
结球白菜	常规种	原种	99.0	98.0	85.0	7.0
		大田用种	96.0			
	亲本	原种	99.9			
		大田用种	99.0			
	杂交种	大田用种	96.0			
不结球白菜	常规种	原种	99.0			
		大田用种	96.0			

6. GB 16715. 3—2010 瓜菜作物种子茄果类

作物种类	种子类别		品种纯度/% 不低于	净度/% 不低于	发芽率/% 不低于	水分/% 不高于
茄子	常规种	原种	99.0	98.0	75	8.0
		大田用种	96.0			
	亲本	原种	99.9			
		大田用种	99.0			
	杂交种	大田用种	96.0		85	
辣椒 （甜椒）	常规种	原种	99.0		80	7.0
		大田用种	95.0			
	亲本	原种	99.9		75	
		大田用种	99.0			
	杂交种	大田用种	95.0		85	
番茄	常规种	原种	99.0		85	
		大田用种	95.0			
	亲本	原种	99.9			
		大田用种	99.0			
	杂交种	大田用种	96.0			

（续表）

7. GB 16715.4—2010 瓜菜作物种子甘蓝类

作物种类	种子类别		品种纯度/% 不低于	净度/% 不低于	发芽率/% 不低于	水分/% 不高于
结球甘蓝	常规种	原种	99.0	99.0	85.0	7.0
		大田用种	96.0			
	亲本	原种	99.9		80.0	
		大田用种	99.0			
	杂交种	大田用种	96.0			
球茎甘蓝	原种		98.0	99.0	85.0	
	大田用种		96.0			
花椰菜	原种		99.0	98.0		
	大田用种		96.0			

8. GB 16715.5—2010 瓜菜作物种子绿叶菜类

作物种类	种子类别	品种纯度/% 不低于	净度/% 不低于	发芽率/% 不低于	水分/% 不高于
芹菜	原种	99.0	95.0	70.0	8.0
	大田用种	93.0			
菠菜	原种	99.0	97.0	70.0	10.0
	大田用种	95.0			
莴苣	原种	99.0	98.0	80.0	7.0
	大田用种	95.0			

9. GB 8080—2010 绿肥种子

作物种类	种子类别	品种纯度/% 不低于	净度/% 不低于	发芽率/% 不低于	水分/% 不高于
紫云英	原种	99.0	97.0	80.0	10.0
	大田用种	96.0			
毛叶苕子	原种	99.0	98.0		12.0
	大田用种	96.0			
光叶苕子	原种	99.0			
	大田用种	96.0			
蓝花苕子	原种	99.0			
	大田用种	96.0			
白香草木樨	原种	99.0	96.0		11.0
	大田用种	94.0			
黄香草木樨	原种	99.0			
	大田用种	94.0			

（续表）

10. GB 19176—2010 糖用甜菜种子

（1）糖用甜菜多胚种子

作物种类			发芽率/% 不低于	净度/% 不低于	三倍体率/% 不低于	水分/% 不高于	粒径/毫米
二倍体	原种		80.0	98.0	—	14.0	≥2.5
	大田用种	磨光种			—		≥2.0
		包衣种	90.0		—	12.0	2.0~4.5
多倍体	原种		70.0		—	14.0	≥3.0
	大田用种	磨光种	75.0		45（普通多倍体）或90（雄性不育多倍体）		2.5
		包衣种	85.0			12.0	2.5~4.5

（2）糖用甜菜单胚种子

种子类别		单粒率/% 不低于	发芽率/% 不低于	净度/% 不低于	三倍体率/% 不低于	水分/% 不高于	粒径/mm
原种			80.0	98.0	—	12.0	≥2.0
大田用种	磨光种	95			95.0		
	包衣种		90.0	99.0			
	丸化种		95.0		98.0		3.5~4.75

第二章　种子质量纠纷与田间现场鉴定

第一节　种子质量纠纷

本节所称种子质量纠纷，是指农作物种子在大田种植后，因种子质量或者栽培、气候等原因，导致田间出苗、植物生长、作物产量、产品品质等受到影响，双方当事人对造成事故的原因、损失程度存在分歧时产生的种子纠纷。具体来说，引起田间种子纠纷的原因有非种子质量引起的纠纷和种子原因引起的纠纷。

一、种子纠纷引起的原因

（一）非种子质量引起的纠纷

在农业生产实践中，因自然灾害或人为因素造成作物不出苗或者出苗较差、生长缓慢或者徒长、成熟偏晚或者提早成熟而导致作物品质低质、产量下降等，这些都属于非种子质量事故，主要包括以下原因。

1. 非正常气候

由于非正常气候引起植株发育异常，发生病害加重、早衰、不结实，表现减产、品质差等现象，这样的气候原因包括光照不足、高温、高湿、冰雹、干旱、霜冻、雨涝等自然因素。例如：瓜菜等长时间的阴雨会导致光照不足，容易徒长，营养生长过旺，影响生殖生长，造成籽粒变小；玉米抽雄开花期连续阴雨、高温、授粉不好，造成秃顶、结实率严重降低，甚至不结实；小麦遇长时间低温尤其是在拔节期突遇低温天气，造成冷害或冻害；成熟期雨水过多，会导致谷物的穗发芽、棉花烂铃和蔬菜腐烂等。

2. 栽培管理不当

栽培技术如茬口、施肥、整地质量、播种期、浸种、催芽、播种质量、种植密度、追肥、浇水、化学除草、杀虫、营养元素缺乏等因素都有可能造成生长畸形、缺苗断垄、减产或品质下降，这就是说良种如果不与良法（栽培管理技术）相配套，也不能发挥良种的潜力。所以，《中华人民共和国种子法》第三十二条规定，向种子使用者提供主要栽培措施、使用条件的说明作为种子经营者的法定义务。

3. 植物病虫害

在作物生长期间，很有可能遭受病虫害的为害，其为害程度与外部环境、栽培技术和病虫防治技术有直接关系，如玉米粗缩病除了品种抗病性稍有区别外。更主要的是苗期病毒传播媒介蚜虫、灰飞虱等害虫为害传染造成的。

（二）种子原因引起的纠纷

种子原因诱发的纠纷，主要包括品种适应性纠纷、假种子纠纷、劣种子纠纷各宣传欺骗纠纷。

1．品种适应性纠纷

农作物种子在适宜的生态环境下才能正常生长发育，超出适宜区域就不能正常发育。在品种非适宜地区推广种植和推广未审定品种两种情况。有些作物对气候反映比较敏感。品种的种植适宜区非常严格，尽管这些品种通过了审定，但种植在审定公告的推荐种植区域之外，就会加大品种的适应性风险。2002 年，某企业在夏播玉米区河北省清苑县推广春播品种"蠢玉 2 号"上万亩，空秆比率过高，造成了一起典型的在品种非适宜地区推广种植而严重减产的纠纷。另一种情况是，生产使用未审定品种，应该规避的品种适应性风险没有被发现，推广后表现出难以克服的缺陷，引发纠纷。值得注意的是，如果种子经营者已向种子使用者明确告知其适用范围，而种子使用者却偏偏在超出适宜区域外种植，则另当别论。

2．假种子纠纷

《中华人民共和国种子法》列举了 5 种"假种子"类型，其中包括以非种子冒充种子、以此品种种子冒充种种子、以此品种种子冒充他品种种子等 3 种情况，都有可能会给种子使用者带来财产损害。比如，国家和多数省审定的玉米品种"农大 108"是两个自交系杂交而成的品种。但 2004 年有些企业把使用"雄性不育系"生产的种子标注为"农大 108"，销售给农民，因感小斑病严重，与使用自交系生产的种子相比减产严重。这是一种典型的以此品种种子冒充他品种种子的假种子害农事件。

3．劣种子纠纷

《农作物种子质量标准》规定纯度、发芽率、净度和水分四项检验参数，其中一项不符合标准，即是劣种子。生产实践中，纯度不够或发芽率低，是导致纠纷的主要原因。发芽率低，将导致播种后出苗情况差或不出苗，迫使种子使用者补种、毁种或改种，而推迟播期和成熟期而减产。种子纯度问题。主要是因种子混有其他品种种子或者亲本种子、或者种子生产田隔离不当生产的非目标品种的种子等原因而降低纯度，影响产量，引发纠纷。种子的净度和水分是否合格，一般在播种前就可以发现，而播种出苗后再检验这两项指标没有实际意义。

4．宣传欺骗纠纷

种子经营者夸大宣传，欺骗种子的购买者和使用者，误导农民，或者不向购种农民如实提供该品种的特征特性和栽培要点，甚至隐瞒品种的主要缺陷，更有甚者虚假承诺。一旦种子使用者发现作物生产情况和收益与种子经营者的宣传和承诺的情况相差悬殊，就容易产生纠纷。

二、种子质量纠纷处理的形式

1．协商处理

由种子质量纠纷的双方本着互相理解的原则进行协商，使纠纷得到解决，这是一种积极的态度，也是最简便的方式。即在种子使用者发现田间作物出苗、生长发育、结实等方面异常时，如怀疑是种子质量问题，应及时向供种方反映情况，供种方经了解情况认为确属种子质量问题时，应采取积极的态度提出补救措施，对造成损失的也要主动提出赔偿意见与种子使用者协商。双方达成共识后，赔偿资金应及时给付。这里需要说明的是，这种协商处理的办法必须签订协议书，并注明一次性赔偿完结、具体赔偿数额等，这样做可防止以后出现反悔，避免出现不必要的麻烦。如果双方不能达成协议，就应及早申请当地种子行政管理机构给予处理。

2. 申请处理

种子行政管理机构接到种子质量纠纷申请后，应及时了解有关方面的情况，如种子来源、销售前种子质量状况、销售时间和数量、种植时间、种植管理情况、减产损失情况等，根据实际情况并结合有关法律法规的规定提出处理意见，如双方同意则分别在处理意见书上签字，按此意见处理完结。若双方意见不一致，或怀疑不是种子质量原因等，种子管理机构应按照程序处理，由纠纷的双方或某一方提出田间现场鉴定申请，由种子管理机构组织田间现场鉴定。田间现场鉴定的程序和办法按照中华人民共和国农业部令第 28 号《农作物种子质量纠纷田间现场鉴定办法》的规定进行。种子管理机构根据田间鉴定结论、有关法律法规的规定等召集纠纷双方协调处理，若达成一致意见，则制作处理意见书，由双方当事人签字确认，处理完结。若仍然不能达成协议的，可请纠纷双方到当地人民法院诉讼解决。

3. 诉讼处理

在种子质量纠纷双方协商不成或种子行政管理机构调解无果的情况下，可进行诉讼处理。诉讼要有充分的理由和证据，因此，提起诉讼前应把必要的证据保存好。如种子使用方的购种发票、田间现场鉴定书、田间作物现场、供种方的种子经营档案材料、种子供应前的质量检验结果、同批次种子在其他地方的种植现场等。证据是人民法院处理纠纷案件的事实根据，有了充足的证据才有利于人民法院处理，也便于胜诉。

第二节　种子质量纠纷的田间现场鉴定

一、田间现场鉴定的含义和性质

现场鉴定是指农作物种子在大田种植后，因种子质量或者栽培、气候等原因，导致田间出苗、植株生长、作物产量、产品品质等受到影响，双方当事人对造成事故的原因或损失程度存在分歧，为确定事故原因或（和）损失程度而进行的田间现场技术鉴定活动。应注意其中的关键词：一是造成事故的原因；二是损失程度的估测。

田间现场鉴定虽然由田间现场所在地县级以上地方人民政府农业行政主管部门所属的种子管理机构组织实施，但田间现场鉴定的实质是鉴定人向申请人或者委托人提供鉴定结论的一种服务，这种服务不是行政行为。这种鉴定从某种角度而言，是一种技术服务活动，即是一项针对争议或者分歧的质量问题的"诊断"工作。这种"诊断"是由专家进行调查、分析、判定并出具鉴定书的过程。其"诊断"的权威性由其技术水平所决定。

二、田间现场鉴定遵循的原则

为保证鉴定结果的准确可靠，田间现场鉴定应当遵循公平、公正、科学、求实的原则。公平、公正是指田间现场鉴定工作不受各方面包括经济的、行政的、感情的干扰，保证争议双方当事人处于平等的法律地位，不能偏袒任何一方；科学、求实是指田间现场鉴定工作要以事实为依据，要尊重科学理论和实践，不能不负责任、凭主观臆断随意下结论。

三、田间现场鉴定的程序和要求

1. 田间鉴定申请的提出和受理

《农作物种子质量纠纷田间现场鉴定办法》规定田间鉴定的申请人可以包括以下三种：一是种子质量纠纷处理机构，如人民法院、农业行政主管部门、工商管理机关、消费者协会等；二是种子质量纠纷双方当事人共同提出申请；三是当事人双方不能共同申请的，一方可以单独提出鉴定申请。按照公平公正的原则，申请现场鉴定尽可能要求当事人双方共同提出申请。但考虑到由于田间鉴定具有较强的时间性，若当事人双方对鉴定问题久拖不决，则可能错过鉴定作物的典型性状表现期，从而可能导致种子质量纠纷因缺乏证据而长期得不到处理。因此第三种情形是特例。最好促进双方共同申请，在双方协商不成的情形才可以使用。

田间鉴定申请通常应以书面形式提出。申请时，应当详细说明鉴定的内容和理由，并提供相关材料，这对于确定参加田间鉴定的合适人选是非常重要的。但考虑到实际工作中有各种各样情况。有时申请人不具备提供书面申请的条件。《农作物种子质量纠纷田间现场鉴定办法》规定，可以口头申请。口头提出鉴定申请的，种子质量纠纷田间鉴定受理机构的工作人员应当制作笔录，并请申请人签字确认。

2. 田间鉴定专家组的组成

关于鉴定专家组的组成，《农作物种子质量纠纷田间现场鉴定办法》规定，现场鉴定由种子管理机构组织专家鉴定组进行。鉴定组由鉴定所涉及作物的育种、栽培，种子管理等方面的专家组成，必要时可邀请植物保护、气象、土肥等方面的专家参加。这是考虑到在大田生产中，作物生长在一个开放的环境中。受到很多外界因素的影响。要找准种子质量纠纷的根本原因，需要相关专业的专家从不同的角度去分析判断。专家组人数应为 3 人以上的单数，由一名组长和若干成员组成，鉴定的组织机构在提出鉴定专家名单后，要征求申请人和当事人的意见。专家鉴定组组长由鉴定的组织机构指定。

关于专家的资格要求。《农作物种子质量纠纷田间现场鉴定办法》第六条第三款规定参加鉴定的专家应当具有高级专业技术职称、具有相应的专门知识和实际工作经验、从事相关专业领域的工作 5 年以上。由于育种人对于自己育成品种的熟悉程度是其他专家所不能比的，在鉴定种子纯度或者是真伪方面具有较高的权威性，因此，该条第四款规定，纠纷所涉品种的选育人为鉴定组成员的，其资格不受该条款的限制。

关于专家的回避制度。《农作物种子质量纠纷田间现场鉴定办法》第八条规定，在下列三种情况下，可能影响公正鉴定的，应当回避：一是专家鉴定组成员是种子质量纠纷当事人或者当事人的近亲属的；二是与种子质量纠纷有利害关系的；三是与种子质量纠纷当事人有其他关系的。种子质量纠纷田间鉴定的申请人认为某位专家不适宜参加该纠纷的鉴定，也可以口头或者书面申请其回避。组织鉴定的机构应当考虑申请人提出的回避请求。

3. 田间现场鉴定基本程序

组织田间鉴定的种子管理机构，在确定了鉴定组成人员后，一般需要指定本单位2名以上工作人员，协助鉴定组开展工作。主要工作包括通知申请人或者当事人鉴定活动的时间并要求其按时到场；要求申请人或者当事人提供与该批种子有关的品种说明书、种子标签等各种证据；准备鉴定工作需要的各种工具；维护鉴定现场的秩序，等等。审定公告和商品种子的说明书在田间现场鉴定过程中具有很重要的作用，要尽量在鉴定工作开始前提供给专家组。

鉴定专家组的鉴定工作由组长负责。专家组可以向当事人了解有关情况，要求申请人提供与现场鉴定有关的材料，在此基础上，协商确定田间调查的取样方法、判定标准以及鉴定的具体内容等。可以根据实际情况，对鉴定组成员分工。

田间调查工作应当按照专家的分工进行。专家调查时，要保证对事物判断的独立性，不受干扰。田间取样要按照协商确定的方法进行，一般要随机取样，以确保鉴定结果的客观性。要注意观察普遍现象，并注意对造成这种现象的过程进行了解，还要注意田间的特殊现象，例如，同一小麦品种在同一地点有的地块发生冻害，有的则没有发生。调查清楚为什么会有这种情况，对于发现问题的根本原因至关重要。做好田间调查和观察情况的记录，以便于汇总分析。

要注意考虑搜集更多的证据，为鉴定工作提供帮助。《农作物种子质量纠纷田间现场鉴定办法》第十二条列举了应当考虑的情况：作物生长期间的气候环境状况；当事人对种子处理及田间管理情况；该批种子室内鉴定结果；同批次种子在其他地块生长情况；同品种其他批次种子生长情况；同类作物其他品种种子生长情况；鉴定地块地力水平；影响作物生长的其他因素。这些信息应当在鉴定过程中尽可能的加以搜集，并与田间调查结果加以比较。但有时有些信息已经没有或者失去意义，并不影响田间鉴定工作。

田间调查结束后，专家鉴定组对田间调查情况进行讨论、分析原因。专家鉴定组现场鉴定实行合议制度。在事实清楚、证据确凿的基础上，根据有关种子法规、标准，依据相关的专业知识，本着公正、公平、科学，求实的原则，及时作出鉴定结论。鉴定结论以专家鉴定组成员半数以上通过有效。专家鉴定组成员在鉴定结论上签名。专家组成员对鉴定结论的不同意见，应当予以注明。

撰写现场鉴定书。现场鉴定书的主要内容：鉴定申请人名称、地址、受理鉴定日期等基本情况；鉴定的目的、要求；有关的调查材料；对鉴定方法、依据、过程的说明；鉴定结论；鉴定组人员名单；其他需要说明的问题。田间现场鉴定书要交负责组织现场鉴定的种子管理机构。种子管理机构在5个工作日内将现场鉴定书交付申请人。

鉴定结果异议处理。田间鉴定申请人对现场鉴定有异议的。应当在收到现场鉴定书15日内向原受理单位上一级种子管理机构提出再次鉴定申请，并说明理由。上级种子管理机构对原鉴定的依据、方法、过程等进行审查。认为有必要和可能重新鉴定的，应当按以上程序重新组织专家鉴定。根据《农作物种子质量纠纷田间现场鉴定办法》第十六条第二款的规定，再次鉴定申请只能提出一次。当事人双方共同提出鉴定申请的，再次鉴定申请由双方共同提出。当事人一方单独提出鉴定申请的，另一方当事人不得提出再次鉴定申请。

现场鉴定无效的判定。《农作物种子质量纠纷田间现场鉴定办法》第十七条规定了鉴定结果无效的三种情况：专家鉴定组组成不符合有关规定的；专家鉴定组成员收受当事人财物或者其他利益，弄虚作假；其他违反鉴定程序，可能影响现场鉴定客观、公正的。现场鉴定无效的，应当重新组织鉴定。

现场鉴定的终止。《农作物种子质量纠纷田间现场鉴定办法》第十一条规定了终止现场鉴定的情况：申请人不到场的；需鉴定的地块已不具备鉴定条件的；因人为因素使鉴定无法开展的。

第三章　品种审定与退出

第一节　品种审定

一、品种审定的有关要求

（1）品种审定是法律规定的　《中华人民共和国种子法》第十五条规定：主要农作物品种和主要林木品种在推广应用前应当通过国家级或者省级审定。品种审定是良种繁育和推广的前提，只有品种审定合格的品种，经农业行政部门公告后，才可正式开始进行繁殖推广。

（2）品种审定的范围　依据《中华人民共和国种子法》，只对主要农作物进行品种审定。种子法及农业部规定的主要农作物指水稻、小麦、玉米、棉花、大豆以及油菜、马铃薯。我省根据本地区的实际，将花生和大白菜列入主要农作物的范围。

（3）审定机构　农业部设立国家农作物品种审定委员会，省级农业行政主管部门设立省级农作物品种审定委员会，分别负责国家级和省级农作物品种审定。品种审定委员会由科研、教学、生产、推广、管理、使用等方面的专业人员组成，领导、安排品种区域试验、生产试验，组织现场观摩等工作。完成品种试验程序的品种，品种审定委员会办公室负责汇总试验结果，并提交品种审定委员会专业委员会或者审定小组初审，为品种的审定奠定基础。对已通过审定而发现有不可克服的缺点的品种，品种审定委员会有权作出停止推广的决定。

（4）申请品种审定的条件　人工选育或发现并经过改良；与现有品种（已审定通过或本级品种审定委员会已受理的其他品种）有明显区别；遗传性状稳定；形态特征和生物学特性一致）具有符合《农业植物品种命名规定》的名称；已完成同一生态类型区2年以上、多点的品种比较试验。

二、品种审定的一般程序

（1）申请与受理　申请品种审定的单位和个人，可以直接向国家品种审定委员会或省级品种审定委员会提出申请，也可以同时向几个省（直辖市、自治区）申请审定。申请人应当向品种审定委员会办公室提交申请表、品种选育报告、品种比较试验报告、品种和申请材料真实性承诺书、转基因检测报告等相关材料。转基因棉花品种还应当提供农业转基因生物安全证书。

（2）安排试验　申请受理后，品种审定委员会办公室会通知申请者在30日内提供试验种子。对于提供试验种子的，由办公室安排品种试验。品种审定委员会办公室应当在申请者提供的试验种子中留取标准样品，交农业部指定机构保存。品种试验包括区域试验、生产试验以及品种特异性、一致性和稳定性测试（以下简称 DUS 测试）。国家级品种区域试验、生产试验由全国农业技术推广服务中心组织实施，省级品种区域试验、生产试验由省级种子管理机构组织实施。DUS 测试由农业部植物新品种测试中心组织实施。每一个品种的区域试验，试验时间不少于两个生产周期，试验重复不少于 3 次；同一生态类型区试验点，国家级不少于 10 个，省级不少于 5 个。区域试验应当对品种丰产性、稳产性、适应性、抗逆性和品质等农艺性状进行鉴定，并进行 DNA 指纹检测、转基因检测。DUS 测试与区域试验同步，按相应作物测试指南要求进行。生产试验应当在区域试验完成后，在同一生态类型区，按照当地主要生产方式，在接近大田生产条件下对品种的丰产性、稳产性、适应性、抗逆性等进一步验证。每一个品种的生产试验点数量不少于区域试验点，一个试验点的种植面积不少于 300 平方米，不大于 3 000 平方米，试验时间不少于一个生产周期。同时，要对参试品种进行抗逆性鉴定、品质检测、DNA 指纹检测、转基因检测等。

（3）审定与公告　对于完成区域试验、生产试验和 DUS 测试程序的品种，品种试验组织实施单位应当在 60 日内将各试验点数据、汇总结果提交品种审定委员会办公室。品种审定委员会办公室在 30 日内提交品种审定委员会相关专业委员会初审，专业委员会应当在 60 日内完成初审。初审通过的品种，由品种审定委员会办公室在 30 日内将初审意见及各试点试验数据、汇总结果，在同级农业行政主管部门官方网站公示，公示期不少于 60 日。公示期满后，品种审定委员会办公室应当将初审意见、公示结果，提交品种审定委员会主任委员会审核。主任委员会应当在 30 日内完成审核。审核同意的，通过审定。审定通过的品种，由品种审定委员会编号、颁发证书，同级农业行政主管部门公告。审定公告内容包括：审定编号、品种名称、申请者、育种者、品种来源、形态特征、生育期、产量、品质、抗逆性、栽培技术要点、适宜种植区域及注意事项等。

第二节　品种退出

一、品种退出制度提出的历史背景

自 1981 年 12 月农业部成立第一届全国农作物品种审定委员会以来，截至 2007 年年底，国家共审定农作物品种 2 000 多个。这些品种的审定、推广，对增加农作物产量、提高农产品品质、优化种植业结构、增加农民收入、保障农产品供给、促进种植业可持续发展发挥了巨大作用。20 世纪 80 年代前后，杂交水稻、杂交玉米品种大面积推广，为粮食产量突破 4 亿吨作出了重要贡献；90 年代以来，紧凑型玉米、转基因抗虫棉品种的推广，促进粮食产量跃上了 5 亿吨、棉花产量超过 700 万吨的新台阶。目前，我国主要农作物优良品种推广率已达到 90% 以上，良种在农作物增产中的贡献率达到 40%。

随着审定的品种越来越多，一些品种尤其是推广年限较长的老品种出现种性退化、丧失使用价值、暴露出明显缺陷等问题，已不能适应生产需要，存在生产安全隐患，急需启动品种退出机制。为此，2007 年 11 月，农业部根据《中华人民共和国种子法》和《国务院办公厅关于推进种子管理体制改革加强市场监管的意见》（国办发〔2006〕40号）的要求，及时修订了《主要农作物品种审定办法》，对审定品种退出的条件、程序等进行了规范。修改后的办法规定，审定通过的品种，在使用过程中如发现有不可克服的缺点或者种性严重退化，不宜在生产上继续使用的，由农作物品种审定专业委员会或者审定小组提出停止经营、推广的建议，经主任委员会审核同意后，由品种审定委员会进行不少于一个月的公示。公示期满无异议的，由同级农业行政主管部门公告。自公告发布之日起，该品种种子停止生产；公告发布一个生产周期后，该品种种子停止经营。

2007 年 11 月，国家农作物品种审定委员会办公室对原全国农作物品种审定委员会审定通过的水稻、小麦、玉米、棉花、大豆、油菜、马铃薯等主要农作物品种进行了认真清理，提出 274 个拟退出推广品种初选名单，经各专业委员会投票初审，主任委员会委员审核同意，计划退出 213 个品种。国家农作物品种审定委员会在中国农业信息网和中国种业信息网上进行了为期一个月的公示。公示结束后，农业部于 2008 年 1 月 24 日发布公告，决定退出 210 个品种，包括 50 个水稻品种、36 个小麦品种、34 个玉米品种、32 个大豆品种、50 个棉花品种、8 个油菜品种。根据公告规定，自 1 月 24 日起，不得再生产退出品种的种子；对在公告前已生产的种子，可以继续销售至 2008 年 12 月 31 日。至 2015 年，国家已累计退出 10 批，山东省累计退出 4 批。

二、实行品种退出制度的重要意义

一是保护农民利益的迫切要求。由于审定品种越来越多，市场上品种五花八门，这对品种信息不对称、选择范围有限的农民来说，常常由于品种选择不当造成减产甚至绝收。实行品种退出，让已经丧失使用价值、有明显缺陷的品种退出市场，可有效避免农民选择品种的盲目性，增加针对性，有利于选用优良品种。

二是保障农业生产安全的客观要求。将不适应生产需要的品种退出市场，可以保障用种安全，规避生产风险，促进种植业稳定发展。

三是净化种子市场的必然要求。让已丧失使用价值以及有缺陷的品种继续"超期服役"，常被一些不法企业利用老品种的合法身份，采用"旧瓶装新酒"的方式，销售未经审定的品种，严重扰乱了种子市场秩序。实行品种退出，可以从根本上杜绝此类现象发生，有利于规范生产经营行为，净化种子市场。

四是完善品种管理的客观要求。长期以来，审定品种只进不出，造成市场上品种越来越多，既不利于农民选择，也不利于加强市场监管。实行品种退出制度，做到审定品种有进有出、动态管理，是完善品种管理制度、促进品种科学管理的重要举措。

三、品种退出和条件

2013 年 12 月 18 日农业部第 10 次常务会议审议通过，2014 年 2 月 1 日起施行的《主要农作物品种审定办法》第三十六条规定明确规定，审定通过的品种，有下列情形之一的，应当退出。一是在使用过程中发现有不可克服的缺点的；二是种性严重退化的；三是未按要求提供品种标准样品的。

肥料与测土配方施肥篇

第一章　肥料基础知识

我国是一个农业古国，一贯重视有机肥料的积造、贮存和施用，并积累了丰富的经验。随着农业生产的发展，特别是农业现代化的进展，化学肥料在农业生产中具有举足轻重的作用。有机肥料和化学肥料是两类不同性质的肥料，各有优缺点。有机肥料与化学肥料配合施用已成为我国肥料技术政策的核心内容，同时也是建设高产、稳产农田的重要措施，农业可持续发展的重要保证。

第一节　有机肥料

一、有机肥料的分类及其特性

在我国，有机肥料资源极为丰富，各地种类繁多，地区性差异较大。有机肥料的分类没有统一的标准，更没有严格的分类系统。一般习惯上是根据有机肥料的来源、特性和积制的方法来分类。通常可分为以下 6 大类：

（1）粪尿肥　粪尿肥包括人粪尿、家畜粪尿、禽粪等。人粪尿含氮量较高，且易分解，肥效较快，因此，在有机肥料中可算是"细肥"。由于人粪尿是流体肥料，即容易分解，又容易发生氨的挥发，所以，合理贮存是有效利用人粪尿的关键问题。以家畜粪尿为主，并加入垫料而积制成的有机肥料统称厩肥。厩肥中含有丰富的有机物质和多种养分，对培肥地力具有明显的作用。因此，它是农村中大量施用的重要有机肥料品种。禽粪含养分浓厚，而且养分比较均衡，在目前发展商品经济的条件下，家禽业发展很快，这部分肥源也是不可忽视的。

（2）堆沤肥　堆沤肥包括堆肥、沤肥以及沼气肥等。堆肥是各类秸秆、落叶、青草、动植物残体、人畜粪便为原料，按比例相互混合或与少量泥土混合进行好氧发酵腐熟而成的一种肥料。沤肥所用原料与堆肥基本相同，只是在淹水条件下进行发酵而成。沼气肥是在密封的沼气池中，有机物腐解产生沼气后的副产物，包括沼气液和残渣。

（3）绿肥　利用栽培或野生的绿色植物体作肥料。如豆科的绿豆、蚕豆、草木樨、田菁、苜蓿、苕子等。非豆科绿肥有黑麦草、肥田萝卜、小葵子、满江红、水葫芦、水花生等绿肥不仅含养分丰富，易于分解，且具有就地栽培、就地翻压、投资少、收益大等优点，种植绿肥在发展农业生产、农牧业结合以及节约能源等方面具有重要意义。目前，由于多种原因，全国绿肥面积大量减少。

（4）饼肥　利用各种含有较多的种子，经榨油后的剩余残渣作为肥料的统称为饼肥。饼肥的种类也很多，主要有大豆饼、菜籽饼、花生饼、蓖麻籽饼以及茶籽饼等。

（5）泥炭　又称草炭，它是古代低湿地带生长的植物残体，在淹水的嫌气条件下形成的相对稳定的松软堆积物。泥炭具有许多良好的特性，如它富含有机质和腐殖质，具有较强的吸水和吸氮能力等。因此在农业生产上，它除了可直接用作肥料外，还可做垫圈材料，复合肥料的填充物、微生物制品的载体以及泥炭营养钵等。泥炭中含有较多的腐殖酸，它也是制造各种腐殖质酸肥料的好材料。

（6）泥土肥　泥土肥是土杂肥的主要部分。泥土肥包括河泥、湖泥、塘泥、沟泥以及老墙土、炕土、熏土等。这些肥料都含有一定数量的有机质和多种养分，有一定的肥料价值。但是随着农业生产的发展和社会、经济效益变革，农村中发生了巨大的变化，目前这类肥料基本消失。

此外，还有不少零星肥源，如海肥，它包括动物性海肥和植物性海肥；屠宰场废弃物、垃圾、皮屑、蹄角、毛杂等是来源有限的杂肥；还有生活污水、工业污水以及工业废渣等也是可以利用的肥源。从广辟肥源的角度来讲，这些有机肥源应给予重视，并应加以合理利用。

二、有机肥料在农业生产中的重要作用

（一）改良土壤、培肥地力作用

有机肥料中的主要物质是有机质，施用有机肥料增加了土壤中的有机质含量。有机质可以改良土壤物理、化学和生物特性，熟化土壤，培肥地力。我国农村的"地靠粪养、苗靠粪长"的谚语，在一定程度上反映了施用有机肥料对于改良土壤的作用。施用有机肥料既增加了许多有机胶体，同时借助微生物的作用把许多有机物也分解转化成有机胶体，这就大大增加了土壤吸附表面，并且产生许多胶粘物质，使土壤颗粒胶结起来变成稳定的团粒结构，提高了土壤保水、保肥和透气的性能，以及调节土壤温度的能力。

（二）促进土壤微生物的活动

施用有机肥还可使土壤中的有益微生物大量繁殖，如固氮菌、氨化菌、纤维素分解菌、硝化菌等。有机肥料中有动物消化道分泌的各种活性酶，以及微生物产生的各种酶，这些物质施到土壤后，可大大提高土壤的酶活性。多施有机肥料，可以提高土壤活性和生物繁殖转化能力，从而提高土壤的吸收性能、缓冲性能和抗逆性能。

（三）增加作物产量和改善农产品品质作用

有机肥料含有植物所需要的大量营养成分，各种微量元素、糖类和脂肪。据研究分析，猪粪中含有全氮 2.91%、全磷 1.33%、全钾 1.0%，有机质 77%。畜禽粪便中含硼 21.7～24 毫克/千克，锌 29～290 毫克/千克，锰 143～261 毫克/千克，钼 3.0～4.2 毫克/千克，有效铁 29～290 毫克/千克。试验研究表明，有机无机肥料配合施用，农作物产量均明显高于单施化肥和单施有机肥处理，说明有机无机肥料配合施用是实现高产稳产的重要途径。

（四）有机肥料是生产绿色食品的主要肥源

生产无公害、安全优质的绿色食品是农产品发展的方向。近十年我国人民的生活水

平迅速提高，对绿色食品的需求日益增加，加上政府行政部门的倡导和重视，我国绿色食品的生产发展很快。

在"有机农业和食品加工基本标准"关于肥料使用方面，规定绿色食品生产中必须十分注意保护良好的生态环境，必须限制无机肥料的过量使用，有机肥料（包括绿肥和微生物肥料）才是生产绿色食品的主要肥源。

三、今后有机肥产品的发展方向

土壤是一个国家最重要的自然资源。土壤基础地力对作物产量的贡献较大，因此，土壤基础地力是实现作物产量潜力的关键因子，施用有机肥是提高土壤肥力的主要途径之一。但是固体废弃物资源化利用（肥料化）产品存在三大瓶颈：即产品市场驱动力不强，技术与工艺落后，政策保证不够。针对这个问题，可以从固体有机废弃物处理技术与工艺和终端堆肥产品的高附加值化技术两方面着手。众多研究调查表明：今后有机肥产品的发展方向是微生物有机肥和有机无机复混肥，前者不仅含有功能微生物，而且含有适合特种功能微生物生长的有机载体（有机肥料），后者不仅是未来我国农业施肥方向，也是肥料产业的发展方向。

四、科学施用有机肥料注意事项

从指导思想上应强调它与化肥并重，做到互为补充，实现结构合理、供需平衡。不能图省事只施化肥，不施有机肥。

在施用方法上主要是结合耕翻，全层施用作底肥。腐熟程度好的优质有机肥、草木灰也可用作追肥。大力推行作物秸秆直接还田技术，杜绝焚烧秸秆的做法。

在肥料来源上，要充分挖掘利用人粪尿、畜禽粪、作物秸秆、杂草、落叶及一切农业生产的废弃物，充分利用草木灰、饼肥等，因地制宜扩大绿肥种植面积。应充分利用城市垃圾、粪便等有机废弃物，力争实现工厂化处理、加工、销售一条龙。

第二节　化学肥料

一、化学肥料类型及其性质

化肥种类有：氮肥、磷肥、钾肥、微量元素肥料以及复合（混）肥料等，各类化肥中还有许多品种。

（一）氮肥

氮肥的主要作用是提高生物总量和经济产量；改善农产品的营养价值。在增加粮食作物产量的作用中氮肥所占份额居磷（P）、钾（K）等肥料之上。氮肥种类很多，一般根据肥料中氮素化合物的形态可将氮肥分为铵态氮肥、硝态氮肥和酰胺态氮肥3种类型。

1. 铵态氮肥

主要有硫酸铵、氯化铵、碳酸氢铵、氨水和液体氨等品种，其中，常用的都是固体铵态氮肥即碳酸氢铵、硫酸铵和氯化铵。铵态氮肥的共性是：易溶于水、可被土壤胶粒吸附、碱性条件下易分解、在土壤中易产生形态转化。铵态氮肥为速效氮肥，即可做基肥又可做追肥，施用中关键技术是深施覆土，防止氨的挥发损失，才能提高氮肥利用率。

2. 硝态氮肥

主要有硝酸钠、硝酸钙、硝酸铵和硝酸钾等。硝态氮共性是：易溶于水、在土壤中移动大、不宜在水田中使用、易燃易爆性、吸湿性强。总起来看，硝态氮肥的施用原则有：①硝态氮肥是速效性氮肥，不宜做基肥，不能做种肥，适合于按照"少量多次"的原则作追肥。②硝态氮肥适宜于在旱地施用，要避免在水田施用。③蔬菜、烟草、甜菜等经济作物更适宜施用硝态氮肥。

3. 酰胺态氮肥

尿素属酰胺态氮肥，目前是氮肥主要品种，在所使用的氮肥品种中，尿素占到一半以上。其主要特点是：含氮量高、水溶性的速效氮肥、中性的分子态有机氮化物、须经转化才能被作物大量吸收。尿素可以做基肥和追肥施用。广泛适用于各种作物和各类土壤。尿素作基肥施用时，施用量一定要适当，否则会造成营养失调，降低氮素利用率。在旱作上用尿素作基肥，一定要施入土层的一定深度，尤其是在土壤性质呈微碱性的石灰性土壤上，如果表施尿素，氨的挥发损失量比碳酸氢铵还严重，可达 30% ~60%。

科学施用尿素应注意以下事项。

（1）尿素作追肥用时，既可以土施于作物根尖部，也适宜于作叶面喷施　尿素施入土壤作追肥时，由于只有转化成铵态氮后才可大量被作物吸收，施肥时期要比硫铵、碳酸氢铵等其他速效氮肥品种提前几天施用。提前天数，要看季节和温度，早春天气（低温10℃）要提前 6 ~7 天，春末夏初（16 ~20℃）提前 3 ~4 天，夏季提前 1 ~2 天即可。

（2）尿素适用于各种作物的叶面喷施　合适的浓度一般为 0.2% ~2.0% 之间，因作物种类和生育期而有所不同。尿素做叶面喷施时，一定要注意其中副成分缩二脲的含量要低于 0.5%。

（3）尿素不适合用作种肥　主要是因为含氮量高，与种子同时使用容易造成出苗不齐和烧苗问题。有的尿素质量不好，含有一定量的缩二脲对种子发芽和幼苗有毒害作用。

（二）磷肥

合理施用磷肥，可增加作物产量，改善产品品质。常用的磷肥分为水溶性磷肥、混溶性磷肥、枸溶性磷肥和难溶性磷肥 4 种类型。

（1）水溶性磷肥　主要有普通过磷酸钙。重过磷酸钙和磷酸铵（磷酸一铵、磷酸二铵），适合于各种土壤、各种作物，但最好用于中性和石灰性土壤。其中磷酸铵是氮磷二元复合肥，且磷含量高（46%），在施用时，除豆科作物外，大多数作物直接施用应配施氮肥，调整氮、磷比例，否则，会造成浪费或由于氮磷施用比例不当引起减产。

（2）混溶性磷肥　指硝酸磷肥，也是一种氮磷施用二元复合肥，最适宜在旱地施用，在水田和酸性土壤施用易引起脱氮损失。

（3）枸溶性磷肥　包括钙镁磷肥。磷酸氢钙、沉淀磷肥和钢渣磷等。这类磷肥不溶于水，但在土壤被弱酸溶解，被作物吸收利用。而在石灰性碱性土壤中，与土壤中的钙结合，向难溶性磷酸方向转化，降低磷的有效性，因此适用于酸性土壤中施用。

（4）难溶性磷肥 如磷矿粉、骨粉和磷质海鸟肥等，只溶于强酸，不溶于水。施入土壤后，主要靠土壤中的酸使它慢慢溶解，变成作物能利用的形态，肥效很慢，但后效果很长。适用于酸性土壤用作基肥，也可与有机肥料堆沤或化学酸性、生理酸性肥料配合施用，效果较好。

（三）钾肥

常用的化学钾肥有氯化钾和硫酸钾两种，其他还有草木灰，工业副产品的窑灰钾。此外，复合肥中有硝酸钾和其他含钾复混肥。

（1）硫酸钾 硫酸钾外观呈白色或淡黄色，为速效性钾肥，含氧化钾 50% ~52%，是化学中性、生理酸性肥料，易溶于水，不吸湿结块。因此，施用硫酸钾应首先考虑到它是生理酸性肥料，在酸性土壤上长期施用可能会引起土壤酸度增加，所以要考虑配合石灰施用。硫酸钾可以作基肥、追肥和种肥施用，一般要施入土层中，避免表层土壤干旱交替带来的钾固定。

（2）氯化钾 氯化钾外观呈白色或浅黄色结晶，有时含有铁盐呈红色。易溶于水，是一种高浓度的速效钾肥。可作基肥、追肥使用，基肥亩用量 8 ~10 千克，追肥亩用量 5 ~7.5 千克。适用范围相应较硫酸钾小，特别注意对氯敏感作物葡萄、薯类、烟草等作物谨防使用，以免产生"氯害"。另外，氯化钾不适用于盐碱土，但氯化钾里氯离子有促进光合作用和纤维形成等作用，对麻类等纤维作物施用尤为适宜。

要掌握钾肥的正确施用方法，应注意以下 4 个方面：

（1）因土施用 由于目前钾肥资源紧缺，钾肥应首先投放在土壤严重缺钾的区域。一般土壤速效钾低于 80 毫克/千克时，钾肥效果明显，要增施钾肥；土壤速效钾在 80 ~120 毫克/千克时，暂不施钾。从土壤质地看，沙质土速效钾含量往往较低，应增施钾肥；黏质土速效钾含量往往较高，可少施或不施。缺钾又缺硫的土壤可施硫酸钾，盐碱地不能施氯化钾。

（2）因作物施用 施于喜钾作物如豆科作物、薯类作物、甘蔗、甜菜、棉麻、烟等经济作物，以及禾谷类的玉米、杂交稻等。

在多雨地区或具有灌溉条件，排水状况良好的地区大多数作物都可施用氯化钾，少数经济作物为改善品质，不宜施用氯化钾。

根据农业生产对产品性状的要求及其用途决定钾肥的合理施用。此外，由于不同作物需钾量不同及根系的吸钾能力不同，作物对钾肥的反应程度也有差异，从多年钾肥应用的结果看，玉米、棉花、油料作物上，钾肥的增产效果最好，可达到 11.7% ~43.3%，小麦等其他作物则次之。

（3）注意轮作施钾 在冬小麦、夏玉米轮作中，钾肥应优先施在玉米上。

（4）注意钾肥品种之间的合理搭配 对于烟草、糖类作物、果树应选用硫酸钾为好；对于纤维作物，氯化钾则比较适宜。由于硫酸钾成本偏高，在高效经济作物上可以选用硫酸钾；而对于一般的大田作物除少数对氯敏感的作物外，则宜用较便宜的氯化钾。

（四）微肥

微量元素包括锌、硼、钼、锰、铁、铜元素。都是作物生长发育必需的，仅仅是因为作物对这些元素需要量极小，所以称为微量元素。在 20 世纪 50～60 年代以施用有机肥为主，化肥为辅的情况下，微量元素缺乏并不突出，随着大量元素肥料施用量成倍增长，作物产量大幅度提高，加之有机肥料投入比重下降，土壤缺乏微量元素状况也随之加剧。

（1）微肥施用方法　一是拌种。用少量温水将微量元素肥料溶解，配成较高浓度的溶液，喷洒在种子上，边喷边搅拌，使种子沾有一层微肥溶液，阴干后播种。二是浸种。用含有微肥的水溶液浸泡种子，使肥料随水进入种皮。微肥浸种常用的浓度是0.01%～0.1%，浸泡时间一般为 12～24 小时。浸泡后的种子要及时播种，以免霉烂变质。三是蘸秧根。这是对水稻及其他移栽作物的特殊施肥方法，操作简便，效果良好。用于蘸秧根的肥料应没有有害物质，酸碱性不可太强。四是叶面喷施。叶面喷施是经济、有效施用微肥的方法。一般的作物应喷 1～2 次，果树要求结合农药多喷几次。

（2）土壤施用微肥应考虑问题　常用的固体微肥有：硫酸亚铁、硼砂、硫酸锰、硫酸铜、硫酸锌等。一般土壤施用固体微肥会出现一些问题。如不易施匀，局部土壤微肥浓度过高，易产生肥害。只有在土壤严重缺乏微量元素时，才向土壤施用微肥。土壤施用微肥有后效，一般可每隔 3～4 年施用一次。

（3）土壤施用固体微肥易出现问题　一是有效性降低。由于受土壤条件，特别是酸碱性的影响，往往会降低微肥的有效性，因而影响其肥效。例如在 pH 值高、含有碳酸钙的土壤中，由于碳酸钙对锌的吸附，会明显影响所施锌肥的有效性。二是施用不均匀。因微肥用量少，不易施用均匀，常使得局部土壤微肥浓度过高而造成毒害。因为许多微量元素从缺乏到过量之间的浓度范围相当窄，作物忍受高浓度的能力差，极易因局部微肥浓度过高而使作物中毒。三是易污染环境。许多微量元素既是营养元素，又是重金属，如锌、铜、锰等。一旦施肥过量，很可能污染环境或进入食物链，有碍人畜健康。

相对来讲，叶面喷施液体微肥好处多。只有在土壤极度缺乏微量元素时，才采用施基肥的方式。

（五）复合（混）肥

复混肥料是指氮、磷、钾 3 种养分中，至少有两种养分由化学方法和（或）掺混方法制成的肥料。含氮、磷、钾任何两种元素的肥料称为二元复混肥。同时含有氮、磷、钾 3 种元素的复混肥称为三元复混肥，并用 $N—P_2O_5—K_2O$ 的配合式表示相应氮、磷、钾的百分比含量。

复混肥料根据氮、磷、钾总养分含量不同，可分为低浓度（总养分≥25%）、中浓度（总养分≥30%）和高浓度（总养分≥40%）复混肥。根据其制造工艺和加工方法不同，可分为复合肥料、复混肥料和掺混肥料。

（1）复合肥料　单独由化学反应而制成的，含有氮磷钾两种或两种以上元素的肥料。有固定的分子式的化合物，具有固定的养分含量和比例。如磷酸二氢钾、硝酸钾、磷酸一铵、二铵等。

（2）复混肥料　是以现成的单质肥料如（尿素、磷酸铵、氯化钾、硫酸钾、普钙、硫酸铵、氯化铵等）为原料，辅之以添加物，按一定的配方配制、混合、加工造粒而制成的肥料。目前市场上销售的复混肥料绝大部分都是这类肥料。

（3）掺混肥料　又称配方肥、BB肥，它是由两种以上粒径相近的单质肥料或复合肥料为原料，按一定比例，通过简单的机械掺混而成，是各种原料的混合物。这种肥料一般是农户根据土壤养分状况和作物需要随混随用。

复混肥料的施用技术要点：

（1）应作基肥施用　理由是：①做基肥可以深施，有利于作物中后期根系对养分的吸收；②复混肥料都是含NPK的三元复混肥料。做基肥可以满足作物中后期对磷钾养分的最大需要；③做基肥施用可以克服中后期追施磷钾肥的操作困难。

（2）原则上不提倡用三元复混肥料作追肥　理由是避免当季磷钾资源的浪费，因为磷钾肥施在土壤中移动性小，表施当季很难发挥作用，利用率不高。如果基肥中没有施用复混肥料，在出苗后也可适当追施，但要开沟施用，并且施后要覆土。

（3）不提倡用三元复混肥做大棚蔬菜的冲施肥　冲施肥是菜地的特殊追肥方式。冲施肥是追肥的一种方式。但是，一般蔬菜大棚的土壤速效磷含量极高，用三元复混肥料作冲施肥不科学。应选用氮钾含量高、全水溶性的专用冲施肥，效果才好。

（4）原则上不能用高浓度的复混肥做种肥　高浓度的肥料与种子混在一起容易烧苗。如果一定要做种肥要掌握"种子与肥料分开"的原则。

（六）缓控释肥

缓控释肥料是指采用一定的工艺手段，减缓或控制养分释放速度的新型肥料。广义上的缓控释肥料包括了缓释肥与控释肥两大类型。

1. 缓释肥料

主要为缓效氮肥，也叫长效氮肥，是通过化学反应制成的缓释肥料，一般在水中的溶解度很小。施入土壤后，在化学的和生物的因素作用下，肥料逐渐分解，氮素缓慢地释放出来，满足了作物整个生育期对氮素的需要，减少了氮素的淋失、挥发及反硝化作用所引起的损失，也不会由于浓度过高对作物造成危害，同时由于可以作基肥一次施用，也节省了劳力，并且解决了密植情况下后期追肥的困难。

缓效氮肥主要是尿素与醛反应所形成的水溶性低的聚合物，这种聚合物进入土壤后，在化学的或微生物的作用下，逐渐分解并释放出尿素。目前，主要有脲甲醛、异丁烯环二脲、脲己醛、草酰胺等品种。

2. 控释肥料

是以颗粒化肥（氮或氮磷复合肥等）为核心，表层涂覆一层低水溶性或微溶性的无机物质或有机聚合物，如硫磺、沥青、树脂、聚乙烯、石蜡、磷矿粉等作为成膜物质，通过包膜扩散或包膜逐渐分解而释放养分。当肥料颗粒接触潮湿土壤时，肥料便会吸收水蒸气，于是水溶养分开始透过包衣上的微孔缓慢而不断地扩散。其释放速度只受土壤温度的影响，而土壤温度也影响植物吸收养分的速度。因此，该肥料释放养分的速度与植物在不同生长时期对养分的需求速度相符合。目前主要有硫包膜尿素、热固性树脂包膜肥料、热塑性树脂包膜肥料、聚合物包膜硫包衣尿素、肥包肥型控释肥、缓释

BB 肥等。

缓控释肥与普通肥料相比，有以下优点。

（1）提高化肥利用率，减少化肥用量　中国化肥的当季利用率：氮肥约为 30% ~ 35%；磷肥约为 10% ~ 20%；钾肥约为 35% ~ 50%，低于发达国家 10 ~ 15 个百分点。可见，肥料中有相当大一部分不能发挥作用。缓控释肥在水中溶解度小，能控制养分的释放，使养分的释放与作物的需求基本同步，有效地提高了养分的当季利用率。许多研究结果表明，施用缓控释肥料具有明显的增产、节肥、省工、提高肥料利用率等作用，养分利用率比常规速效肥提高 10% ~ 30%，氮肥利用率可达 50% ~ 70%，用肥量可减少 10% ~ 40%。

（2）减少施肥的次数，降低成本　肥料养分释放速率与作物需肥规律基本吻合，减少施肥次数、节约劳动成本，播种前一次施用，可满足作物整个生长期的需求，减轻了农民为追肥而付出的人力、物力和财力支出。日本 70%、80% 的缓控释肥料用在水稻上，在育苗的时候一次性把肥料用在种子和根上，在大田里就不再施肥了，节省劳力，提高了劳动效率。

（3）可以减轻农作物病害和改善农产品品质　农作物病害和产品品质与氮肥用量有关，施用缓控释肥可以防止农作物对氮素的过量吸收，均衡营养供应，从而起到抑制病害和改善品质的作用。

（4）减少环境污染　大多数速效肥料易溶于水，降雨或灌溉时肥料养分以离子或分子形态溶解到水中，随水表面流失或渗入地下，不但损失了肥料养分，降低了肥料的利用率，也造成了环境的污染。研究表明，与等氮、磷、钾普通肥料相比，氮肥利用率提高 1 倍以上，大大减少肥料养分损失。缓控释肥可以减少化肥的气态和淋洗损失，从而提高化肥的利用效率，较少由于肥料利用不当造成环境污染。

二、化肥在农业生产中积极作用

科学施用化肥在农业生产中的积极作用归纳有 6 方面，具体如下：

（1）增加作物产量　据有关资料，化肥在各项增产措施份额中约占 40% ~ 60%。一般中低产田（无限制因子）化肥的增产幅度大于高产田。科学施用化肥是农业可持续发展的物质保证。

（2）可提高土壤肥力　农民对施用有机肥料能提高土壤肥力深信无疑，但化肥的后效易被人忽视，连续多年合理施用化肥后效将叠加，生产实践证明耕地肥力不但能保持而且能越种越肥。不同年代无肥区作物单产呈现不断增加的趋势是生产力不断提高的有力证据。

（3）能发挥良种潜力　一般高产品种可以认为是对肥料高效应的品种，肥料投入水平成为良种良法栽培的一项核心措施。

（4）可增加有机肥数量　化肥既可促进当季作物增产，作物的秸秆和根茬又可为下一季作物增加有机肥源，概括为以"无机"换"有机"。有机肥成为化肥养分不断再利用的载体，充分利用有机肥源，不仅可以发挥有机肥的多种肥母作用，而且也是使用相当数量的化肥养分能持续再利用的基本途径。

（5）可补偿耕地不足　我国耕地由于多种原因正在逐渐减少。对农业增加化肥施用量，实质上与扩大耕地面积的效果相似。按我国近年的平均肥效，每吨化肥养分增产粮食7.5吨，若每公顷耕地的粮食单产也是7.5吨，则每增施1吨化肥养分，相当于扩大耕地面积1公顷。

（6）是发展经济作物、森林和草原的物质基础　我国在农业实现良种化、持续提高施肥量、获得粮食连年丰收的基础上，我国经济作物获得大幅度发展。粮食的丰收有力地促进了退耕还林、退耕还草的大面积实施，因而对生态环境的改善作用巨大，难以取代。

三、科学施用化肥"十忌"

化学肥料是农业可持续发展的物质保证，为了提高化肥的利用率，科学地用好化肥并发挥它应有的增产作用，因此，化肥施用上有十忌。

一忌：尿素用后不宜立即浇水。尿素系易溶性肥料，移动性强，极易造成流失。旱地撒施尿素后，切忌立即浇水，也不宜在大雨前施用。

二忌：碳铵不宜施在土壤表面。碳铵挥发性强，容易造成烧苗。因此碳铵不宜表施，最好开穴深施，施后覆土。

三忌：碳铵不宜在温室和大棚内施用。碳铵有"气肥"之称，在温室和大棚内施用，易迅速分解为氨气。

四忌：铵态氮化肥勿与碱性肥料混施。碳铵、硫铵、硝铵、磷铵等铵态氮化肥遇到碱性物质，会造成氮的损失，所以切忌与草木灰、窑灰钾肥等碱性肥料混用。

五忌：硝态氮化肥勿在稻田施用。碳酸铵等硝态氮化肥解离出来的硝酸根离子，在水田易被水淋失至土壤深层而产生反硝化作用，造成氮素损失。

六忌：硫酸铵不宜长期施用。硫酸铵属生理酸性肥料，破坏土壤物理结构。在碱性土壤中长期施用，也会因残留在土壤中硫酸根离子与钙发生反应，使土壤变得板结僵硬。

七忌：磷肥不宜分散施用。磷的移动性较小，易被土壤吸收固定，降低肥效。施用磷肥时应减少磷肥与土壤的接触面积，最好采用沟施或穴施，集中施于作物近根处。

八忌：钾肥不宜在作物后期施用。钾素具有能从作物基部茎叶转移到顶部细嫩部分再利用的特点，故缺钾症较氮磷表现晚。因此，钾肥应提前在作物生长前期施用，或一次性作基肥施用。

九忌：含氯化肥忌长期单独施用，并避免在忌氯作物施用。长期单独施用氯化钾，会使土壤中氯离子积累增多，导致土壤养分结构破坏土壤酸化。在甘蔗、甜菜、西瓜、烟草等忌氯作物上施用，会降低质量和品质。

十忌：含氮复合肥不宜大量用于豆科作物。大豆、花生、绿豆、蚕豆、豌豆、苜蓿等作物根部附近有固氮根瘤菌，如果大量施用含氮复合肥，不但造成肥料的浪费，还抑制根瘤菌的活动，降低其固氮性能。

四、适宜叶面喷施的肥料与技术要求

化肥种类很多，性质各异。适于叶面喷施的化肥应符合下列条件：①能溶于水；②没有挥发性；③不含氯离子及有害成分。适合于叶面施肥的化肥有尿素、硫酸铵、硝酸铵、硫酸钾、各种水溶性微肥以及磷酸二氢铵和硝酸钾等。此外，还有过磷酸钙，虽然它不能全部溶解于水，但其主要成分磷酸一钙是水溶性的，可溶于水，只要滤去残渣，将上部清液稀释后即可用于叶面喷施。

叶面喷施的溶液浓度因肥料品种和作物种类而异。一般大量元素肥料的溶液浓度为 1% ~2%。对旺盛生长的作物尿素的浓度还可以适当加大。微量元素肥料溶液浓度一般为 0.01% ~0.1%。由于作物种类不同，肥料浓度应作适当调整。如单子叶作物叶面积小，角质层较厚，可适当加大浓度。双子叶作物的喷施浓度应稍低于单子叶作物。喷肥时间宜在有露水的早晨或傍晚进行，肥料溶液在叶片表面停留时间长，效果就好。如加入少量蔗糖可减轻喷施浓度偏高造成的危害。

五、科学施用含氯化肥

1. 避免用于敏感作物和作物的敏感期

不同作物和品种对氯的敏感性和忍耐性有很大差异。对氯敏感的作物称为忌氯作物，有烟草、茶叶、柑橘、葡萄、西瓜、马铃薯、紫云英等，一般不施或严格控制含氯化肥施用量。同一类作物不同品种抗氯性有差异，如水稻品种之间，以杂交稻耐氯性最强。常规早稻耐氯性较弱，且要避开作物的氯敏感期。作物的氯敏感期多在苗期，如水稻在 3 ~5 叶期；小麦在 2 ~5 叶期；大白菜、小白菜和油菜在 4 ~6 叶期。

2. 讲究施用方法

用含氯化肥做基肥时应提早深施并盖土，一般在播种或移苗前一个星期施用，施在种子或幼苗下侧，以距表土 5 ~7 厘米处为宜。作追肥时：采取穴施或条施，并与作物植株相距 5 ~10 厘米，切忌撒施。施用量大时，可分 2 ~3 次追施。追肥亦可对水或兑稀粪尿水浇施。

3. 尽量在降雨量较多的季节和地区施用

在多雨的季节或降水较多的地区施用含氯化肥，氯离子可随水淋失，不易在土壤中积累，因而可避免对作物产生副作用。而无灌溉条件的旱地、排水不良的盐碱地和高温干旱季节以及缺水少雨地区最好不用或少用含氯化肥。

4. 配合施用腐熟的有机肥和磷肥

在施用含氯化肥时，配合施用腐熟的有机肥，可以提高肥效，减轻氯离子对土壤的不良影响；在有效磷含量低的土壤中，氯离子对作物吸收磷有抑制作用。因此，施含氯化肥时应配施适量的磷肥。用含氯化肥与尿素、磷酸铵、过磷酸钙、钙镁磷肥等配制而成的复（混）合肥、配方肥，不仅可以减轻氯离子的危害，而且由于氮、磷、钾得到配合使用，可起到平衡施肥的效果。

第三节　微生物肥料

微生物肥料又称接种剂，生物肥料、菌肥等，是指含有特定微生物活体的制品，应用于农业生产，通过其中所含微生物的生命活动，增加植物养分的供应量或促进植物生长，提高产量，改善农产品品质及农业生态环境。它具有制造和协助作物吸收营养、增进土壤肥力、增强植物抗病和抗干旱能力、降低和减轻植物病虫害、产生多种生理活性物质刺激和调控作物生长、减少化肥使用、促进农作物废弃物、城市垃圾的腐熟和开发利用、土壤环境的净化和修复作用、保护环境，以及提高农作物产品品质和食品安全等多方面的功效，在可持续农业战略发展及在农牧业中的地位日趋重要。

一、微生物肥料的种类

目前，农业上应用最广泛的是根瘤剂，其次是抗生菌肥料和固氮菌剂，近年来磷细菌剂和钾细菌剂应用也日趋广泛。之后又出现了集造肥、促生、抗病、抗逆、改良土壤等多功能于一身的放线菌类微生物菌剂。生物有机肥是由微生物菌剂和优质有机肥混合而成的生物肥料，在生产实践中效果较明显，成为部分或全部替代化肥的新生力量。

二、微生物肥料的主要特点

根瘤菌肥主要含有根瘤菌，根瘤菌与豆科作物共生，利用豆科植物提供的养料进行生物固氮。

钾细菌肥料又称生物钾肥、硅酸盐菌剂，其主要成分是硅酸盐细菌。该菌剂除了能强烈分解土壤中硅酸盐类的钾外，还能分解土壤中难溶性的磷。使土壤中不能被作物直接吸收的钾、磷转化为能吸收的速效钾、磷，增加土壤钾、磷素的含量。不仅可改善作物的营养条件，还能提高作物对养分的利用能力。施用生物钾肥是缓解我国钾肥不足、改善土壤大面积缺钾状况的有效措施。生产中需要注意的是，钾细菌肥料本身不含有钾肥，所以，应用时仍要配施钾肥。

固氮菌肥料能在常温常压下利用空气中的氮气作为氮素养料，将分子态氮还原为氨，产生固氮作用。

磷细菌肥料就是能把土壤中的无效磷转化成有效磷的一种微生物制剂。

放线菌是化解有机营养型的微生物，分解有机碳化物获得碳源和能源。

复合菌肥是由一种以上的微生物菌剂复合而成的微生物肥料。

三、科学施用微生物肥料注意事项

复合生物肥在施用过程中应注意以下几点。

施用菌肥的最佳温度是 $25 \sim 37℃$。低于 $5℃$ 或高于 $45℃$，施用效果较差。

在高温、低温、干旱条件下，农作物田块不宜施用。

应有适宜的湿度。例如，固氮菌最适宜的土壤相对含水量是 $60\% \sim 70\%$。

不应将菌肥与杀菌剂、杀虫剂、除草剂和含硫的化肥（如硫酸钾等）以及稻草灰混合用。

对土壤条件有一定的要求。如对含硫高的土壤和锈水田，不宜施用生物菌肥，因为硫肥能杀死生物菌。生物菌肥用在有机质含量较高的田地上效果很好，相反，用在有机质含量少的瘦地上则效果不佳。

四、微生物肥料的发展趋势

在我国微生物肥料的发展潜力还没有得到完全发挥，微生物肥料今后发展的重点主要有：

（1）菌株的筛选和联合菌群的应用　在深入了解有关微生物特性的基础上，采用新的技术手段，根据用途把几种所用菌种进行恰当、巧妙组合，使其某种或几种性能从原有水平再提高一步，使复合或联合菌群发挥互惠、协同、共生等作用，排除相互拮抗的发生。

（2）生产条件的改善和生产工艺的改进　发酵条件、工艺流程、合适的载体、剂型、黏着剂的发展，尤其是在产品保质期方面需要开展深入的研究。

（3）研发的热点产品　主要有：有机物料腐熟剂（或称发酵剂）、根瘤菌剂、生物修复剂（微生物区系、解毒、重茬等）、促生菌剂、生物有机肥等。

有机物料腐熟剂作为接种菌剂可以使堆肥物料快速达到高温、控制堆肥过程中臭气的产生，缩短堆肥腐熟进程；可以有效杀灭病原体和降解有机污染物，提高堆肥质量。有机物料腐熟剂虽然在促进农作物秸秆和残茬的物质转化腐熟方面以及畜禽粪便除臭腐熟发挥了非常好的作用，但产品效果的稳定性以及菌种组成的合理性方面还需要开展深入的研究工作，需要开发出效果更稳定、针对性更强的产品应用在实际生产中。

根瘤菌剂作为微生物肥料中的一类重要品种，在我国却没有得到普遍应用，这主要是由于科学普及不够，农民对根瘤菌的作用不了解所致。另外，存在的根瘤菌剂产品质量不稳定、使用菌种的有效性低、接种后在种子上存活时间短、结瘤效果差、产品保质期短等问题未很好的解决。因此，这方面需要国家加大投入，开展相关的研究，加快新产品的开发与应用。由于接种根瘤菌剂还能有效降低和减轻豆科作物重茬的病害，根瘤菌剂在我国具有良好的应用前景。

第二章　作物缺素症状诊断和补救措施

第一节　小麦缺素症状诊断和补救措施

在冬小麦的生长发育中，如基肥施用单一或量少，追肥滞后或不合理等，常出现苗色不正，发育异常的缺肥现象，轻则影响小麦的正常生长发育，重则减产。因而，小麦出苗后应观察苗色苗情，诊断缺肥类型，及时采取补救措施。

一、缺氮

【症状】小麦缺氮肥在两叶一心时，表现为麦苗黄绿，叶小蘖少且幼苗直立，叶尖干枯，基部老叶发黄。这类麦田一般为土壤瘠薄，播期过早，未施基肥或施肥不足，或施用未充分腐熟的有机肥，使有机肥在施入麦田后继续腐熟，微生物与小麦幼苗争夺氮肥而引起黄苗。

【补救措施】及时叶面喷施2%的尿素溶液两次，每次间隔7天，并随即每亩追施20千克碳酸氢铵或尿素7~8千克。

二、缺磷

【症状】小麦缺磷，分蘖少，次生根极少，生长停滞，叶色暗绿，叶尖黄，茎基部呈紫红色，籽粒不饱满，穗小粒少，千粒重下降。

【补救措施】对于酸性土壤，宜及时补施钙镁磷肥，若为碱性土壤，宜施用过磷酸钙。

三、缺钾

【症状】麦苗叶色发黄，并先从老叶的尖端开始，然后沿叶脉向下延伸，黄斑与健康部分分界线明显，黄叶下披，后期贴地，整个叶片似灼焦状，则为缺钾肥的表现。

【补救措施】立即叶面喷洒1%氯化钾水溶液或0.2%磷酸二氢钾水溶液，或在根际条施硫酸钾每亩5~7千克即可。

四、缺钙

【症状】其症状先从心叶开始，表现为植株矮小，生长点及茎尖枯死，有时植株心叶簇生，幼叶不能展开，叶片发黄。

【补救措施】及时叶面喷洒5%氯化钙浸出液或3%~5%过磷酸钙浸出液，而后再每亩顺垄撒施生石灰 50~70 千克。

五、缺锌

【症状】缺锌时，麦苗长期矮缩不长。拔节期不拔节。植株矮小，叶片主脉两侧失绿，形成黄绿相间的条带，条带边缘清晰，上有颗粒状斑点及霉污。根不发达，变黑。

【补救措施】拔苗期喷施浓度为 0.2%~0.3% 硫酸锌溶液。

六、缺硼

【症状】小麦缺硼、植株顶端分生组织死亡，发生顶枯，根尖膨胀变色，麦穗发育不良，花丝伸展异常，花药退化干瘪。

【补救措施】小麦缺硼可叶面喷施 0.2% 硼砂溶液，效果较为显著。

七、缺铁

【症状】小麦缺铁，新生叶叶肉组织出现黄化，顶芽不死亡。如长期或极度缺铁，上部叶片可全部变黄白色，叶尖、叶缘会逐渐枯萎并向内扩展。

【补救措施】可用 0.2% 硫酸亚铁溶液喷洒叶面，7~10 天喷一次，连喷 2 次。

第二节　玉米缺素症状诊断和补救措施

一、缺氮

【症状】下部叶片从叶尖开始变黄，沿叶片中脉发展，形成"V"形黄化，叶尖枯死且边缘黄绿色，致全株黄化，严重的植株果穗小，顶部籽粒不充实。

【补救措施】对春玉米，施足底肥，有机肥质量要高，夏玉米来不及施底肥的，要分次追施苗肥、拔节肥和攻穗肥；后期缺氮，进行叶面喷施，用 2% 尿素溶液连喷 2 次。

二、缺磷

【症状】叶尖、叶缘失绿呈紫红色，后叶端枯死或变成暗紫褐色，植株矮化，根系不发达，雌穗授粉受阻，籽粒不充实，果穗少或歪曲。

【补救措施】在播种期施磷肥或者在苗期采用 0.5% 磷酸二氢钾溶液叶面喷施 1~2 次，这样省药省水又省力。

三、缺钾

【症状】下部叶片的叶尖、叶缘呈黄色或似火红焦枯，后期植株节间缩短，易倒伏，果穗小，顶部发育不良。

【补救措施】一般来说可以亩追施氯化钾 20~25 千克或采用叶面喷施钾肥。

四、缺镁

【症状】幼苗上部叶片发黄，叶脉间出现黄白相间的褪绿条纹，下部老叶尖端和边缘呈紫红色，甚至枯死，全株叶脉间出现黄绿条纹或矮化。

【补救措施】可叶面喷施0.1%~0.2%硫酸镁水溶液。

五、缺锌

【症状】白苗、死叶，有"白花叶病"之称。叶片具浅白条纹，逐渐扩展，中脉两侧出现1个白化宽带组织区，中脉和边缘仍为绿色，有时叶缘、叶鞘呈褐色或红色。

【补救措施】可以在苗期至拔节期亩喷施0.2%硫酸锌溶液50~75千克或者在播种前期用硫酸锌溶液拌种。

六、缺铁

【症状】上部叶片叶片脉间失绿，呈条纹花叶，心叶症状重，严重时心叶不出，生育延迟，甚至不能抽穗。

【补救措施】在玉米苗期采用叶面喷洒0.1%~0.5%硫酸亚铁或0.5%氨基酸铁1~2次。

七、缺硼

【症状】嫩叶叶脉间出现不规则白色斑点，逐渐融合成白色条纹，幼叶展开困难，严重的节间伸长受抑，不能抽雄及吐丝。

【补救措施】对于玉米缺少硼可以在苗期至拔节期采用0.2%硼砂溶液亩喷施50~75千克。

八、缺硫

【症状】玉米缺硫时表现为体色褪绿，呈现淡绿色或黄绿色。新叶重于老叶，叶片变薄。

【补救措施】可以在苗期至拔节期亩喷施0.2%硫酸锌溶液50~75千克或者在播种前期用硫酸锌溶液拌种。

九、缺钙

【症状】叶缘白色斑纹并有锯齿状不规则横向开裂，顶叶卷呈"弓"状，叶片粘连，不能正常伸展。

【补救措施】玉米苗期叶面喷施0.5%过磷酸钙溶液1~2次。

十、缺锰

【症状】玉米缺锰时幼苗叶片的脉间组织逐渐变黄，而叶脉及其附近组织仍可保持绿色，形成黄绿相间的条纹；叶片弯曲下披，根系细长呈白色。严重缺锰时，叶片会出现黑褐色斑点，并逐渐扩展至整个叶片。

【补救措施】可以在苗期至拔节期亩喷施0.2%硫酸锰溶液50～75千克。

第三节 水稻缺素症状诊断和补救措施

一、缺氮

【症状】出现发黄症。水稻缺氮植株矮小，分蘖少，叶片小，呈黄绿色，成熟提早。一般先从老叶尖端开始向下均匀黄化，逐渐由基叶延及至新叶，最后全株叶色褪淡，变为黄绿色，下部老叶枯黄。发根慢，细根和根毛发育差，黄根较多。耕层浅瘦、基肥不足的稻田常发生。

【原因】缺氮主要是没有氮肥作为基肥，或施入过量新鲜未发酵好的有机肥。

【补救措施】及时追施速效氮肥，配施适量磷钾肥，施后中耕耘田，使肥料融入泥土中。

二、缺磷

【症状】发红症。移栽后发红不返青，分蘖少，或返青后出现僵苗现象。叶片细瘦且直立不披，有时叶片沿中脉稍呈蜷曲折合状；叶色暗淡无光泽，严重时叶尖带紫色，远看稻苗暗绿中带灰紫色；稻株间不散开，稻丛成簇状，矮小细弱；根系短而细，新根很少；若有硫化氢中毒的并发症，则根系灰白，黑根多，白根少。

【原因】白浆土、新垦砂质滩涂土等稻田易缺磷。有效磷与有机质含量正相关，有机质贫乏土壤易缺磷。

【补救措施】浅水追肥，每亩用过磷酸钙30千克混合碳酸氢铵25～30千克随拌随施，施后中耕耘田；浅灌勤灌，反复露田，以提高地温，增强稻根对磷素的吸收代谢能力。待新根发出后，亩追尿素3～4千克，促进恢复生长。

三、缺钾

【症状】赤枯症。移栽后2～3周开始显症。缺钾植株矮小，呈暗绿色，虽能发根返青，但叶片发黄呈褐色斑点，老叶尖端和叶缘发生红褐色小斑点，最后叶片自尖端向下逐渐变赤褐色枯死，严重时远看似火烧状。病株的主根和分枝根均短而细弱，整个根系呈黄褐色至暗褐色，新根很少。

【原因】质量偏轻的河流冲积物及石灰岩、红砂岩风化物形成的土壤还原性强或氮肥水平高且单施化肥易缺钾。此外，早稻前期持续低温阴雨后骤然转为晴热高温，造成土壤中有机肥或绿肥迅速分解，土壤养分迅速还原，常造成大面积缺钾。

【补救措施】补救时排水，亩施草木灰150千克，施后立即中耕耘田或亩追氯化钾7.5千克，同时配施适量氮肥，并进行间隙灌溉，促进根系生长，提高吸肥力。幼分化期可分别追施钾肥。抽穗、扬花期可采用叶面喷施磷酸二氢钾等微肥。

四、缺锌

【症状】丛生症。缺锌的稻苗，先在下叶中脉区出现褪绿黄化状，并产生红褐色斑点和不规则斑块，后逐渐扩大呈红褐色条状，自叶尖向下变红褐色干枯，一般自下叶至上叶依次出现。病株出叶速度缓慢，新叶短而窄，叶色褪淡，尤其是基部叶脉附近褪成黄白色。重病株叶枕距离缩短或错位，明显矮化丛生，很少分蘖，田间生长参差不齐。根系老朽，呈褐色，迟熟，造成严重减产。

【原因】石灰性 pH 值高的土壤或江河冲积或湖滨、海滨沉积性石灰质土壤及石灰性紫色土、玄武岩风化发育的近中性富铁泥土、地势低洼常渍水还原性强或施用了高量磷肥或施用了大量新鲜有机肥引起强烈还原或低温影响，均易出现缺锌症。

【补救措施】秧田期于插秧前 2～3 天，每亩用 1.5 % 硫酸锌溶液 30 千克，进行叶面喷施，可促进缓苗，提早分蘖，预防缩苗。始穗期、齐穗期，每亩每次用硫酸锌 100 克，对水 50 千克喷施，可促进抽穗整齐，加速养分运转，有利灌浆结实，结实率和千粒重提高。

五、缺硫

【症状】症状与缺氮相似，田间难于区分。

【原因】易发生在砂质淋溶型土壤或远离城镇工矿区，大气含硫少，近 3～5 年内未施含硫的肥料。

【补救措施】注意施用含硫肥料。如硫胺、硫酸钾、硫磺及石膏等，除硫磺需与肥土堆积转化为硫酸盐后施用外，其他几种，每亩施 5～10 千克即可。

六、缺钙

【症状】叶片变白，严重的生长点死亡，叶片仍保持绿色，根系伸长延迟，极尖变褐色。

【原因】土壤缺钙的情况较少，但南方某些花岗岩或千枚岩发育的土壤，其全钙含量甚微，这时会出现典型的缺钙症状。

【补救措施】每亩施石灰 50～100 千克。

七、缺镁

【症状】下部叶片脉间褐色，整个叶片失绿或发白。

【原因】质地松的酸性土，如丘陵河谷地区或雨水多的热带地区高度风化的土壤中水溶性和交换性镁含量少，易形成缺镁症。

【补救措施】基施钙镁磷肥 15～20 千克，应及时喷 1% 硫酸镁。

八、缺铁

【症状】失绿现象，也就是黄叶病。主要表现为顶端或幼嫩部位失绿。失绿初期叶脉仍保持绿色，随着缺铁的加重，叶片由浅绿色变为灰绿，在某些情况下，叶片出现棕色斑点。严重缺铁时，整个叶片枯黄、发白或脱落，甚至出现整株叶片全部脱落的现象，嫩枝条易于死亡，植株顶端枯萎。

【原因】缺铁在我国北方较为常见，尤其是在石灰性土壤或 pH 值比较高的土壤上，特别是盐土。

【补救措施】目前施用的铁肥主要是硫酸亚铁，施用方法有基施、喷施等，在植物出现缺铁症状时，喷施 0.1% ~1% 浓度的硫酸亚铁，连喷几次，这样一般较土施效果好；增施有机肥或培土，增施酸性肥料，降低 pH 值，这样可以催进根系生长，提高根系活力；近年来，螯合铁肥也逐渐得到运用，黄腐酸铁、Fe – EDDHA、Fe – EDTA、Fe – DTPA 等肥料不论是土施或叶面喷施，效果都很好。铁在土壤中残效不明显，需年年施用。

九、缺锰

【症状】嫩叶脉尖失绿，老叶保持近黄绿色，褪绿条纹从叶尖向下扩展，后叶上出现暗褐色坏死斑点。新出叶窄而短，且严重失绿。

【原因】水稻叶片含锰量低于 20 毫克/千克时，易出现缺锰症。水稻对锰不敏感，北方的石灰性土壤，尤其是质地轻、有机质少、通透性良好的土壤，如黄淮海平原都属于缺锰的土壤。

【补救措施】用 1% ~2% 硫酸锰溶液浸种 24 ~28 小时，或基施硫酸锰与有机肥混用。

十、缺硼

【症状】植株矮化，抽出叶有白尖，严重时枯死。

【原因】花岗岩发育的土壤有效硼常在 0.1 毫克/千克以下。排水不良的草甸土有效硼也很低。

【补救措施】防止缺硼在水稻生长中后期，喷施 0.1% ~0.5% 硼酸溶液或 0.1% ~0.2% 硼砂溶液 2 ~3 次，每 667 平方米用液量 40 ~50 千克。

第四节　花生缺素症状诊断和补救措施

一、缺氮

【症状】叶片浅黄，叶片小，影响果针形成及荚果发育。茎部发红，根瘤少，植株生长不良，分枝少。

【补救措施】一是施足有机肥。二是接种根瘤菌，增施磷肥促其自身固氮。三是始花前 10 天每亩施用硫酸铵 5 ~10 千克，最好与有机肥沤 15 ~20 天后施用。

二、缺磷

【症状】叶色暗绿，茎秆细瘦，颜色发紫，根瘤少，花少，荚果发育不良。

【补救措施】每亩用过磷酸钙 15 ~ 25 千克与有机肥混合沤制 15 ~ 20 天作基肥或种肥集中沟施。

三、缺钾

【症状】初期叶色稍变暗，接着叶尖现黄斑，叶缘出现浅棕色黑斑。致使叶缘组织焦枯，叶脉仍保持绿色，叶片易失水卷曲，荚果少或畸形。

【补救措施】一是施用草木灰 150 千克，二是每亩用氯化钾或硫酸钾 5 ~ 10 千克。必要时叶面喷施 0.3% 磷酸二氢钾。

四、缺钙

【症状】荚果发育差，影响籽仁发育，形成空果。缺钙时常形成"黑胚芽"。缺钙后果胶质物质少，果壳发育不致密，易烂果。苗期缺钙严重时，造成叶面失绿，叶柄断落或生长点萎蔫死亡，根不分化等。

【补救措施】酸性土施入适量石灰，石灰性土壤施入适量硫酸钙。硫酸钙是一种生理酸性肥料，除供给花生钙和硫外，也可用于改良盐碱土，施用量每亩 50 ~ 100 千克，也可在花期追施，每亩 25 千克左右，必要时用 0.5% 硝酸钙叶面喷施。

五、缺硫

【症状】症状与缺氮相似，但缺硫时一般顶部叶片先黄花（或失绿），而缺氮时多先从老叶开始黄化。

【补救措施】适当施入硫酸铵或含硫的过磷酸钙。

六、缺镁

【症状】顶部叶脉间失绿，茎秆矮化，严重缺镁会造成植株死亡。

【补救措施】必要时喷施 0.5% 硫酸镁溶液。

七、缺铁

【症状】叶肉失绿，严重时叶脉也褪绿。

【补救措施】在花生花针期、结荚期或新叶出现黄化症状时，用 0.2% 硫酸亚铁溶液叶面喷施，一般每隔 5 ~ 6 天喷一次，连续喷洒 2 ~ 3 次。

八、缺锰

【症状】早期叶脉间呈灰黄色，到生长后期，缺绿部分即呈青铜色，叶脉仍然保持绿色。

【补救措施】从花生播种后 30 ~ 50 天开始，到收获前 15 ~ 20 天止，用 0.1% 硫酸锰溶液每隔 10 ~ 14 天喷一次；必要时，可与防治花生叶斑病的杀菌剂混合施用。

九、缺硼

【症状】延迟开花进程，荚果发育受抑，造成籽仁"空心"，影响品种。

【补救措施】每亩用硼酸或硼砂50～100克，混在少量腐熟的有机肥料中，在开花前追施；或在花生苗期、始花期和盛花期，用0.2%硼酸或硼砂溶液叶面喷施。

第三章　测土配方施肥技术

长期以来，我国农村盲目施肥，过量施肥现象普遍。不仅造成农业生产成本增加，而且带来严重的环境污染，威胁农产品质量安全。开展测土配方施肥是提高农业综合生产能力、促进作物增产、农民增收的重大举措。实践证明，推广测土配方施肥技术，可以提高化肥利用率5%～10%，增产率一般为10%～15%，高的可达20%以上。因此，组织实施好测土配方施肥，对于提高农作物产量、降低生产成本、实现农业稳定增产和农民持续增收具有重要的现实意义，对于提高肥料利用率、减少肥料浪费、保护农业生态环境、保证农产品质量安全、实现农业可持续发展具有深远影响。

第一节　测土配方施肥技术基础

一、基本概念

测土配方施肥就是国际上通称的平衡施肥，这项技术是联合国在全世界推行的先进农业技术。概括来说，一是测土，取土样测定土壤养分含量；二是配方，经过对土壤的养分诊断，按照庄稼需要的营养"开出药方、按方配药"；三是合理施肥，就是在农业科技人员指导下科学施用配方肥。

因此测土配方施肥是指以土壤测试和肥料田间试验为基础，根据作物需肥规律、土壤供肥性能和肥料效应，在合理施用有机肥料的基础上，提出氮、磷、钾及中、微量元素等肥料的施用数量、施肥时期和施用方法的一套施肥技术体系。这是一种促进我国农业生产高产、优质和高效的现代科学施肥方法。通俗地讲，就是在农业科技人员指导下科学推广施用配方肥。好比病人到医院看病，医生先给病人检查化验做出诊断后再根据病情开药方。测土配方施肥就是"农田医生"为你的耕地看病开方下药。

测土配方施肥技术的核心是调节和解决作物需肥与土壤供肥之间的矛盾，确定出生产多少粮、棉、油、菜、桑、茶、果、林木等，需要多少氮磷钾、中微量元素和有机肥料等，同时有针对性地补充作物所需的营养元素，作物缺什么就补充什么，需要多少补充多少，实现各种养分平衡供应，满足作物的需要；尤其现在农业面临耕地面积减少、水资源缺乏、化肥价格居高不下，而粮价上涨空间很有限的状况下，加强配方施肥的推广力度，对有效地提高肥料利用率和减少肥料用量，提高作物产量，改善农产品品质，节省劳力，更好地解决三农问题，促进农民增产增收更具有重要的现实意义。

二、测土配方施肥应遵循的原则

生产实践中由于不懂科学施肥的道理，盲目施肥，错误地认为多施肥就可以高产，"粪大水勤不用问人"，实际上事与愿违，因此，必须打破传统观念，学会科学施肥理论，掌握以下几个原则。

（1）基肥、追肥和种肥的配合 农业施肥实践中，要施足基肥，重视种肥，适时追肥，既能保证作物营养的连续性，又能保证关键时期营养供应，促进营养平衡和作物的持续高产、稳产、优质、低耗。

（2）有机肥与无机肥配合 实施配方施肥必须以有机肥料为基础，强调有机肥与无机肥配合也是我国现行的施肥制度。二者配合施用，可以取长补短，缓急相济，能有效地培肥改土，改善生态，协调土壤养分供应，促进化肥利用率的提高，充分发挥其效益。

（3）大量、中量、微量元素配合 各种营养元素的配合是配方施肥的重要内容，随着产量的不断提高，在耕地高度集约利用的情况下，必须进一步强调氮、磷、钾肥的相互配合，并补充必要的中、微量元素，才能高产稳产。

（4）用、养结合，投入与产出相平衡 要使作物—土壤—肥料体系中，形成物质和能量的良性循环，必须坚持用地养地结合，以养促用，维持地力平衡。破坏和降低土壤肥力，就意味着降低了土壤的再生产能力，降低土壤质量。

三、确定配方施肥的基本方法

配方施肥受到作物种类及品种、产量水平、土壤肥力状况、肥料种类、施肥时期以及气候条件等条件的影响。我国当前所推广的配方施肥技术从定量施肥的不同依据来划分，可以归纳为三大类：

第一类是地力分区法：根据土壤测试的结果，按土壤肥力高低划分为三级即丰、中、缺或五级即极丰、丰、中、缺、极缺，把各个级别分别作出一个配方施肥的方案，结合当地群众的实践经验，计算出这一级别区域内比较适宜的肥料种类及其使用量。

第二类是目标产量法：是根据作物产量的构成，由土壤和肥料两个方面供给养分原理来计算施肥量。目标产量确定以后，计算作物需要吸收多少养分和土壤供给多少养分确定施用多少肥料。

第三类是肥料效应函数法：通过简单的对比，或应用正交、回归等试验设计，进行多点田间试验，从而选出最优的处理，建立作物模拟施肥肥料效应方程，确定最佳经济施肥量。

各类方法都要通过收集大量资料和田间试验，掌握不同作物优化施肥数量，基、追肥分配比例，肥料品种、施肥时期和施肥方法；摸清土壤养分校正系数、土壤供肥能力、不同作物养分吸收量和肥料利用率等基本参数；构建作物施肥模型，为施肥分区和肥料配方提供依据。

配方施肥的3类方法可以互相补充，并不互相排斥。形成一个具体配方施肥方案时，可以一种方法为主，参考其他方法，配合起来运用，可以吸收各法的优点，消除或减少存在的缺点，在产前能确定更符合实际的肥料用量。

四、测土配方施肥的实施

测土配方施肥涉及面比较广，是一个系统工程。整个实施过程需要农业教育、科研、技术推广部门同广大农民相结合，配方肥料的研制、销售、应用相结合，现代先进技术与传统实践经验相结合，具有明显的系列化操作、产业化服务的特点。实施过程中要做好5个环节：①划定配方区，收集当地有关技术资料；②分析测定配方区土壤养分（N、P_2O_5、K_2O）含量；③选定配方的方法，制定出施肥方案及措施；④应用计算机技术（施肥软件）指导配方施肥；⑤搞好技术培训及讲座，加强配方施肥推广工作的指导。

第二节　主要作物配方施肥技术

一、冬小麦配方施肥技术要点

（一）小麦施肥量的确定

小麦目标产量需要养分量：通常每生产100千克小麦籽粒约吸收氮3.0千克、P_2O_5 1.0～1.5千克、K_2O 2.0～4.0千克。由此确定目标产量需要养分量；土壤供肥量：一般以不施肥的麦田吸收的养分量计算确定；在田间条件下，肥料当季利用率一般为：氮肥：30%～50%，磷肥：15%～25%，钾肥：40%～70%，具体因肥力和产量水平、施肥量的多少而有差异。具体参照表8-3-1、表8-3-2。

表8-3-1　山东省小麦不同生产条件下的推荐施肥量（单位：千克/亩）

产量水平	目标产量（千克/亩）	氮（N）	土壤有效磷（P_2O_5，毫克/千克）			土壤有效钾（K_2O，毫克/千克）		
			< 15	15～30	> 30	< 75	75～100	> 100
高产	500	13～15	9	8	7	8	6	5
中产	400	12～14	8	7	6	6	5	5
低产	350	10～12	6～7	5～6	4～5	5	0	0

（二）冬小麦施肥技术要点

1. 冬小麦施肥一般原则：小麦施肥比例一般：N：P_2O_5：K_2O为1：0.7：0.4；要增加有机肥的用量，同时应根据缺素情况补充微肥，如锌、钼、硼等。可根据检测结果、试验示范结果，结合小麦需肥规律，提出施肥配方。一般在亩施有机肥3 000～4 000（千克/亩）的基础上，施小麦配方肥50千克或施用相同养分含量的掺混肥作底肥。如：临沭中、高产小麦肥料配方：42%（20：12：10）和42%（20：9：13），河东区42%（18：14：10）。

2. 底肥与追肥的比例：在小麦施肥中，有机肥、磷肥、钾肥、锌肥、硼肥都可以在播种前整地时随犁沟做基肥一次施入，氮肥：30%～50%做底肥、50%～70%追肥在拔节期施入。对于没有水浇条件、干旱、瘠薄的土壤氮肥70%～100%做底肥。

3. 追肥时间：目前一些地方的农民还沿用以前的做法，浇返青水时施返青肥，这时追肥对于土壤瘠薄干旱的低产田，而且苗情较弱的麦田是可以的。但对于一般中高产田应将追肥时间后移到拔节期；对于土壤肥沃的高产麦田也可移到拔节后期追肥。追肥也可分为前轻后重两次进行。

小麦后期追肥主要采用根外追肥（叶面喷肥）。对于麦叶发黄有可能脱肥早衰的麦田，可喷施1.5%尿素；叶片浓绿有可能贪青晚熟的麦田，可喷施0.2%～0.4%磷酸二氢钾溶液。喷肥次数一般2～3次。

二、夏玉米配方施肥技术要点

玉米是我国主要粮食作物之一，也是发展畜牧业的优质饲料和工业原料。玉米产量高，适应性强，营养丰富。

（一）玉米施肥量的确定

根据玉米目标产量、土壤养分供应量及肥料利用率可直接计算玉米的施肥量。

1. 确定目标产量　目标产量就是当年种植玉米要定多少产量，它是由耕地的土壤肥力高低情况来确定的。另外，也可以根据地块前三年玉米的平均产量，再提高10%～15%作为玉米的目标产量。

2. 计算土壤养分供应量　测定土壤中含有多少速效养分，然后计算出1亩地中含有多少养分。

3. 确定玉米施肥量　有了玉米全生育期所需要的养分量和土壤养分供应量及肥料利用率就可以直接计算玉米的施肥量了。再把纯养分量转换成肥料的实物量，就可以用来指导施肥。如沂南玉米高肥力区追施配方：45%（30：5：10）、中肥力区基施控释肥配方44%（26：8：10）。

（二）玉米施肥技术要点

一要合理确定施肥种类：前茬冬小麦施足有机肥（2500千克/亩以上）的地块，夏玉米应以施用化肥为主，提倡施用玉米缓释肥。如基肥施用30～40千克/亩，金正大21－10－11氯基控释肥，免追。

二要科学确定施肥数量：一般高产田可按每生产100千克籽粒施用氮（N）3千克、磷（P_2O_5）1千克、钾（K_2O）2千克确定需肥总量，并根据当地土壤化验结果和产量指标进行适当调整。播种时一般施配方肥（28－5－7）5～10千克/亩。

三要特别注意增磷、钾肥和微肥：玉米对锌非常敏感，尤其在碱性和石灰性土壤更容易缺锌。缺锌地块可每亩增施硫酸锌1千克。或拌种4～5（克/千克干种子），浸种浓度0.02%～0.05%。如果复混肥中含有一定量的锌就不必单独施锌肥了。

在肥料分配上，要轻施苗肥、重施穗肥、补追花粒肥。在玉米拔节前将氮肥总量的30%左右和全部磷、钾、硫、锌肥，沿幼苗一侧开沟深施（15～20厘米），以促根壮苗。在玉米大喇叭口期（第11～12片叶展开）追施总氮量的50%左右，以促穗大粒多。在籽粒灌浆期追施总氮量的15%～20%，以提高叶片光合能力，增粒重。同时参照历年玉米肥料试验示范结果及农民施肥习惯，制定了玉米推荐施肥方案。

三、花生配方施肥技术要点

（一）花生施肥量的确定

花生产量的形成，须由土壤、肥料和根瘤菌供给养分，根据这一原理计算肥料施用量。花生施肥量的确定应根据产量水平、土壤供肥能力等因素综合确定，以养分总需要量减去土壤供应量，对氮素应减去根瘤菌固氮量的差值为靠施肥补充的量。

氮、磷、钾、钙是花生需要的四大营养元素，花生一生需要大量的养分，一般每生产100千克花生荚果需要纯氮（N）4.8~6.3千克，磷（P_2O_5）0.9~1.3千克，钾（K_2O）2.5~3.5千克，钙素1.3~1.9千克，三要素比例为氮、磷、钾的比例为3：0.4：1，据试验测定，花生吸收的氮素有2/3~4/5来自根瘤固氮（故实际施氮量按计算所得的40%即可）。

一般土壤条件下，亩产300~400千克花生果，施肥量应为：亩施有机肥料3 000千克以上，纯N3.6~5.7千克、P_2O_5 1.9~3.2千克、K_2O 6.2~10千克（折实物：尿素7.5~10千克、二铵15~20千克、氯化钾10~15千克）。或用花生专用肥含量45%（10：18：17）每亩30~40千克。

（二）花生施肥技术要点

1. 施肥原则

有机肥料与无机肥料配合施用。氮、磷、钾、微肥合理搭配，施足基肥、适当追肥。

2. 施足基肥

花生基肥很重要。因花生前期根瘤菌固氮能力弱，中后期果针已入土，肥料很难施入，充足的基肥可满足花生全生育期对养分的供应，花生基肥应占总肥料的80%以上，以有机肥料为主配合施氮、磷等肥料。一般亩施农家肥2 000千克或商品有机肥350千克，花生配方肥（15-12-15）50~60千克，硼砂1千克，或相同养分含量的掺混肥。

一般中产田每亩底施腐熟的农家肥2 000~3 000千克，45%复合肥30~40千克，硼肥1千克；高产田每亩底施农家肥3 000~4 000千克，45%复合肥40~50千克，硼砂1千克。或测土配方施肥项目专用配方肥50~60千克。如沂南县中、高肥力区基施花生肥料配方：40%（16-10-14）和42%（18-9-15），河东区春花生一般亩施农家肥2 000千克或商品有机肥350千克，花生配方肥（15-12-15）50~60千克，硼砂1千克，或相同养分含量的掺混肥。

3. 合理追肥

花生在施足基肥的基础上，一般不需要追肥，特别是覆膜的花生不便于追肥。对于露地花生或地力差、基肥不足的地块，可视苗情在苗期或花针期适当追肥，一般亩追施复合肥10~15千克，结合中耕培土施入；结荚期，叶面喷施0.2%磷酸二氢钾和1%尿素溶液，防止早衰，促进荚果成实饱满，提高产量。

4. 钙肥

花生是一种特别喜欢钙的作物，钙的作用主要是促进荚果发育和花生仁的形成，对产量、品质影响较大。一般每亩施硫酸钙 10 千克，于花生盛花期、大部分果针入地时施入。花生施肥方案参考花生测土配方施肥推荐卡。

四、水稻配方施肥技术要点

（一）水稻施肥量的确定

根据水稻目标产量需肥量、土壤供肥量、肥料养分含量及利用率等因素确定的。一般：每生产 100 千克稻谷，需要吸收纯 N1.7 ~ 2.5 千克，P_2O_5 0.9 ~ 1.3 千克，K_2O 2.1 ~ 3.3 千克，SiO_2 1.8 ~ 2.0 千克，$N : P_2O_5 : K_2O$ 为 1 : 0.5 : 1.2。在前 3 年产量平均数增加 10% ~ 20% 作为产量目标，计算需要养分量；然后根据土壤化验结果或空白产量计算土壤供给养分量，二者的差值就是作物需要养分量。

一般每亩产 500 ~ 700 千克稻谷时，根据土壤肥力由高到低，施肥总量通常：N 7 ~ 14 千克/亩，P_2O_5 5 ~ 8 千克/亩；K_2O 7 ~ 10 千克/亩。

（二）水稻施肥技术要点

施肥原则：坚持有机无机相结合；控制氮肥总量，调整基肥及追肥比例，减少前期氮肥用量；基肥深施，追肥 "以水带氮"，配施微肥、硅肥。

1. 基肥

一般亩施农家肥 2 000 千克或商品有机肥 60 ~ 80 千克，尿素 20 ~ 30 千克，钙镁磷肥或过磷酸钙 30 ~ 50 千克，氯化钾 5 ~ 10 千克，或水稻配方肥（16 – 9 – 17）50 ~ 60 千克，锌肥 1.5 千克。农家肥和磷、钾肥、微肥以及 60% ~ 70% 的氮肥作基肥深施。

2. 追肥

氮肥追到 10 ~ 15 厘米的深层，可以提高氮肥的利用率。

3. 分蘖肥

移栽后 5 ~ 7 天，每亩追施尿素 5 ~ 8 千克，以促进分蘖达到增穗增产目的；穗肥：在幼穗分化 10 天后（倒 2 叶抽出过程中），视叶色落黄情况，每亩追施尿素 5 ~ 8 千克和叶面喷肥：在水稻抽穗后 15 天左右进行，酌情叶面喷施 0.5% ~ 1% 磷酸二氢钾、1% ~ 2% 尿素溶液，以提高粒重，实现高产。

参考文献

［1］王树安．作物栽培学各论（北方本）（农学类各专业用）［M］．北京：中国农业出版社，1995.

［2］张国平，周伟军．作物栽培学［M］．杭州：浙江大学出版社，2001.

［3］胡立勇．特种作物栽培学［M］．武汉：湖北科学技术出版社，2009.

［4］余松烈，亓新华，刘希运．冬小麦精播高产栽培［M］．北京：农业出版社，1987.

［5］凌启鸿．作物群体质量［M］．上海：上海科技出版社，2000.

［6］董钻．作物栽培学总论［M］．北京：中国农业出版社，2000.

［7］周波．优质特用玉米栽培技术［M］．郑州：中原农民出版社，2006.

［8］田纪春．优质小麦［M］．济南：山东科学技术出版社，1995.

［9］王龙俊，郭文善，封超年．小麦高产优质栽培新技术［M］．上海：上海科技出版社，2000.

［10］胡昌浩．山东玉米［M］．北京：中国农业出版社，1999.

［11］于振文．小麦节水肥高产栽培理论与技术［M］．北京：中国农业科技出版社，2001.

［12］于振文．优质专用小麦品种及栽培［M］．北京：中国农业出版社，2001.

［13］陆景陵，陈伦寿．植物营养失调症彩色图谱—诊断与施肥［M］．北京：中国林业出版社，2009.